国家自然科学基金资助项目"基于中日法比较的转型期城市规划体系变革研究"（项目批准号：51278265）

城市规划体系重构
——基于中日法比较的转型期城市规划体系变革研究

谭纵波　刘　健　王利伟　等　编著

中国建筑工业出版社

图书在版编目（CIP）数据

城市规划体系重构：基于中日法比较的转型期城市
规划体系变革研究 / 谭纵波等编著 . —北京：中国建
筑工业出版社，2021.8
ISBN 978-7-112-26499-5

Ⅰ.①城…　Ⅱ.①谭…　Ⅲ.①城市规划—对比研究—
中、日、法　Ⅳ.① TU984.191

中国版本图书馆 CIP 数据核字（2021）第 172304 号

责任编辑：吴　绫　李成成
文字编辑：毛士儒
责任校对：李欣慰

城市规划体系重构
——基于中日法比较的转型期城市规划体系变革研究
谭纵波　刘　健　王利伟　等 编著
*
中国建筑工业出版社出版、发行（北京海淀三里河路 9 号）
各地新华书店、建筑书店经销
北京雅盈中佳图文设计公司制版
北京市密东印刷有限公司印刷
*
开本：787 毫米 ×1092 毫米　1/16　印张：19　字数：371 千字
2021 年 9 月第一版　2021 年 9 月第一次印刷
定价：**78.00** 元
ISBN 978-7-112-26499-5
　　（37777）

前　言

　　城市规划的公共属性以及作为政府行政工具的角色，决定了它具有工程技术与社会管理手段的双重性格。一个完整的城市规划体系通常包括规划的立法体系、技术体系和管理体系。社会经济发展的要求一般通过城市规划立法这种社会共识的最高形式体现出来，并配合相关的规章和技术标准较为详尽地界定规划技术体系的内容和规划管理体系的行为。社会经济体制的转型以及所产生的对城市规划变化的要求最终依靠这一形式体现出来，城市规划应主动顺应这种要求。

　　现阶段的城市规划研究更多地倾向于单独探讨技术体系，缺乏立足于解析三者之间关系，揭示规划技术体系背后的社会经济动因，探索城市规划权力的产生、赋予和行使的综合性分析研究。本研究力图在这一方面做出有意义的尝试和基础性工作。

　　我国城市规划的发展，尤其是改革开放以来逐步确立起的现代城市规划体系在很大程度上借鉴和学习了西方工业化国家近代城市规划的形式和内容。但这种借鉴更多地停留在规划技术的范畴之内，而对其政治、法律、社会经济和历史文化背景的理解尚存欠缺。当我国的城市规划发展又站在一个新的十字路口之际，重新梳理西方工业化国家城市规划的发展历程，更加全面地理解城市规划与社会经济发展之间关系的客观规律，有助于辨明方向，为完善我国的城市规划体系提供丰富的素材和坚实的研究基础。

　　本研究将城市规划体系分为城市规划的立法体系、技术体系和管理体系三大部分。首先，城市规划立法体系包含了城市规划法律法规乃至相关技术标准的主要内容组成和法律效力，代表着一个国家或地区在某个时期社会共识的最高表达形式，同时也可以看成是某种社会经济体制在城市规划领域中的强制性表达。通常，城市规划立法体系在内容上赋予城市规划技术体系以合法性，在行为上赋予城市规划管理体系以合法性。其次，城市规划技术体系包含了解决城市建设管理相关问题的具体手段，例如：规划主体及其作用对象、需要确定的内容、所采用的技术手段以及表达方式等。通常，城市规划技术在经过一定的探索实践后，会通过立法程序上升为法定规划，成为立法体系的组成部分。现实中，没有经过立法程序的城市规划技术内容（非法定城市规划）同样普遍存在，两者共同构成了城市规划技术体系，但本研究主要侧重于前者。再次，城市规划技术内容最终需要通过执行者和执行过程作用于现实的城市建设管理，从而形成了城市规划的管理系统。城市规划管理可以看作代表公权力的政府行政行为作用于以开发建设为代表的私权利的过程，权力的产生、赋予、承载以及作用既与立法系统的授权相关，又与城市规划技术体系所包含的具体内容密不可分。本研究的内容主要集中在通过实际案例，对这三大体系的构成、相互关系及其演进过程的事实论述和分析以及包含其所处社会经济背景在内的横向比较上。

现实中，城市规划体系的复杂程度要远高于上述高度抽象化了的理想关系模型。因此，本研究从案例实证入手，着眼于中、日、法三国之间的横向比较，以获取充分的例证。城市规划体系，尤其是技术体系的国际比较与相互借鉴不仅发生在发展中国家向发达国家学习的过程中，在发达国家之间也是一种较为普遍的现象。本研究选取历史文化及管理体制与我国相近的日本和法国作为横向比较的对象，从现实及历史演变的角度分析城市规划体系的构成及其与社会经济背景的关系。

通过研究发现中国与日本、法国在城市化的同一发展阶段，城市发展所面临的问题具有相似性，城市规划表现出一定的规律性特征，例如：在城市化缓慢发展阶段，为了应对城市工商业设施布局和解决住宅供给不足的问题，城市建设和空间拓展与以往相比明显加快，以城市基础设施建设和建筑管制为导向的城市规划开始出现，但尚未形成成体系的城市规划编制、管理与审批技术手段，总体上表现出"重建设、轻管制"的发展特征。在城市化加速发展阶段，工业化推动社会经济快速发展，城市化率加速提升，城市空间呈蔓延式扩张的态势，城市用地开发行为出现濒临失控的局面。与此同时，住宅短缺、交通拥堵、环境污染等城市问题开始涌现。在这一阶段，以城市空间开发管制为手段，维护建设秩序、保障公共利益为目标的城市规划体系日趋成熟，城市规划技术从侧重基础设施建设、改善城市形象演变至以公共利益为导向的城市建设管制手段。城市规划的地方分权化特征开始显现，城市规划的立法体系和管理体系逐步建立并日臻完善。但另一方面，中、日、法三国由于政治经济制度和历史文化背景的差异，城市规划又彰显出不同特色。研究从城市规划权力观、城市规划职能与定位、战略性规划、规范性规划、修建性规划等方面对三个国家进行了横向比较，分析其中的差异以及形成差异的社会经济与历史文化背景，为针对性地提出转型期我国城市规划体系重构路径提供了基础性素材。最后，研究基于我国社会经济转型、市场化和法治化的宏观趋势，从城市规划立法体系、技术体系、管理体系三个维度提出了转型期我国城市规划体系的变革方向。

本套丛书由国家自然科学基金项目"基于中日法比较的转型期城市规划体系变革研究"（项目批准号：51278265）资助，共分为两本，其中，《城市规划体系重构——基于中日法比较的转型期城市规划体系变革研究》撰写分工为：谭纵波、刘健负责整体框架设计与书稿的最终校核，王利伟负责全书的统稿。第1章"绪论"、第2章"国内外研究进展"由谭纵波、刘健撰写及统稿完成；第3章"中国城市规划体系的演变"由周显坤、曹哲静、吴昊天、黄道远撰写；第4章"中国城市规划体系的现状特征与问题"由于斐、周显坤撰写；第5章"日本城市规划体系的演变与特征"由万君哲撰写，谭纵波修改完成；第6章"法国城市规划体系的演变与特征"由范冬阳撰写，刘健修改完成；第7章"中、日、法城市规划体系的比较研究"由王利伟、周显坤、于斐、万君哲、范冬阳、谭纵波撰写；第8章"转型期我国城市规划体系的变革展望"由王利伟、谭纵波撰写完成。《城市规划体系重构——中日法城市规划体系比较研究国际研讨会论文集》由来自中国、日本、法国城市规划领域专家学者提供的16篇论文构成，提供了中日法三国城市规划体系的国际比较视角，有利于横向对比不同国家的城市规划体系构成、特征和趋势，为我国城市规划体系优化提供国际经验。

需要说明的是，在本书编辑出版的过程中，我国负责城市规划的行政主管部门发生了重大变更，城市规划也变成了国土空间规划体系中的一个组成部分，城市规划体系转型向着不同的方向迈出了关键性的一步。本书作者也在持续不断地密切关注这一态势的发展，但对这一研究前提变化下的进一步思考与回应只能留给后续的研究工作，在此不作过多回应。

感谢国家自然科学基金对本研究的慷慨资助。由于中、日、法三个国家国情复杂多样，包含社会经济和历史文化背景分析在内的综合性城市规划体系比较研究难免出现疏漏或有失偏颇，仍有待进一步深入。不足之处，敬请读者批评指正。

谭纵波　刘　健　王利伟

2016 年 12 月（2021 年 3 月修订）

目 录

前 言

第1章 绪论 ·· 001

　1.1 研究缘起 ··· 001

　　1.1.1 现阶段我国城市规划面临的制度性问题 ················ 001

　　1.1.2 研究的基本立意 ·· 002

　1.2 研究目标、研究对象与研究内容 ······························· 003

　　1.2.1 研究目标 ··· 003

　　1.2.2 研究对象 ··· 003

　　1.2.3 研究内容 ··· 004

　1.3 研究方法与技术框架 ··· 007

　　1.3.1 研究方法 ··· 007

　　1.3.2 技术框架 ··· 007

第2章 国内外研究进展 ·· 009

　2.1 国内研究进展综述 ··· 009

　2.2 国外研究进展综述 ··· 011

　2.3 小结 ··· 012

第3章 中国城市规划体系的演变 ································· 014

　3.1 近代中国城市规划的形成与演变 ································· 014

　　3.1.1 殖民者主导的城市规划 ······································ 015

　　3.1.2 中国自主的城市规划 ··· 020

3.2　计划经济时期中国城市规划体系的演变 ················ 032

　　3.2.1　中华人民共和国初创期（1949—1957 年） ············ 032

　　3.2.2　城市规划发展波动期（1958—1965 年） ············· 037

　　3.2.3　城市规划停滞期（1966—1977 年） ··············· 039

3.3　改革开放后中国城市规划体系的演变 ················ 040

　　3.3.1　城市规划的恢复期（1978—1989 年） ·············· 041

　　3.3.2　城市规划体系的构建期（1990—2007 年） ··········· 045

　　3.3.3　城市规划的转型期（2008 年至今） ··············· 047

3.4　小结：我国城市规划的起源和演变 ·················· 050

　　3.4.1　近代：西方国家的侵入与本土自强意识的出现 ········· 050

　　3.4.2　计划经济时期：附属于"计划"的城市规划 ··········· 051

　　3.4.3　改革开放时期：应对市场的城市规划 ·············· 051

第 4 章　中国城市规划体系的现状特征与问题 ··············· 053

4.1　中国城市规划体系的现状特征 ···················· 053

　　4.1.1　中国的城市规划立法体系 ···················· 056

　　4.1.2　中国的城市规划技术体系 ···················· 067

　　4.1.3　中国的城市规划管理体系 ···················· 086

4.2　中国城市规划体系的问题 ······················ 102

　　4.2.1　城市规划立法体系的问题 ···················· 102

　　4.2.2　城市规划技术体系的问题 ···················· 104

　　4.2.3　城市规划管理体系的问题 ···················· 106

4.3　中国城市规划体系的演变规律 ···················· 107

　　4.3.1　中国基本制度背景的变化 ···················· 107

　　4.3.2　城市规划的职能和权威性问题 ·················· 108

　　4.3.3　城市规划体系演变的特点 ···················· 110

第 5 章　日本城市规划体系的演变与特征 ················· 113

5.1　日本概况 ····························· 113

　　5.1.1　比较视野下的中国与日本 ···················· 113

5.1.2　日本的历史与中日关系 ·· 113

5.2　日本城市规划体系的演变 ··· 119

5.2.1　日本古代城市规划：1868 年之前 ························· 119

5.2.2　日本近代城市规划的发展 ······························· 121

5.3　日本现行城市规划体系的特征 ··· 138

5.3.1　城市规划立法体系 ····································· 138

5.3.2　城市规划技术体系 ····································· 143

5.3.3　城市规划的管理体系 ··································· 158

5.4　日本城市规划体系的演变规律 ··· 165

5.4.1　城市规划的起源与城市规划权力的扩张 ················· 165

5.4.2　城市规划技术关注点的转变 ····························· 172

5.4.3　如何评价日本的城市规划体系 ························· 173

第 6 章　法国城市规划体系的演变与特征 ····················· 175

6.1　法国概况 ·· 175

6.1.1　发展历史 ··· 175

6.1.2　基本制度 ··· 178

6.1.3　社会经济 ··· 183

6.1.4　文化源流 ··· 184

6.2　法国近现代城市规划体系的演变 ······································· 184

6.2.1　1848 年之前的城市发展 ······························· 184

6.2.2　近现代城市规划体系演变的阶段划分 ··················· 187

6.2.3　1848—1944 年：城市规划体系的雏形期 ················· 188

6.2.4　1945—1975 年：城市规划体系的确立期 ················· 193

6.2.5　1976 年至今：城市规划体系的完善期 ··················· 196

6.3　法国现行城市规划体系的特征 ··· 200

6.3.1　城市规划立法体系 ····································· 200

6.3.2　城市规划技术体系 ····································· 201

6.3.3　城市规划管理体系 ····································· 219

6.4　法国城市规划体系的演变规律 ··· 222

  6.4.1 法国城市规划——作为社会事务的存在 ……………………… 222

  6.4.2 法国城市规划体系——作为技术工具的存在 ……………… 225

  6.4.3 2006 年以来的新变化：鼓励区域合作，促进都市区发展 ……… 226

第 7 章 中、日、法城市规划体系的比较研究 ……………………… **228**

  7.1 **城市规划体系间的比较** ………………………………………… 228

  7.2 **基于城市化发展阶段的比较** …………………………………… 230

   7.2.1 城市化缓慢发展阶段 …………………………………………… 230

   7.2.2 城市化快速发展阶段 …………………………………………… 231

   7.2.3 城市化稳定发展阶段 …………………………………………… 238

  7.3 **基于城市规划权力视角的比较** ……………………………… 244

  7.4 **有关城市规划体系中特定问题的比较** ……………………… 250

第 8 章 转型期我国城市规划体系的变革展望 ……………………… **258**

  8.1 **中国、日本、法国城市规划体系的异同及其原因** …………… 258

   8.1.1 中国、日本、法国城市规划体系的相似之处及其原因 ………… 258

   8.1.2 中国、日本、法国城市规划体系的差异及其原因 …………… 259

  8.2 **我国城市规划体系的宏观环境展望** ………………………… 261

   8.2.1 我国社会经济转型的趋势 …………………………………… 261

   8.2.2 市场化转型加速的趋势 ……………………………………… 261

   8.2.3 法治化转型加强的趋势 ……………………………………… 261

  8.3 **我国城市规划体系变革的展望与建议** ……………………… 262

   8.3.1 城市规划立法体系的展望与建议 …………………………… 262

   8.3.2 城市规划技术体系的展望与建议 …………………………… 263

   8.3.3 城市规划管理体系的展望与建议 …………………………… 265

参考文献 ………………………………………………………………… **267**

附录 1：法国城市规划术语对照 ……………………………………… **277**

附录 2：部分彩图 ……………………………………………………… **279**

第1章 绪论

1.1 研究缘起

1.1.1 现阶段我国城市规划面临的制度性问题

改革开放近 40 年来,伴随着高速的城市化进程,我国城市规划有了长足进步,初步建立起较为完整的城市规划体系,在指导城市建设、管理城市发展方面起到了至关重要的作用,城市规划在城市管理中的重要地位也逐渐被认识。但另一方面,城市建设与发展中所出现的种种问题,诸如"城市建设无序扩张""交通拥堵""房价高企"又在不同程度上暴露出现行城市规划的不足和缺少应对现实问题的能力的实际状况。

我国的城市规划体系建立于计划经济时期,虽在改革开放后增加了适应市场经济环境的内容,但在体系的基层设计上仍留存有计划经济时期的痕迹。城市建设与管理领域中所出现的与城市规划相关联的问题,究其原因,就是因为现行城市规划体系与社会经济体制之间存在某些矛盾。这些矛盾主要体现在:

首先,经过改革开放近 40 年的不断努力,我国经济体制已基本实现了由计划经济向市场经济的转型。由于市场经济所带来的利益主体多元化和对公平竞争的渴望,作为政府重要行政手段的城市规划不再是单纯描绘物质空间形态发展前景的蓝图,而要求其职能向协调各方利益、实现公共利益最大化方向转变。虽然 1992 年出现的控制性详细规划以及 2007 年《城乡规划法》对城市规划公共政策属性的强调均在不同程度上有所体现,但在整个城市规划体系中尚未得到彻底贯彻。

其次,随着社会主义法制化、民主化建设的开展,依法治国、依法行政、公众参与等现代社会中的民主意识与思想开始占据主流地位。其中,公众参与已成为 2007 年《城乡规划法》中的一个亮点。但公众参与如何真正实现,公共利益如何才能得到保障,在现有的法律框架和规划体系中并未明确体现(谭纵波,2007)。

再次,在 2007 年《城乡规划法》所确立的城市规划事权划分框架下,城市规划的主要内容依然属于上级政府的审批对象。在政府行政管理体制内,城市规划仍然属于自上而下的管理模式。地方政府的发展冲动与中央政府试图对全局进行把控的努力反映在城市规划的编制、审批与实施的全过程中。其中的权利与责任的对应关系以及所产生的影响并没有得到充分的评估和研究（仇保兴，2005）。

最后，我国实行全国统一的城市规划立法，并采用统一的规划技术规范。另一方面，部分地方政府也在积极寻求建立符合地方特色的城市规划体系或技术规范的可能性。例如：深圳市的《城市规划条例》，上海市的"规划单元"以及各地广泛开展的"战略规划""城市设计"的编制等。对于城市规划立法体系以及技术规范体系中，哪些需要"全国统一"，哪些需要各地根据实际情况体现"地方特色"，缺少相应的探讨和界定。

未来，我国的城市化进程还将持续一段时期。在改革开放近40年后，从追求经济增长到实现社会经济协同进步，我国再次面临着社会经济体制的转型。面对社会经济体制的不断变化，城市规划应作出相应的调整和完善，以顺应社会发展的要求。我国现行城市规划体系中所面临的制度性问题包括：

（1）如何使得作为政府行政工具、代表公权力的城市规划与经济社会发展的需求相适应；

（2）如何在各级政府之间恰当地划分城市规划事权以及相应的技术性内容。

简而言之，城市规划实质上是一种公权力对私权的限制行为，城市规划体系的建立就是通过制度设计谋求权力与责任的对应与匹配，在维系市场活力与保护公共利益之间寻求恰当的平衡，以保障城市的可持续健康发展。

1.1.2 研究的基本立意

城市规划的公共属性以及作为政府行政工具的角色决定了它具有工程技术与社会管理手段的双重性。一个完整的城市规划体系通常包括规划的立法体系、技术体系和管理体系。社会经济发展的要求一般通过城市规划立法这种社会共识的最高形式体现出来，并配合相关的规章和规范较为详尽地界定规划技术体系的内容和规划管理体系的行为。社会经济体制的转型以及所产生的对城市规划要求的变化最终依靠这一形式体现出来，城市规划应主动顺应这种要求。

现阶段的城市规划研究更多地倾向于单独探讨技术体系，缺乏解析三者之间关系，揭示规划技术体系背后的社会经济动因，探索城市规划权力的产生、赋予和行使的综合性分析研究。本研究力图在这一方面做一些有意义的尝试和基础性工作。

我国城市规划的发展，尤其是改革开放以来逐步确立起的现代城市规划体系在很大程度上学习和借鉴了西方工业化国家近代城市规划的内容和经验。但这种借鉴更多地停留在规划技术的范畴之内，而对其政治、法律、社会经济和历史文化背景的理解方面尚存欠缺。当我国的城市规划发展又站在一个新的十字路口之际，重新梳理西方工业化国家城市规划的发展历程，更加全面地理解城市规划与社会经济发展之间关系的客观规律，有助于辨明方向，为完善我国的城市规划体系提供丰富的素材和坚实的研究基础。

1.2 研究目标、研究对象与研究内容

1.2.1 研究目标

本研究的目标是通过中外比较，探索城市规划体系与社会经济环境以及社会发展要求之间的关系，即城市规划体系如何才能顺应社会发展的要求，其中的关键是什么。达成研究目标的途径为：

首先，本研究将城市规划体系看作现代社会管理体系中极具特点的重要组成部分。城市规划以实现社会管理为目标，以法律法规为依据，运用技术工具，由政府行政系统落实执行，是一个综合性的系统，是具有强制性的公权力的产生、赋予、承载以及作用于私权的全过程。这个过程是完整的、相互关联的，并具有其内在逻辑和哲学思想。本研究通过对不同国家城市规划体系及其相关社会经济背景的系统研究和对比，突破以往就规划技术论规划技术的局限，围绕城市规划体系，按照社会体制—行政管理体制—城市规划技术体系的依次递进的逻辑关系，从城市规划思想、理论及技术的不同层面进行探求。

其次，城市规划体系是一个在社会经济发展背景下不断变化、不断完善的动态过程。城市规划体系的变革既与所处时代的社会经济发展背景密切相关，又与城市规划本身的基础与演进历史不可分割。本研究力图在横向上对比不同社会经济发展背景下城市规划体系的异同，在纵向上梳理城市规划体系自身的演进规律，进而还原一个全方位的、立体的城市规划体系框架。

诚然，城市规划体系的研究不可避免地触及社会经济运行过程中相关的"潜规则"现象，以及规划体系在实践过程中存在的个体之间的"差异"，但本研究的重点不在于此，而是期望通过对历史和现实的总结，在理论层面上对城市规划体系的历史、现状及未来的可能性进行系统的梳理和理性的分析。

1.2.2 研究对象

回顾西方工业化国家城市规划发展与演变的过程可以发现，近现代城市规划体系的出现与演进是伴随现代政府行政体系的逐步构建与变化而完成的。由于各个国家受历史文化背景、国土资源状况、工业化和城市化发展阶段等因素的影响，以立法为依据，所建立起的现代政府管理体系以及与之相适应的城市规划体系之间有很大不同。其中，以美国为代表的强调地方自治的政府行政体系和与之相匹配的城市规划体系，与以日

本、法国为代表的"中央集权型"政府行政体系和相应的城市规划体系是两种特征突出的典型性代表。为提高比较与借鉴的现实意义，本研究选取了其政府行政体系与我国更具相似性的日本和法国作为横向对比的对象，着重分析研究在"中央集权型"政府行政体系下城市规划体系的基本特征，以及其伴随社会经济发展和城市化进程而演变的普遍性规律。

1.2.3 研究内容

为实现研究目标，研究工作从以下三个方面入手展开：

城市规划体系是现实社会的有机组成部分，是社会整体规范城市建设行为的工具和意图的具体体现。要剖析城市规划体系如何才能满足社会经济发展的要求、顺应社会的转型，就必须从历史和现状多个维度厘清城市规划体系与社会经济体制之间影响与作用的关系。例如：计划经济体制下的经济产出和利益分配是事先人为确定的，因此城市规划只需要按照既定计划解决工程技术问题（诸如基础设施、房屋建设等）；而市场经济体制中，经济产出的不确定性以及利益分配中的博弈现象要求城市规划在解决工程技术问题的同时还要维护经济秩序（例如容积率等）和保障社会公正（例如公共服务设施和保障性住房等）。本研究针对每个研究对象不同时期社会经济体制与城市规划体系之间的关系分别进行了研究，以期寻求其中的规律。

研究进一步将城市规划体系分为城市规划的立法体系、技术体系和管理体系三大部分。首先，城市规划立法体系包含了城市规划法律法规乃至相关技术规范的主要内容组成和法律效力，代表着一个国家或地区在某个时期社会共识的最高表达形式，同时也可以看成是某种社会经济体制在城市规划领域中的强制性表达。通常，城市规划立法体系在内容上赋予城市规划技术体系合法性；在行为上赋予城市规划管理体系合法性。其次，城市规划技术体系包含了解决城市建设管理相关问题的具体手段，例如：规划主体及其作用对象、需要确定的内容、所采用的技术手段以及表达方式等。通常，城市规划技术在经过一定的探索实践后，会通过立法程序上升为法定规划，成为立法体系的组成部分。现实中，没有经过立法程序的城市规划技术内容（非法定城市规划）同样普遍存在，两者共同构成了城市规划技术体系。但本研究侧重于前者。最后，城市规划技术内容最终需要通过执行者和执行过程作用于现实的城市建设管理，从而形成了城市规划的管理系统。城市规划管理可以看作政府行政力作为公权力作用于以开发建设活动为代表的私权利的过程，其中，权力的产生、赋予、承载以及作用既与立法系统的授权相关，又与城市规划技术体系所包含的具体内容密不可分。本研究的内容主要是通过中、日、法三个国家的实际案例，对这三大体系的构成、相互关系及其演进过程的事实进行论述和分析，并进行了包含所处社会经济背景在内的横向比较。

现实中，城市规划体系的复杂程度要远高于上述高度抽象化了的理想关系模型。因此，本研究更多地从案例实证入手，通过中外横向比较，得出证实上述关系的初步结论。

总之，本研究试图通过对不同国家城市规划体系的演变及其背后的社会经济背景的客观分析，探求城市规划体系发展与演变的客观规律，从而为构建我国顺应社会变革，适应社会经济发展需求的城市规划体系打下坚实的基础。

具体研究内容由以下三个部分构成：

1. 城市规划体系的架构

有关城市规划体系架构的研究是本书的第一部分，主要包括：日本、法国及中国的城市规划立法体系、规划技术体系和规划管理体系演变过程以及现状的论述和分析。重点通过对原始文献的阅读和对重要案例的了解，掌握和厘清不同国家城市规划体系的发展过程和客观事实，对应书中第3至第6章。

以法国为例，其城市规划的历史最早可追溯至文艺复兴时期，当时的历任国王先后颁布了一系列有关城市广场、公园绿地、景观大道、宫殿宅邸、公共设施和城市街区的建设项目规划，以及有关沿街建筑布局和形态的建设管理规定，成为法国城市规划的早期实践。19世纪中叶的共和时期，奥斯曼主持了大规模的巴黎城市改造工程，通过有计划地实施道路体系、基础设施和公园绿地建设以及有关土地房屋权属和城市街道景观的规定，不仅为巴黎的现代化发展奠定了重要的物质基础，而且开创了依据规划图纸实施城市规划的先河，成为现代城市规划诞生的重要渊源。20世纪以后，工业化进程造就了法国的现代城市规划体系，并伴随社会经济的发展变化不断演变和丰富。其中，从20世纪初到30年代，法国根据工业化推动城市化加速发展的现实，通过颁布一系列有关城市规划的立法，建立了两个层次的城市规划技术体系以及城市规划许可制度，初步建立起城市规划体系框架，尝试对快速发展的城市建设实施有序调控和管理。在20世纪50—60年代，面对第二次世界大战结束后社会经济持续加速发展的变化，政府开始对城市建设进行更加直接和广泛的干预，通过立法途径完善了由展望性城市规划、规范性城市规划和修建性城市规划所组成的城市规划技术体系，以适应城市化加速发展的需要。从20世纪70年代至今，根据社会经济发展形势的急剧变化，特别是经济结构调整、城市化进程趋缓、民主化进程深化以及对生态环境的广泛关注，再次通过立法途径，重新划分了从中央到地方各级政府的城市规划管理权限，调整了各类城市规划的内容，以对不同领域的公共政策进行整合，进而促进城市发展质量的提高。由此可见，自诞生之日起至今，法国的城市规划体系并非一成不变，而是根据社会经济和城市化进程的发展，特别是转型变化，不断调整其立法体系、技术体系和管理体系的内容和构成，从而更好地适应社会经济发展的变化。

此外，该部分的另一项内容就是通过对自身发展和演变的系统梳理，找出我国现行城市规划体系中与社会经济发展以及社会转型方向不符而需要改革的方面和领域。

2. 横向比较与背景分析

研究的第二部分是中、日、法三国之间的横向比较及背景分析。在上一部分研究的基础上，重点就不同国家、不同社会经济发展背景下的城市规划体系进行了横向比较，探求其中的异同。对于相同部分，进一步引申为具有普遍意义但附带适用条件的规律性结论，为展望我国城市规划体系的总体发展趋势提供参照。而对于不同部分，将进一步研究分析其产生的社会经济和历史文化背景，并揭示造成这种差异的主要影响因素以及思想、理论和制度层面的原因，为进一步探讨我国城市规划体系未来发展的可能性提供思路和素材。这部分内容体现在本书的第 7 章中。

横向比较从三个不同视角分别展开。首先是基于城市化发展阶段的比较，通过将社会经济发展和城市化进程划分为工业化初期的城市化加速发展、工业化中期的城市化快速发展、工业化后期的城市化稳定发展等几个阶段，具体分析日、法两国在相同的社会经济和城市化背景下，城市规划体系在构成和内容上的异同，以及法、日两国在不同阶段的转型时期对城市规划体系作出的调整，从中分析总结具有规律性的特点。例如日本和法国两个国家均存在着伴随经济发展和社会民主化，城市规划的事权从中央集权走向地方分权的趋势。同时尝试将相同的分析模型应用于对中国城市规划体系发展趋势的分析之中。

其次是基于城市规划权力视角的比较，从社会经济特性、行政管理特性、社会文化特性三个制度特性方面入手，对城市规划权力的产生、赋予、承载和作用的全过程进行横向比较，分析探索我国城市规划在规划权力观方面与日本和法国的异同，揭示不同社会制度与历史文化背景下，城市规划权力的表达形式和观念的差异，为进一步探究我国城市规划权力演进的趋势提供了基本的视角和思路。

最后是城市规划体系中重点问题的比较。基于上述两个不同视角的一般性分析，研究还选取了影响城市规划体系形成与发展的关键性问题作出了进一步的分析和比较。

3. 城市规划体系变革趋势

选取日本和法国作为研究对象的重要原因是在工业化国家中，相对于英、美等其他国家，日本和法国在历史文化、社会管理模式等方面与我国具有一定的相似性。但由于我国现阶段在社会制度等方面又与上述国家有着明显的差异，因此，研究的重点并非对日本和法国城市规划技术的直接借鉴，而是着重分析研究在不同社会经济背景下，城市规划体系的内容与演变，特别是规划权力的传递途径与方式。在此基础之上，尝试对我国城市规划体系未来发展的可能性进行了分析，提出了构建顺应社会转型的城市规划体系的关键性问题和初步建议，与研究的初衷相呼应。

总之，未来我国的城市规划体系顺应社会经济发展要求而变革的大致方向是可以预测的，但具体的立法体系、技术体系以及管理体系的内容构成则存在着诸多的可能性。相关论述体现在本书的第8章中。

1.3　研究方法与技术框架

1.3.1　研究方法

虽然以互联网为代表的现代信息技术发展迅猛，但传统的文献（包括电子化文献）搜集和阅读依然是城市规划研究领域中不可替代的有效手段。本研究结合互联网信息搜集和传统文献阅读，最大限度地获取有关研究对象的第一手资料和多渠道可验证的信息。依托于能熟练运用英、法、日、德语的研究团队获取第一手资料。除文字资料外，本研究将充分利用研究对象国家公开的统计资料和各种城市规划图形文件。

1.3.2　技术框架

本研究按照开展研究的顺序依次分为国别研究阶段、横向比较及规律总结阶段以及研究成果应用阶段。

国别研究阶段主要依靠文献考证、深度访谈以及国际交流等手段，分别对中国、日本和法国的城市规划体系的现状及历史演变过程进行充分的研究和理解。具体而言，就是通过对构成城市规划体系的立法体系、技术体系和管理体系各自的状况以及相互间的关系进行分析研究，揭示社会经济发展是如何通过这三个侧面影响到城市规划体系的。

在国别研究的基础上，横向比较及规律总结阶段主要对中、日、法三国的城市规划体系演变过程以及其背后的社会经济背景进行横向比较，找出其中的异同点。其中，三国相似的部分可以看作城市规划体系顺应社会转型的某种带有规律性的趋势。而对于不同的部分，则进一步从社会制度、国土资源、发展阶段、法治水平、管理模式以及历史文化等方面寻求造成差异的原因。同时，在寻求差异的过程中特别注意进一步寻找不同国家之间，虽处在不同年代，但处于相似发展阶段中的相近性，仍将其看作城市规划体系顺应社会转型的规律性倾向，以揭示城市规划体系顺应社会转型的客观规律。

　　最后，在研究成果应用阶段，主要通过将研究总结出的城市规划体系变革与社会转型之间的普遍规律与我国现存问题进行比对，探讨未来我国城市规划体系变革的方向与可能。希望整理出未来我国城市规划体系变革中可能遇到的普世性问题和具有中国特色的问题，并分别给予探讨和展望（图1-1）。

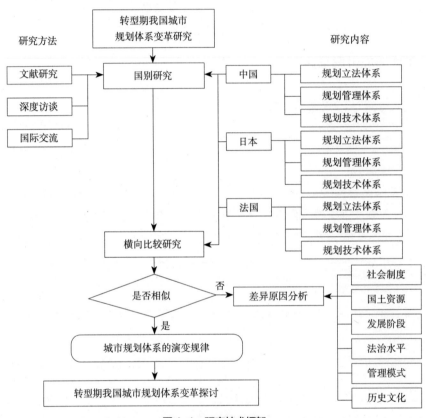

图1-1　研究技术框架

资料来源：作者自绘。

第 2 章 　 国内外研究进展

2.1 　 国内研究进展综述

中华人民共和国成立以来，城市规划体系在借鉴前苏联经验、重构学科认识的过程中建立起来。改革开放后，伴随社会主义市场经济体制的建立、城市化进程的不断加快，在借鉴西方工业化国家经验的基础上，完善和创新城市规划体系成为城市规划学术研究的热点。

目前，国内学者的相关研究主要包括：仇保兴（2005）和赵燕菁（2005）借用制度经济学的理论和方法，研究了城市规划体系的内涵、规律及改革创新的方向，强调中国城市规划体系在快速城市化进程中，亟待解决"滞后的理性""幼稚的法治"、城市规划体制创新、政府管理模式变革等问题；赵燕菁（2002）分析了在市场竞争环境下城市规划的演进方向，提出要在目前分税制的基础上加强地方政府的财务约束，通过立法途径将各级政府用于城市建设的费用同资产挂钩；高中岗、张兵（2010）认为城市规划对城市发展的作用主要体现在控制、引导、整合、保障四个方面，并指出了城市规划作用的有限性，提出了城市规划有效作用的基本标准；孙施文（1993）运用控制论思想与方法，分析了城市规划管理的作用、性质与内容，提出了城市规划管理的构成、组织与运行的理论构想；孙施文（2000）、何明俊（2005）、高中岗（2007）等则将城市规划视为公共管理的政策和手段，阐述了城市规划政策与城市公共政策之间的关系，分析了我国现行城市规划管理制度的优缺点以及城市规划在行政操作层面存在的困难，并进一步提出了可以改革创新之处。此外，郑国（2008）还对城市规划的权力与责任之分进行了哲学思考，指出社会的整体利益和长远利益与地方政府的眼前利益和局部利益之间的冲突是城市规划行业的"真理"和"权力"的根本矛盾所在；李东泉、陆建华、苟开刚、张磊（2011）从将城市规划管理纳入政策过程的视角，认为城市规划管理向公共政策转型势在必行，规划管理的工作内容和管理流程应该进行调整和再造；张尚武（2013）讨论了乡村规划的引入给现行规划体系带来的挑战和调整；邹兵（2013）、施卫良等（2014）讨论了城镇化走向存量时期规划体系的应对；张庭伟（2015）分析了国内外形势变化对城市规划的挑战，提出了城市发展动力机制、社会调节机制、利益转移及补偿机制、空间调节引导机制及规划工作机制的转变；杨保军、陈鹏（2015）认为在新常态的降速、转型、多元的形势下，城市规划的变革将体现在制度完善和技术提升两个方面；王唯山（2009）、谢英挺（2015）关注空间规划体系的"多规合一"，关注城市规划与经济社会发展规划、土地利用总体规划等的协调与整合；尹强（2015）、杨保军、张菁、董珂（2015）进一步分析了空间规划体系中的城市规划特别是城市总体规划的平台地位和统筹作用；门晓莹，徐苏宁（2014）提出建立"权力清单"，分层次、分部门厘清城乡规划权力的分工与协作；俞滨洋、曹传新（2016）从适应生态文明模式、适应国家治理体系和治理能力现代化方面提出了城乡规划改革建议；任致远（2015）系统梳理了中国法规体系演变进程，指出了体系建设的不足和改进建议。

在中国城市规划体系建立和发展的过程中，对外国经验的学习和借鉴始终是城市规划学术研究的重要组成部分。其中，法国和日本因其在历史文化和行政体制上与中国的相似之处，相当一段时期以来一直是中国城市规划研究和参考的对象，中国学者在有关法国和日本城市规划体系的研究方面也在不断发展。

国内学者关于日本城市规划体系的研究主要涉及城市规划的法规体系、行政体制和规划体系等几个方面，且以技术层面的研究居多，主要包括：谭纵波（1999）和吕帅（2007）阐述了日本城市规划行政体制的历史、现状及发展趋势，提出了通过行政体制改革加快城市化的建议，并分析了日本城市规划事权从中央集权向地方分权转变的背景与经过（谭纵波，2008）；刘武君和刘强（1993，1994，1996）、谭纵波（2000）研究了日本城市规划法规体系的构成，分析了日本城市规划立法的历史、现状和特征；吕斌（2009）介绍了1925—1989年日本社会经济和城市化进程快速发展时期的城市规划制度及实践；此外，刘武君（1993）、唐子来和李京生（1994，2000）、高春茂（1994）、徐波（1994）分别对日本的城市规划体系、城市总体规划和地区规划进行了概况介绍，研究了相关城市规划编制的具体内容和决策程序。一些学者也对日本城市规划的法律法规体系进行了片段式的分析，如姚传德、于利民（2017）对日本第一部《都市计划法》及其配套法令进行了评析。

相比于对日本城市规划体系的研究，国内学者针对法国城市规划体系的研究起步较晚，研究成果也相对较少，同样主要涉及城市规划的法规体系、行政体制和规划体系等几个方面，并且同样以技术层面的研究居多，主要包括：刘健（2004）研究了法国的行政建制和行政体制以及在现行行政体制框架内的城市规划权限划分；卓健和刘玉民（2004）则从规划政策、管理机构、组织程序和规划文件等几个方面，介绍了法国城市规划权从中央集权到地方分权的演变过程；刘健（2004）梳理了法国城市规划法规体系的构成、任务和适用范围；米绍、张杰、邹欢（2007）总结了自20世纪60年代以来法国城市规划编制体系的变迁；邹欢（2000）、刘健（2002，2004）梳理了巴黎大区的区域规划编制及其演变；张恺和周俭（2001）、刘玉民（2004）以巴黎为例，介绍了法国的城市规划编制体系；刘健（2011）介绍了法国的国土开发政策框架及其空间规划体系及对完善我国空间规划体系的借鉴。

除了针对法国和日本城市规划体系的专门研究之外，国内部分学者还在关于国外城市规划体系的研究中涉及了与本课题相关的研究议题。例如：建设部主编的《国家城市化发展概况》（2003）对法国和日本城市化发展规律的研究；陈晓丽主编的《社会主义市场经济条件下城市规划工作框架研究》（2007）中关于日本城市规划体系的研究；建设部城乡规划司主持的《境外城市规划法编译与比较研究》中关于法国和日本城市规划法的研究；吴志强和唐子来（1998）将不同国家的城市规划体系划分为三种类型，并分别论述了其在市场经济条件下的演进特点；谭纵波（2001）介绍了英、美、德、日四国的规划技术类型，分析了中国借鉴国外规划技术的环境，强调中国城市规划发展要依据自身的具体情况有选择地借鉴；谭纵波（2007）通过对中、美解读公共利益的对比研究，探索了《物权法》颁布后对城市规划实践的影响，展望了城市规划必须应对的局面等。中国学者关于行政体制和公共管理的研究则主要集中在对中国行政体制改革的背景、脉络、特点、重大事件和主要经验的梳理与总结（辛传海，2006；周天勇，2008；汪玉凯，2008），对公共权力和公共责任相互关系的辨析（曹国丽，2004）以及对社会经济转型的背景下转变政府管理职能、提高政府执政效率（麻宝斌，2004；陶学荣，2006）的分析上。

2.2 国外研究进展综述

与国内开展的日本和法国城市规划研究相比较，这两个国家自己的学者也做了大量的研究工作。当然，较之国内研究更多是框架性的介绍以及针对城市规划某个领域中的问题开展研究，日本和法国的学者针对自己国家的城市规划研究的广度和深度都更胜一筹，对整个城市规划体系的发展过程以及其中的规律也有着更加全面的认知和判断。针对极其丰富的母语文献，本研究重点阅读了带有整体性叙述和分析的文献，并以此构建了理解各个国家城市规划体系整体框架及其历史演变过程的认知框架。例如参考的法文文献主要有：关于法国的概况介绍（Coulais，2003）、有关区域规划与城市规划的框架性论述（Direction Générale de la Coopération internationale et du Développement（外交部国际合作与发展司），2006；Fédération Nationale de SCOT（SCOT全国联合会）；M. Daniel Coulaud；Pierre Merlin，2010；Pierre Troncchon，1993；Pierre

Merlin，1988）以及有关城市规划立法的专著（GRIDAUH，2002；Henri Jacquot，2004；Isabelle Savarit-Bourgeois，2007；Pierre Soler-Couteaux、Élise Carpentier，2015；Patrick Gérard，2002）等。

关于日本城市规划的参考文献主要有：关于日本国土规划与城市规划整体框架的论述（都市计画教育研究会，2003；日本都市计画学会，2002、2003；东京都都市计画局总务部总务课，2000；日本建筑学会，2004；伊藤雅春、小林郁雄、澤田雅浩、野澤千絵、真野洋介、山本俊哉，2011），有关城市规划发展与演变历史的论著（石田赖房，2004；東京都都市計画局総務部相談情報課，1990），有关城市规划立法方面的专著（大塩洋一郎，1981；高木任之，2010；建设省都市局都市计画课，1991；建设省都市计画局都市计画课，2000）以及有关日本城市规划相关问题的专题深度论述（柳沢厚、野口和雄、日置雅晴，2007；日本都市计划学会地方分权研究小委员会，1999；簑原敬，2000；小林重敬，1999a，1999b）等。

上述文献不但为研究提供了一个较为完整、全面、可信的框架，同时也为利用当今的网络资源搜寻城市规划领域的最近发展，尤其是立法内容，提供了一个索引。因此，通过网络获取的法规原文、规划文本等在引用时加以标注，不在此一一列出。鉴于研究的实际需要，文献的选取更加侧重于其在学术研究中的代表性和经典地位，而没有一味追求新近出版物。

此外，中国改革开放 30 年来在行政体制和公共管理方面进行的改革，同样是中外学者十分关注的研究热点，并已取得令人瞩目的研究成果；鉴于跨学科研究的特点，上述研究亦是本研究的重要文献。例如：国外学者关于中国行政体制改革的研究主要集中在政府决策（Kenneth Lieberthal，David Lampton，1992；Michel Oksenberg，1988）和管制政策（Dali Yang，2004；Susan Shirk，1993）等方面。

2.3 小结

总体来看，针对城市规划的技术体系，中国学者从不同方面入手进行了大量研究，取得了丰硕的成果。然而，相比之下，针对城市规划的立法体系和管理体系，特别是立足于立法体系、管理体系和技术体系三者之间的相互关系，揭示城市规划体系的变革应如何顺应社会转型发展的系统研究较为匮乏。目前中国学者关于法国和日本城市规划体系的研究大多集中在城市规划体系和城市规划技术方面，对于在不同社会经济发展背景下，城市规划权限在从国家到地方的各级地方政府之间的重新划分、城市规划价值取向的不断调整及其在城市规划编制内容上的具体体现等基础性问题，缺乏深入研究。

　　而法国、日本学者针对本国城市规划体系的研究无论是在深度还是广度上均达到了相当的程度,有着丰厚的积累,但毕竟这些学者是站在各自国家的角度来看待这些问题的,对我国而言并不具备针对性。本研究在力图充分理解这些一手文献的基础上,站在构建我国城市规划体系的视角,分析法国与日本在城市规划立法、管理和技术三个体系上的实际状况及其发展脉络。

第 3 章　中国城市规划体系的演变

3.1　近代中国城市规划的形成与演变

西方国家在工业革命的推动下，城市化进程迅速，为了应对城市快速成长带来的城市问题，近代城市规划应运而生。西方列强的殖民侵略、"师夷长技以自强"的洋务运动以及大批海外学子回国参与建设等历史事件，使得西方近现代城市规划思想被引入中国，对中国近代城市规划的形成起到了重要推动作用。根据城市规划主导者的不同，可以将这一时期我国的城市规划进程分为殖民者主导的城市规划和中国自主的城市规划。虽然二者都带来了西方近现代城市规划思想，但前者明显带有被动接受的特点，而后者则是主动吸收、应用的过程。

殖民者主导的城市规划，又可以分为租界内的城市规划、"租界城市"整体规划、抗战期沦陷区的城市规划。租界内的城市规划以上海租界区城市规划与建设为代表。鸦片战争后，清政府于 1842 年与西方列强签订了《南京条约》，殖民侵略者在上海划定了租界区，并不断扩大上海租界区的规模。以"工部局"为主的行政管理机构，开展了包括功能分区、基础设施建设、颁布区划条例与建筑法规等在内的一系列城市规划管理和建设，引入了当时西方较为先进的规划思想和技术手段，使得租界区内的城市风貌与租界外的中国城市传统风貌风格迥异。租界区内的土地分属于不同的西方国家，导致租界区内的城市规划和建设各自为政而缺乏整体性。这些特征也体现在广州、天津、武汉等其他城市的租界区规划与建设中。在青岛、大连等"租界城市"中，西方列强享有对整个城市的完全支配权，城市规划体现出更强的整体性和更长远的规划意图。抗战时期，以伪满洲国为代表的沦陷区城市规划也是如此，东三省完全受日本控制，其规划体系基本上套用了日本城市规划的经验。但无论如何，这几类西方列强主导的城市规划，均被深深地打上了殖民主义的烙印，城市规划与建设的目的是进一步服务于西方列强对中国的侵略和剥削，华人的生存条件往往在规划中被忽略甚至处于备受歧视的地位，被动性接受是这类规划的突出特征。

中国自主的城市规划，以时间先后顺序，可以分为：清朝洋务运动时期于南京、武汉、天津等城市开展的若干城市建设实践，袁世凯政府时期的旧市区改造和新市区建设以及国民政府时期开展的大量城市规划和建设。其中，国民政府主导的城市规划，确立了中国近现代城市规划管理机构的设置和法规体系，产生了包括首都计划、大上海都市计划等具有里程碑意义的规划方案，出现了我国第一部城市规划法，进入了在主动引入西方国家规划思想的基础上构建我国自主的近代城市规划体系的阶段。

3.1.1　殖民者主导的城市规划

1. 上海公共租界案例

19世纪中英《南京条约》确定了包括上海在内的五口通商的内容，上海公共租界成为中国租界历史上设立时间最早、跨越时段最大、涉及面积最广、管理机构最完善的一个租界，是租界的典型代表。在租界时期，上海的城市建设、市政体制、经济、航运等都得到了跨越式的发展，在当时的世界范围内崭露头角，城市建设与管理对上海此后的发展有着不可磨灭的影响。因此，本文选取上海公共租界为案例研究西方列强主导的城市规划体系演变历程。

1）城市规划相关法律性文件

上海公共租界规划最重要的组成部分是法制化的规划文件，即颁布并实施的规划管制法规。这些法规不仅构建了租界区规划中最基本的制度环境，同时也体现了城市建设管制的具体规则、内容和方式。上海公共租界的法律文件可以分为两大类：一类是具有租界自治公约性质的土地章程，另一类是适用于租界范围内部的建筑条例。公共租界在1845年、1854年和1869年先后颁布了三次《土地章程》，1901年和1903年颁布了《中式建筑条例》和《西式建筑条例》，1916年为适应新的发展情况颁布了《新中式建筑条例》和《新西式建筑条例》，此后，在20世纪30年代颁布了涵盖中西式建筑的《通用建筑条例》（表3-1）。

作为上海租界制度根本法的土地章程的三次修订及两次增订，条文由简而繁、规定由疏而密、权利由小而大，真实地反映了19世纪末上海政治、经济、文化的发展变化。这些法律文件成为早期租界市政机构形成及运作的主要依据，其中，工部局对城市建

晚清时期上海公共租界规划相关主要法律文件一览表　　　　表3-1

法规名称	颁布年份（年）	主要内容
《土地章程》	1845	共23条，建立了公共租界内城市建设管制的基本规则
《土地章程》	1854	对上版章程的实施成果的继承和对未来城市建设的指导
《土地章程》	1869	1898年、1907年两次修订，增加了工部局对城市建设管制的自主权，进一步丰富了管制规则的内容
《中式建筑条例》	1901	对中式建筑材料、结构、技术、层数、宅前通道宽度等方面进行了严格限定

续表

法规名称	颁布年份（年）	主要内容
《西式建筑条例》	1903	对西式建筑高度、道路一侧突出物、建筑退界等方面进行限定，更加关注形态管制
《新中式建筑条例》	1916	对1901年《中式建筑条例》的内容进行了拆分、合并及增补，针对过街楼的出现以及新技术、新材料带来的新变化进行了限定
《新西式建筑条例》	1916	对1903年《西式建筑条例》进行了大刀阔斧的改动，从建筑高度与相邻道路宽度比例、建筑体积容量等方面强化了对城市建设强度的管制
《通用建筑条例》	20世纪30年代	涵盖了中西式建筑等所有类型的建筑条例，对强度管制进一步强化，用途管制开始萌芽

资料来源：根据陆君超《上海公共租界"规划"与城市空间形成》（2013）改绘。

设的管制行为需要符合这些文件所构建的管理框架。20世纪初开始出现的建筑条例尽管更多地关注建筑物本身，但大量建筑的组合亦直接影响着城市空间及风貌的形成。

2）城市规划管制技术

1845年《土地章程》实际上起到了建立城市建设管制基本规则的作用。《土地章程》的内容可分为"建设空间管制"条目和"建设内容规定"条目两大类，对公共租界内城市建设的管制意义重大。1954年颁布的《土地章程》继承了1845年《土地章程》指导城市空间建设的传统，并对未来城市建设提出了具体指导措施，正式成立了城市行政管理机构——工部局，租界城市建设的管理和控制有了明确的主体；同时，此版章程删除了关于"华洋分居"的相关条款，导致租界人口剧增，带动了建筑业和房地产业的快速发展，反过来又增加了工部局对城市建设进行管制的难度。1869年颁布的《土地章程》，完善了此前土地章程确立的城市建设管制规则。工部局自此完全获得了三项管理建设活动的大权，即建筑法规的制定权、建筑设计图纸的审批权、房屋建造中的监造权，为此后工部局在城市建设管制过程中的主动性和灵活性奠定了坚实的基础。

19世纪末大量华人涌入租界，带来了防火、卫生、坍塌事故等大量城市问题。为应对此类问题，工部局在1901年颁布了《中式建筑条例》，对中式建筑的层数、通向房屋的通道的宽度、建筑物突出部等方面进行了严格的限定。1903年，工部局颁布了《西式建筑条例》，其内容较《中式建筑条例》更为完备、深入，囊括了建筑高度、建筑退界、建筑后部开放空间、公共道路突出物等方面的规定。这两版建筑条例对城市外部空间的关注重点集中在了"形态"上，并且分别有条款对空间形态三要素——线、面、体进行了相应的规定。

1916 年颁布的《新中式建筑条例》对 1901 年的《中式建筑条例》的内容进行了拆分、合并及增补，但变化不大。1916 年颁布的《新西式建筑条例》对 1903 年的《西式建筑条例》进行了较大改动，对此后的城市建设管制产生了明显的影响。《新西式建筑条例》最大的特点是对城市建设强度管制的强化，开始有意识地对建筑、土地的使用强度进行管制，对建筑高度的限定有了很大的调整，对货栈体积的限定初步建立了建筑容量的概念。总体而言，《新西式建筑条例》在城市形态管制的基础上逐步强化了对土地开发强度的管制，这一特点对于公共租界的城市建设管制历史具有里程碑式的意义。

20 世纪 30 年代颁布的《通用建筑条例》的最大特点是对强度管制的进一步强化以及用途管制开始萌芽，但 1930 年代末上海进入了全面抗战时期，条例失去了付诸实践的机会。20 世纪初至 20 世纪 30 年代的三版建筑条例对建筑物的形态管制一直保持着较高的关注度，随着时间的推移、建筑条例的发展，建筑强度管制的内容开始出现并被不断强化，建筑用途管制的内容最后出现，并且仅停留在理念的层面上。自此，通过对建筑物实施管制，进而对城市建设开展事实上的管制工作在内容和细节上已趋于完整，形态、强度、用途这三个近代城市规划管制要素均已涉及（表 3-2）。

西式建筑条例发展特点 表3-2

条例颁布时间	条例名称	条例特点
1903 年	《西式建筑条例》	关注形态管制
1916 年	《新西式建筑条例》	强度管制强化
20 世纪 30 年代	《通用建筑条例》	用途管制萌芽

资料来源：根据陆君超《上海公共租界"规划"与城市空间形成》（2013）改绘。

3）城市规划管理实践

依据 1845 年的《土地章程》，1846 年召开租地人会议，确定"道路码头委员会"为租界城市建设管理的主体，对租界内公共设施建设全权负责，成为此后公共租界工部局的前身。依据 1854 年的《土地章程》，租界成立了工部局，全面负责租界内的市政管理、税捐征收、治安维持等各项事务，与此前职能仅局限在收税和工程建设方面的"道路码头委员会"相比，工部局对租界内的所有侨民负责，职能更为全面、管辖更为广泛。工部局的成立使得租界的城市建设管制有了明确的主体，其不仅对辖区内侨民的建筑行为具有管理权，对华人的建筑行为也具有同样的权力，对西方国家侨民和华人的管理权的集中有利于租界城市空间的有序化，并形成制度化管理。依据 1869 年《土地章程》，工部局在城市建设管制上的自主权得到了极大增强。

2. 伪满洲国案例

1931 年"九·一八事变"之后，日本侵略者占领了东北，扶植前清废帝溥仪在东三省建立起傀儡政权（即伪满洲国），"首都"设于新京（今吉林省长春市）。伪满洲国沿袭日本已有的制度，迅速建立了较为完善的城市规划体系。

1）城市规划立法活动

（1）城市规划组织法

伪满洲国的城市规划组织较为健全，法律法规相比于国民党统治区更为完备，主要的法律法规包括《国都建设局官制》《国都建设计划咨问委员会官制》《官衙建筑计划委员会官制》《都邑计划委员会官制》等。

（2）城市规划法

1936 年伪满洲国政府制定和颁布了中国历史上第一部内容较完整、全面、具有近现代意义的城市规划法《都邑计划法》（表 3-3）。此外，伪满洲国针对首都的城市建设，专门制定了《国都建设计划法》，这在当时的国民政府首都——南京都还未出现。

《都邑计划法》主要内容　　　　　　　　　　　　表3-3

条款	内容
第一条	立法内容与主旨
第二条至第六条	都邑计划主管机构及人员构成
第七条至第十一条	主管大臣的主要权限
第十二条至第十五条	区划内相关土地物件的规定
第十六条	土地重划地段的规定
第十七至第三十三条	关于建筑的相关规定
第三十四至第四十条	其他相关规定
附则	法律效力问题

资料来源：蔡鸿源.民国法规集成[M].合肥：黄山书社出版社，1999.

（3）城市规划相关法

由于伪满洲国政府存在的时间较短，城市规划相关法律法规并不丰富，主要有《新京特别市商埠租建规则》《国都建设局土地建筑物出卖及出租规则》《土木建筑业统制法》等。

2）城市规划技术内容

伪满洲国初期（1932—1935 年）的城市规划方案由关东军特务部主导（图 3-1），与满铁经济调查会、伪满洲国三方协议后最终决定。在城市规划实施过程中，采用经营土地的做法，利用出售价格上涨的土地所得的开发利润，作为公共投资的资金来源。伪满洲国首都的建设还引入了区划思想中的用途许可规则。此外，为营造富有美感、

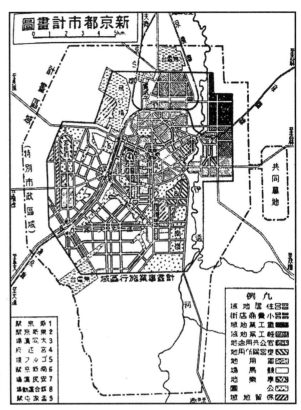

图3-1　新京都市计划图

资料来源：（日）越泽明.伪满洲国首都规划 [M].北京：社会科学文献出版社，2011.

秩序井然的城市空间，确保规划方案的有序推进，伪国都建设局还颁布了《国都建设局建筑指示条项》，对建筑的高度、间距、建筑密度（建蔽率）和建筑后退红线等都进行了明确的规定。1938 年后，伪满洲国首都规划进行了一些调整与修改，但由于日本在军事上的失败和经济上的危机而没有得到全面实施。

3）城市规划管理机构的设置

（1）"国都建设局"

1932 年伪满洲国新京"国都建设局"设立，随后颁布了《国都建设局官制》，规定"国都建设局"属于"国务总理"管理，负责"国都"的城市规划及执行等事项。"国都建设局"设置总务和技术两处，技术处负责管守官印及文书事项、人事事项、会计及庶务事项、都市计划事项、整地事项、不属他处主管的事项。"国都建设局"内设局长、理事官、技正、事务官、属官等官员与技术人员。第一任局长为日本人丸山，制定城市规划的主要负责人是技术处长近藤安吉和计划科长沟江五月，因此，伪国都的城市建设、规划体制与法规主要学习和借鉴日本。

（2）"国都建设计划咨问委员会"

"国都建设计划咨问委员会"成立于 1932 年，是"国都建设局"的配套机构，主要委员由"国都建设局"高等官、"国务院"高等官、新京特别市高等官、长春满铁附属地理事者、新京特别市及长春满铁附属地住民构成。尽管底层民众在委员会中所占比重较少，但具备一定的话语权，开始出现类似于今天的公众参与观念的萌芽。

（3）"都邑计划委员会"

伪满洲国政府于1936年颁布了《都邑计划委员会官制》，对城市规划的主管机构制定了法律层面的一系列规定。"都邑计划委员会"分为中央委员会和地方委员会两个层级，从各级委员会的人员配置来看，以行政官员为主，但《都邑计划委员会官制》中规定了各级委员会组成中必须有"十人以内的有学识经验"的专业人士。

3.1.2 中国自主的城市规划

近代中国自主的城市规划体系发展历程可以分为四个阶段：近代城市规划体系的起步阶段——晚清时期（1840—1911年）；初步形成阶段——北洋政府时期（1912—1927年）；完善阶段——国民政府前期（1928—1937年）；近代城市规划体系的定型时期——国民政府后期（1938—1949年）。

1. 晚清时期（1840—1911年）

鸦片战争以来，清朝闭关锁国的政策被打破，在西方列强殖民侵略的外力推动和具有先进思想的国人的推动下，中国的城市规划体系在晚清时期揭开了序幕。

1）城市规划立法浅尝

晚清时期，城市的经济力量和政治地位得到提升，掀起了全国范围的地方自治风潮，清政府颁布了一系列关于城市自治与城市规划的法律法规。1906年11月，清政府下令由军机大臣与各省督抚筹议实施地方自治的预备措施，1907年9月正式下令民政部拟定章程进行试办，1907年10月京师先行试办自治。1908年，清政府颁布《九年预备立宪逐年筹备事宜清单》，对地方自治的实施作出了具体部署。1909年1月，清政府颁布了《城镇乡地方自治章程》和《城镇乡地方自治选举章程》，具体规定了地方自治的机构设置、职责权限和选举方法。清末地方自治的主体实际上是城镇，地方自治的内容主要是关于城镇的建设和发展。

虽然清末这场城市自治风潮带有某种政治欺骗的色彩，与当时西方工业化国家流行的资产阶级地方自治制度有着本质的区别，但这场运动却为中国的城市和乡镇争取独立的法律地位走出了重要一步，为"市"建制的发展奠定了一定基础。城市的法律地位至少在章程上获得了承认，地方自治有了法律保障。这同时也是张謇、袁世凯等人开展城市规划的法律依据。北京作为政治中心，受到了清政府的特别关注，1910年1月颁布的《京师地方自治章程》清楚地规定了自治区域、范围、居民和选民、自治机关、选举方法、自治经费和自治监督的各项事宜，市政建设位列其中。

2）城市规划技术初现

（1）地方案例——北京

近代工业化、城市化以及商品经济的萌芽要求城市应具有开放性。20世纪初，人流和物流的集聚推动北京城区开始向外蔓延扩张，清末，北京城进行了一系列城市改造活动，以适应城市活动增长的需求。空间扩展主要源自铁路、道路、电话、电报、电灯、自来水等基础设施的建设以及一些近代工厂的开设。城市规划从局部尺度开始对西方工业化国家先进的市政设施进行模仿。

（2）地方案例——南通

1885—1911年，南通的城市近代化开始起步，张謇的城市规划思想逐步形成。在此期间，南通完成的城市规划建设内容主要有：大生纱厂的规划与建设、通海垦牧公司的规划与建设、通州师范学校的规划与建设等。工厂建设、农地整理、公共服务设施建设等规划项目的实施推动了城市的发展。张謇等人也在规划项目建设过程中探索出了"测绘—规划—建设"的规划工作程序，具有相当水准的科学性和先进性。一些近代意义的城市管理机构也在这一时期开始设立，包括警政机构（工团）、商业机构（商会）、教育机构（县教育会）和市政机构（测绘局、水利会、保坍会等）。但至此尚未出现统领全局的整体性规划以及对城市各项建设活动实施管制的控制性规划。这也与南通所处的发展阶段有关，城市建设活动相对稀少，建设管制的需求并不迫切。

3）城市规划管理部门的设立

1906年，内外交困的清政府宣布"预备立宪"，准备中央新官制改革，决定"分权以定限"。中央行政机构设置由原来的"六部"（吏部、户部、礼部、兵部、刑部和工部），改为外务部、度支部、吏部、民政部等11部（院）。通过新官制的改革，各中央行政部门的职权划分更加清楚，机构设置更加系统化和专门化。

与城市规划密切相关的部门为民政部，下设民治、警政、疆里、营缮和卫生5个司（表3-4），机构设置权责明晰，并以社会管理和城市建设管理为核心，与先前的机构设置相比是一种历史进步。此后的南京临时政府民政组织即内务部也效仿这一机构

民政部下设机构   表3-4

机构名称	职权内容
民治司	掌稽地方行政、地方自治、编审户口、整饬风俗礼教、核办保息荒政、移民、侨民各事
警政司	掌核办行政警察、司法警察、高等警察及教练警察各事
疆里司	掌核议地方区划，统计土地面积，稽核官民土地收放、买卖，核办测绘，审订图志各事
营缮司	掌督理本部直辖土木工程，稽核京外官办土木工程及经费报销，保存古迹，调查祠庙各事
卫生司	掌核办防疫卫生、检查医药、设置病院各事

资料来源：敖文蔚.清末民初社会行政管理的重大改革[J].江汉论坛，2000（6）.

设置，下设警务、民治、土木、礼教、卫生和疆里 6 局。

从职权内容来看，主管城市规划相关事宜的机构是疆里司和营缮司。疆里司的职权相当于当今的土地管理部门，营缮司的职权类似现在的城市规划与建设部门。从民政部的实际作用来看，它属于中央行政机构，更关注全国范围的规划，地方层面的城市规划管理由地方机构负责。

2. 北洋政府时期（1912—1927 年）

在北洋政府统治的十多年间，国内军阀割据、局势动荡，各项城市建设活动均受到巨大影响。但另一方面，辛亥革命后从西方引入的近代城市规划理念在这个崭新的政体上得到发展，与城市规划相关的法律法规、管理机构相继诞生，出现了不少运用现代技术方法开展城市规划和建设的实践。

1）城市规划法治建设

尽管当时大量的西方城市规划思想和法制观念不断涌入，但由于这段时期国内政局动荡，宪法始终无法确定，更无可能出台全国性的城市规划法律。涉及城市规划领域的只有一些相关法规的颁布，如 1915 年的《民业铁路法》，同年的《电信条例》和《土地征用法》等。1921 年北洋政府颁布了《市自治制》，首次出现近代城市建制，随后颁布了《市自治制施行细则》《修治道路收用土地暂行章程》等相关法规文件，但在实际中几无实行。

北洋政府时期的城市规划相关法规内容分散在不同的法律文件中，缺少统一的规划原则，地方城市治理大多基于自身情况、参照西方国家相关法规综合考虑，颁布地方性城市规划和管理法规。但正是通过这种方式，我国早期的近代城市规划开始了逐步迈向法制化的进程。

2）城市规划技术内涵

（1）规划理论：孙中山《实业计划》与张謇《吴淞开埠计划概略》

1918 年第一次护法运动失败后，孙中山离开广州回到上海，于 1918—1919 年间写成了《实业计划》（后被编为《建国方略》之二）。《实业计划》是孙中山以放眼世界的战略眼光，为中国制定的包含物质建设和经济建设在内的宏伟计划，主要包括港口、铁路、民生工业、矿业开发等与城市建设相关的内容。孙中山在著书期间研读了盖迪斯（P. Geddes）的《城市的演进》和昂温（R. Unwin）的《城镇规划的实践》等西方最新出版的城市规划著作。《实业计划》中广泛吸收和借鉴了西方工业化国家先进的城市规划理论（武廷海，2006）。从规划内容上看，孙中山对于城市规划与建设的设想主要可以分为全国范围的宏观设想和针对各个城市的具体发展设想两个层次。《实业计划》中提出了"规划设想—调研/测绘—建设"的规划方法，体现了调研在规划过程中的重要性。尽管由于国内外的一系列不利因素导致宏伟的"实业计划"未能付诸实施，但其内容和思想对随后国民政府在全国范围内开展的建设活动以及上海、南京、广州、武汉等城市的建设产生了深远的影响。

张謇完成于 1923 年的《吴淞开埠计划概略》是一份开发上海吴淞地区的城市规划文件，在内容上已经具有了现代城市规划的基本理念和架构，为整个新开商埠的未来发展指明了方向。张謇对自己督办的吴淞商埠局的"入手方针"提出了分三步走的方法：测绘精密地形；考证各国建设商埠成规；以所拟分区制度，征求公众意见，认为妥善然后实行（卢建汶等，2005）。尽管张謇的吴淞开埠计划由于经费缺乏和军阀混战等原因而未能付诸实践，但该计划吸收了当时国外城市建设的经验和功能分区等城市规划思想，是努力追赶当时国际先进水平的一份城市规划文件。

（2）规划实践：北京香厂新市区与南通

北京香厂新市区规划成型于 1919 年，目的是形成规划整齐的模范新社区，并希望通过它的示范带动作用，推动北京市的城市建设。香厂新市区规划开创了北京近代街区规划的先河，不仅运用了先进的近现代规划技法和管理理念与方法进行规划设计与管理，还运用了市场化的运作方式进行建设实施。在城市规划与建设管制过程中，香厂新市区主要通过加强对基础设施建设和私人建设活动的实施管制保障城市空间的有序发展。尽管香厂地区的规划从技术层面上来说，采取的仅仅是形态方面的控制，强度、功能方面的管制还没有涉及，但该规划作为北京市第一个近现代意义上的街区规划，以建筑许可制度为代表的技术方法在当时具有十分先进的引领作用。在城市建设的筹资融资过程中，京都市政公所尝试了一种新的筹资方式——"路旁基地，编列号次，招商租领"的招标招租方法。征地拆迁方面，采取的是北京近代城市建设史上首次出现的政府征地形式（王亚男，2008），以招投标方式开展并确定各项建设工程的主体。香厂新市区的规划和建设过程反映了近现代城市建设思想在北京的出现和大胆实践，是一次借助市场力量和先进规划技术而进行的意义非凡的探索。

张謇在南通的城市规划实践是这一时期的另一个典型代表。1912—1921 年是南通城市建设的繁荣时期，张謇持续推动工业企业的建设，通过组织通海垦牧公司进行垦荒，推进两淮垦区的基础设施建设，带动了一大批垦区新城镇的发展。在交通设施规划建设方面，他对县域陆路交通基础设施的发展进行了全面规划，着力开展了内河航线的疏浚和规划，构建了一个水、陆结合的交通网络体系。除此之外，张謇高度重视电力、照明、给水、排水、公园、绿化、市街、学校、养老院等其他城市基础设施和公共服务设施的建设。从规划技术方面看，这段时期，南通城市规划表现出了由城市走向区域的特征。此外，张謇的规划实践越来越关注社会层面的问题，期望通过社会教育设施、社会福利设施、环境改善等手段启发民智，带动物质空间水平和居民精神文化水平的同步提高。

3）城市规划管理机构

1912 年 1 月 1 日，孙中山宣誓就职中华民国临时大总统，中华民国正式成立。1912 年 1 月 3 日，在各省代表会遵照《临时政府组织大纲》修改案所设中央 9 部中，负有城市规划和管理职能的主要机构是内务部，负责管理警察、卫生、宗教、礼俗、户口、田土、水利工程、善举和公益等，下设警务、民治、土木、礼教、卫生、疆里 6 局。

1912 年 3 月 30 日，袁世凯召集的内阁成立，唐绍仪任国务总理，中央设置 10 部，将内务部改为 6 司：警务司、民治司、土木司、礼教司、卫生司、职方司，名称与先前稍有不同，但各司与之前各局的职权内容大体相同。

相比清朝末期，民国初期的中央机构设置更加专门化和系统化，所设机构各司其职，组成了一个具有内在联系的行政管理体系。但由于新的政体刚刚确立，局势未稳，中央政府的工作重心并不在城市规划和建设上；另一方面，地方自治的浪潮导致中央机构中并无专门负责城市规划的部门，城市规划和管理的主体实际上是地方机构。民国初年（1912—1927 年）是中国近现代意义上的市政体制的初创时期，这段时期，全国主要城市的规划、建设和管理大部分由各市的市政公所承担。

3. 国民政府前期（1928—1937 年）

这一时期国民政府开始有计划地推进城市建设，属于我国近代城市规划体系发展的完善期。在这一时期中，城市规划建设和管理都取得了较大进步，并且第一次出现了全国性的城市规划法草案，甚至在局部地区（伪满洲国）出现了比较完整的城市规划法规体系。

1）城市规划立法动向

1927—1937 年间，各项与城市相关的工作都有较大发展。作为行政法组成部分的城市规划法律制度的建设提上日程，出现了一些重要的配套法律法规。南京国民政府于 1928 年颁布了《特别市组织法》和《市组织法》，成为包括城市规划组织在内的城市机构设置和组织方式的基本法律依据。1930 年国民政府颁布新的《市组织法》，撤销特别市建制。与城市规划关系最为密切的基本法律是 1928 年 3 月颁布的《建设委员会组织法》。该法共 11 条，将建设部变更为建设委员会，第一次以法律的形式规定了城市规划与建设机构的构成和组织方式，带动了全国各城市规划主管部门的建立。国民政府还在 1931 年和 1936 年分别对其进行了修订。国民政府行政院还于 1936 年颁布了《各省市建设中心工作审查委员会组织规程》，以促进各省市城市建设规划工作的推进。1933 年，建设委员会颁布了《建设委员会振兴农村设计委员会组织章程》，表明国民政府开始关注农村的规划建设工作，在某种程度上体现出了城乡统筹的思想。

此外，在此期间还颁布了《土地法》《土地征收法》等相关法律以及《城市设计及分区授权法草案》和《首都分区条例草案》等。其中 1930 年 6 月颁布的《土地法》是一部比较重要的城市规划相关法。该法对土地重划的机关、重划的程序等城市规划相关内容进行了详细的规定，是当时开展城市规划的重要法律依据之一。

2）城市规划技术的成型

南京《首都计划》和《大上海计划》是这一时期城市规划技术的典型代表。

（1）南京《首都计划》

"国都设计技术专员办事处"（简称国都处）于 1929 年编制完成的《首都计划》是南京近代城市规划史上最早的一部系统的城市规划文件，也是我国近代以来第一部应用近现代城市规划理念编制的较为系统、完善的城市规划方案（图 3-2）。《首都计划》主要由国都处聘请的美国顾问墨菲、古力治编制，内容包括南京史地概略、人口推测、中央政治区地点、建筑形式之选择、道路系统之规划、港口计划、首都分区条例草案等 28 项。但在随后的 1930—1937 年，国都处遭到裁撤，国民政府另行成立了规划机关，对《首都计划》进行了历时漫长的修订，最终由于抗日战争的爆发，大部分内容未能付诸实践。

图 3-2　城厢内土地分区使用图

资料来源：国都设计技术专员办事处 . 首都计划 [M]. 南京：南京出版社，2006.

《首都计划》在规划方法、城市设计、规划管理等诸多方面借鉴了欧美规划模式，在规划理念及方法上开创了中国近现代城市规划的先河。值得一提的是，《首都计划》拟定的《城市设计及分区授权法草案》和《首都分区条例草案》，以中央授权地方依法对城市土地的使用实施分区管理的做法显然借鉴了西方国家的"区划"制度，只是限于当时的条件，这一先进的城市管制手段始终只是"草案"，并没有正式施行。

（2）《大上海计划》

1930 年的《大上海计划》是在地方政府主导下，以上海江湾五角场地区为中心形成的一部兼具现代性和本土性的宏大的城市规划，也是近代上海较早、较完整的一部城市规划文献，其内容部分得到实施。《大上海计划》拟定了雄心勃勃的框架，试图对该时期市中心区域建设委员会拟定的市政建设计划以及相关计划和法规进行整理和汇总，形成一个系统、全面的城市规划。《大上海计划》的内容的深度和广度是空前的，涵盖的区域不仅是市中心区，还有其他华界地区甚至租界地区，内容也不仅仅局限于市政建设，还包括公用事业、卫生、绿地等方面的发展计划。从规划层面来说，不仅有城市总体规划、分区计划、专项规划，甚至还包含建筑设计及城市风貌规划。《大上海计划》全文分列 10 编，共约 30 章（表 3-5）。

《大上海计划》主要内容　　　　　　　　　　　　　表3-5

编系列	内容	章节
第一编	上海史地概略	第一章 历史；第二章 地理
第二编	上海统计及调查	第一章 人口；第二章 农工商事业；第三章 水陆运输；第四章 统计及调查
第三编	市中心区域计划	第一章 将来人口总数与所需土地面积；第二章 分区计划
第四编	交通运输计划	第一章 海河港坞计划；第二章 铁路计划；第三章 道路计划；第四章 渡浦设备；第五章 飞机场站
第五编	建筑计划	第一章 房屋形式；第二章 平民及工人新村；第三章 建筑规则；第四章 防火建筑及设备
第六编	空地园林布置计划	第一章 公园；第二章 森林；第三章 林荫大道；第四章 儿童游戏场、运动场；第五章 公墓
第七编	公用事业计划	第一章 电车及公共汽车路线网；第二章 自来水；第三章 电灯电话；第四章 煤气
第八编	卫生设备计划	第一章 沟渠系统及污水处理；第二章 垃圾处理；第三章 整理不卫生区域计划；第四章 屠宰场；第五章 公共卫生设备
第九编	建筑市政府计划	
第十编	法规	

资料来源：魏枢."大上海计划"启示录 [M].南京：东南大学出版社，2011.

《市中心区域计划》是《大上海计划》的核心内容，属于完整成熟的分区规划。该计划提出以大型基础设施和公共服务设施建设为城市发展动力，带动约 6000 余亩新区发展的远大构想。主要内容包括：功能分区、道路系统计划、基础设施计划、绿地和空地系统计划、分期建设计划等。《市中心区域计划》明显受到西方国家近代城市美化运动的影响，空间设计手法上强调十字形城市轴线和放射状路网，由行政中心、大型广场和绿地共同构成宏伟的城市景观，强调功能分区，将市中心区的功能划分为政治区、商业区和住宅区三大功能区（图 3-3）。

3）城市规划管理中央机构

真正按照西方国家行政体制建立的现代城市规划管理制度，始于广州国民政府治理下的广州市。1921 年，时任广州市市长的孙科主持制定并颁布了《广州市暂行条例》。1922 年广州正式设市，成为我国近现代意义上城市管理机构的开端。国民政府时期，我国各重要城市基本模仿西方国家的城市规划体制，施行城市规划设计机构和执行机构相互分离的制度。

在中央的城市规划机构设置方面，1928 年 2 月中央政治会议第 127 次会议决议，设立中华民国建设委员会，直属中央，专办一切建设事宜，并制定《建设委员会组织法》。建设委员会的职权是"凡国营事业，如交通、水利、农林、渔牧、矿冶、垦殖、开辟商港商埠，及其他生产事业之须设计开创者皆属之"。1928 年 10 月中央政府的行政院

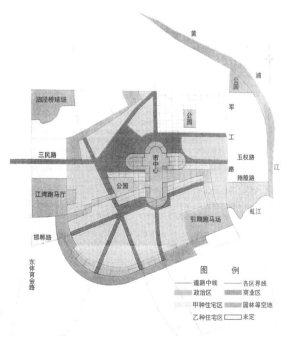

图 3-3　市中心区域分区计划图
（1930 年）
资料来源：《上海城市规划志》编纂委员会.上海城市规划志 [M].上海：上海社会科学院出版社，1999.

成立，建设委员会改属行政院。建设委员会的职责是"研究及计划关于全国建设事业，及国营事业之不属于各部主管者，或属于各部主管得其同意者，均由建设委员会办理并完成之"。1931年2月颁布《修正建设委员会组织法草案审查修正案》，规定建设委员会直隶国民政府。其职权有三："遵照《实业计划》，拟定全国建设事业之具体方案，呈国民政府核办；国民请求指导建设事业，应为之设计；办理经国民政府核准试办之各种模范事业"。建设委员会设总务、设计、事业3处；设秘书长、秘书、处长、科长、科员、技正、技士、技佐各职员。这意味着国民政府中央一级的城市规划与管理机构正式成立。中央建设委员会是中国成立的第一个主管全国城市规划与建设的专门机构，也是1927年后中国城市规划进入新局面的重要组织保障。

4. 国民政府后期（1938—1949年）

1946年国民政府还都南京，战后重建工作逐渐展开，与此相配套的城市规划管理机构逐渐恢复，也产生了一些重要的规划编制成果。此外，日伪政权照搬日本的经验，也确立了相对完善的城市规划体系，但由于战争原因，绝大多数规划方案并未实现。

1）城市规划立法体系初现

1938—1949年间的中国虽然一直处于战乱之中，但这一时期国民政府借鉴西方国家的先进经验，已经初步形成了较为完善的近代城市规划法律体系。

1939年6月，国民政府立法院在重庆颁布了我国第一部国家层面的城市规划主干法律——《都市计划法》。该法草案由内政部营建司司长哈雄文执笔，共32条（表3-6）。从法律的适用范围来看，《都市计划法》针对的只是城市地区，并不涵盖县、乡、镇等

1939年《都市计划法》主要内容　　　　　　　　表3-6

条目编号	内容
第一条	都市计划法的法律地位
第二条	确定由地方政府负责城市规划的制定
第三条	确定了应优先进行城市规划的城市
第四条	提出了更新城市规划内容的适用情况
第五条	提出新城市开发与旧城改造的处理方式
第六条、第七条	规定了审批程序与步骤，对各级管理机构的职责作了说明
第八条、第九条	提出必须建立编制咨询机构（都市计划委员会）
第十条	要求在进行城市规划前必须进行调研，明确城市现状及在规划中的各项要求
第十一条至第十八条	要求处理好住宅区、商业区、工业区、公园等之间的关系
第十九条至第二十七条	注意各项公共设施的建设与规划
第二十八条至第三十一条	其他相关规定
第三十二条	法律效力问题

资料来源：蔡鸿源.民国法规集成[M].合肥：黄山书社出版社，1999.

区域范围。从法条中体现的技术方法来看，《都市计划法》吸收了当时西方国家的城市规划思想，如城市功能分区的思想。从法律的内容构成来看，该法对编制内容强调较多，对城市规划的编制程序和审批程序没有作详细的规定，存在不利于实施的问题。但是，作为中国近代第一部城市规划法，该法对我国城市规划制度的建立以及城市规划学科的发展都有深远的意义。该版本的《都市计划法》自 1939 年颁布之后，由于战争防空的需要，1943 年拟进行修正，但未能完成，之后在中国大陆一直沿用至 1949 年。

为适应战时特殊情况，国民政府于 1940 年颁布了《都市营建计划纲要》(以下简称《纲要》)，对战时城市规划提出新的要求。1943 年内政部颁布的《县乡镇营建实施纲要》是《都市计划法》的重要补充，两者内容合并在一起，构成了类似于当今《城乡规划法》的内容。《纲要》的颁布使县城和乡镇等地区的规划编制有了法律依据，乡镇规划与建设工作开始受到当局重视。

1945 年 10 月，为了应对战后混乱的城乡发展状况，国民政府针对收复区专门出台了临时性的规划主干法——《收复区城镇营建规则》(以下简称《规则》)。从法律的适用范围来看，它比《都市计划法》有所扩大，适用对象为院辖市、省辖市、省会、县城及居住人口 2 万以上之集镇，相当于《都市计划法》和《县乡镇营建实施纲要》适用范围的综合。《规则》中规定了土地征收与整理的措施，对都市计划的审批备案作了更明确的指示，对道路系统、公有建筑、公用工程、住宅工程等内容也进行了详尽的规定。

在这一时期，出现了诸多城市规划的配套法规。首先是关于规划组织的配套法规。1944 年内政部颁布了《乡镇营建委员会组织规程》，对委员会的性质、任务、人员构成及议事规则进行了规定。1946 年内政部颁布了《都市计划委员会组织规程》，明确了都市计划委员会的组成办法和议事规则。同时，汪伪政权也建立起了较为完善的规划组织配套法规体系。1944 年颁布的《建设部组织法》固定了都市建设司的人员组成、议事规程和管辖范围等内容。之后颁布的《省政府建设厅组织条例》对省级城市规划主管机构的任务与管辖内容作了详细规定。其次是有关规划编制的配套法规。国民政府内政部专门制定了《城镇重建规划须知》，按照院辖市、省辖市、未设市之省会、县城、5000 人口以上之集镇等 6 个级别划分，从面积与人口分配、结构形式与分区使用、道路系统、上下水道、公有建筑、居室建筑、绿地、公用工程和防护工程等 9 个方面，提出了具体规划编制要求。其适用范围相比《都市计划法》有所扩展，囊括了 5000 人口以上的集镇。最后是有关规划实施的配套法规。1945 年开始实施《省公共工程队设置办法》，规定由省级政府组织专业型队伍，负责指导各地战后重建计划的制定和实施。同年 11 月，行政院颁布了《市公共工程委员会组织章程》，规定委员会设 9~13 名委员，负责审议与公共工程相关的事宜。

城市规划相关法主要包括《建筑法》《土地法》《市县道路修筑条例》及其各自的相关配套法规。《建筑法》于 1938 年颁布、1944 年修订，其相关配套法规主要有 1939 年颁布的《管理营造业规则》、1942 年颁布的《公有建筑限制暂行办法》、1944 年颁布的《建筑师管理规则》和 1945 年颁布的《建筑技术规则》等。1946 年 4 月，国民政府对 1930 年颁布的《土地法》进行了修正。这一时期颁布的《土地法》的相关配套法规主要有《收复地区土地权利清理办法》《土地施行法》等。

2）城市规划技术日趋成熟

"上海大都市计划"是这一时期城市规划技术集大成者，具有重要的代表意义。1945 年 7 月，都市计划小组完成了大上海区域计划总图初稿、上海市土地使用总图初稿、上海市干路系统总图初稿（图 3-4~ 图 3-6）。1946 年，上海都市计划委员会正式成立，编制了《大上海都市计划总图草案报告书》，包括总论、历史、地理、计划基本原则、人口、土地使用、交通、公用事业、公共卫生、文化等 10 章内容，采用了当时西方国家先进的规划理念，借鉴了"大伦敦规划"中的有机疏散、建设卫星城的理念以及《雅典宪章》中的功能分区理念等。

初稿的公布，引起了较大争议，主要集中在三点：一是初稿过于理想；二是港口计划中采用了挖入式港口，其造价和维护费用太高；三是初稿对浦东地区的发展几乎

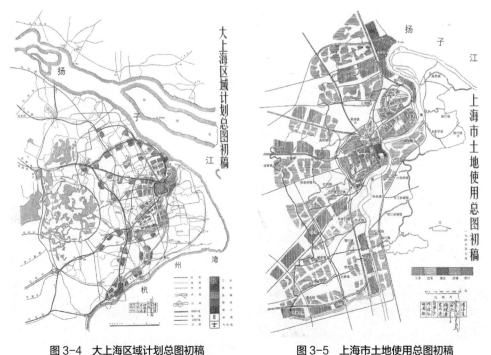

图 3-4　大上海区域计划总图初稿　　　图 3-5　上海市土地使用总图初稿

资料来源：上海市都市计划委员会 . 大上海都市计划总图草案报告书 [R].1946.

图3-6　上海市干路系统总图初稿
资料来源：上海市都市计划委员会.大上海都市计划总图草案报告书[R].1946.

图3-7　上海市土地使用及干路系统总图二稿
资料来源：上海市都市计划委员会.大上海都市计划总图草案报告书（二稿）[R].1948.

图3-8　上海市都市计划三稿初期草图
资料来源：上海市人民政府工务局.上海市都市计划三稿初期草图说明,1950.

没有提及。1947年初，上海市都市计划委员会对初稿进行了修改，同年5月编制了《上海市土地使用及干路系统总图二稿》，1948年2月完成了《大上海都市计划总图草案报告书（二稿）》，并形成了正式文件《大上海都市计划概要报告》。二稿主要针对上述三个争议和其他一些细节问题进行了修改（图3-7）。

1949年5月，上海都市计划的三稿修改完成。上海解放后，开始草拟总图说明，到1949年6月完成《大上海都市计划总图三稿初期草案说明》。三稿对二稿进行了局部修改，限于当时的政治形势，其内容不可避免地带有一定的政治色彩（图3-8）。除总报告以外，都市计划委员会还先后编制了一系列重要的专项研究和专项规划，如 1948 年的《上海港口计划初步研究报告》、同年的《上海市区铁路计划初步研究报告》和《上海市绿地系统计划初步研究报告》等。1948 年都市计划委员会提出了《上海市建成区暂行区划计划说明》，遵循了对城市空间从功能（性质）、强度（密度）、形态（高度）三个方面进行管制的方法。

1948 年都市计划委员会编制的《上海市闸北西区重建计划说明》同样具有代表意义。该规划从功能分区、用地结构、平面布局、建筑形态等方面，进行了综合考虑，提出了比较完整的详细计划，开创性地采用了"邻里单位"的概念，强调朝向和行列式布局，这些理念至今仍然在居住区规划设计中广泛应用。

3）城市规划管理体系初步确立

1938 年国民政府将内政部作为中央政府中主管全国城市规划与建设的部门，并于 1942 年在内政部设立营建司，负责指导全国的城市规划工作。以往隶属于行政院的建设委员会的职能由营建司取代，之后各省纷纷设立建设厅。由于各城市主管城市规划与建设工作的机构设置已经较为完备，因此依旧保留了工务局与都市计划委员会分工合作的组织方式。国民政府时期较为完善的城市规划管理体系已初具格局，即在中央层面为内政部营建司，省为建设厅，市为工务局和都市计划委员会，县为县政府。

3.2 计划经济时期中国城市规划体系的演变

中华人民共和国成立后，先后经历了计划经济时期和改革开放后计划经济向市场经济转型时期两个发展阶段。其中：计划经济时期城市规划的发展受国家大规模工业化建设所推动，城市规划的理论、思想和技术方法主要借鉴苏联。城市规划被定义为"国民经济的继续和具体化"，属于设计性质的工作。从总体上看，结合计划经济的发展导向和城市规划的具体运行轨迹，在这一时期，城市规划发展又可以划分为三个阶段：即中华人民共和国初创期（1949—1951 年）、城市规划发展波动期（1958—1965 年）和城市规划停滞期（1966—1977 年）见（表 3-7）。

3.2.1 中华人民共和国初创期（1949—1957 年）

1949 年中华人民共和国成立，党的工作重心由乡村转移到了城市，城市百废待兴。在国民经济恢复时期，人民政权接管了大批城市，展开了整治城市环境、改善劳动人民的居住条件、整修道路、增设城市公共交通、改善城市供水状况等物质环境规划建设。由于政治经济的发展需要，部分县撤县立市，1952 年，市的数量达到 160 个，并建立了从中央到地方的城市建设管理机构。

1952 年中央财经委员会召开了第一次城市建设座谈会，提出城市建设要适应大规模经济建设的需要，划定城市建设范围，根据工业比重对城市分类排队。1953 年，重

计划经济时期城市规划的发展阶段划分 表3-7

时期		社会背景	城市规划的作用	城市规划重点
中华人民共和国初创期	1949—1951年	东北地区重工业和中原地区农业经济恢复期；抗美援朝战争	中华人民共和国成立初期，党的重心由乡村转为城市，城市规划统筹城市建设工作，适应城市经济恢复和发展	改善城市物质环境，建立城市管理机构和统一城市建设工作
	1952—1957年	第一个五年计划	城市规划的第一个春天，以社会经济发展计划为指导，推进社会主义工业化建设	"以156项重点工程为中心"的"联合选厂"；结合重点工业项目规划建设工厂、工业城市、工人镇；学习前苏联模式，以工业为主体解决基础设施、区域交通、城镇、农林的设施配置问题
城市规划发展波动期	1958—1960年	第二个五年计划；第三个五年计划前期；"大跃进"和人民公社运动	城市建设的"大跃进"来适应工业建设的"大跃进"	工业农业并举互补，城市急速扩张；经济区的经济建设总体规划（11个省市试点）；城市地区规划（上海、北京、南京、天津、杭州等）
	1961—1965年		"三年不搞规划建设"的规划"下坡路"	作出调整城市工业项目、压缩城市人口、撤销不够条件的市镇建制的决策支持；"三线建设"背景下的工业区分散发展；干打垒导致的城市管理失控
城市规划的停滞期	1966—1970年	"文化大革命"；"三线建设"	城市规划的"无政府"状态	城市规划陷入停滞；文物和园林的破坏；边规划、边施工、边投产
	1971—1977年	"文化大革命"后期的调整期	城市规划机构和工作的恢复	制定小城镇发展规划；规划布局大型建设项目和编制地区经济建设规划；编制唐山市震后恢复建设总体规划

资料来源：作者根据"邹德慈，等. 新中国城市规划发展史研究——总报告及大事记[M]. 北京：中国建筑工业出版社，2014."自绘。

点工程的选址工作普遍展开，建工部党组向中共中央提交了《关于城市建设的当前情况与今后意见的报告》。在北京召开的第一次城市建设会议，明确了城市建设的目标是建设社会主义的城市，贯彻国家过渡时期的总路线和总任务，为国家社会主义工业化、生产、劳动人民服务，采取与工业建设相适应的"重点建设、稳步前进"的方针，集中力量保证工业建设的主要工程项目。1954年国家计委先后批准了"一五"计划的694项建设项目，分布在京广铁路东西91个城市和116个工人镇。"变消费城市为工业城市"的政治口号引发了全国支援重点城市建设的浪潮。对于其他大多数非重点城市和重点城市的旧城区，仅按照"充分利用、逐步改造"的方针，对城市边缘的工业区实施"填空补实"的扩建和居住环境的逐步改善。1955年，对市、镇建制进行了调整，国务院公布了城乡划分标准。

城市生产设施和生活设施的统一建设是"一五"时期社会主义工业城市建设的显著特点和成功经验。以国民经济计划为依据，编制城市总体规划，在建设中反对分散主义，实行统一规划、投资、设计、施工。1956年国家建委召开全国基本建设会议，拟定了《关于加强新工业区和新工业城市建设工作几个问题的决定》，对工业、动力、交通运输、邮电设施、水利、农业、林业、居民点、建筑基地等建设和各项工程设施，进行全面部署。

1. 城市规划规范化

中华人民共和国成立之初的国民经济恢复时期（1949—1952年）和第一个五年计划时期（1953—1957年）是中国城市规划立法体系建设的初期阶段。在此期间，为了加快城市建设以适应国民经济的恢复和发展，各级政府一方面逐步建立和健全城市建设管理机构，对城市建设实行统一管理；另一方面，不断开展和加强城市规划设计工作，以城市总体规划为指导有步骤地建设城市。1952年《中华人民共和国编制城市规划设计程序（草案）》成为"一五"初期编制城市规划的主要依据。1954年全国城市建设会议通过《城市规划编制程序暂行办法（草案）》《关于城市建设中几项定额问题（草稿）》及《城市建筑管理暂行条例（草案）》。

1956年，国家建设委员会发布了中华人民共和国第一部城市规划法规性文件——《城市规划编制暂行办法》。《城市规划编制暂行办法》以前苏联《城市规划编制办法》为蓝本，内容大体一致，共分7章44条，包括了规划基础资料、规划设计阶段、总体规划和详细规划以及设计文件和协议的编订办法等方面的内容，为这个时期的城市规划编制提供了重要的法规依据。同一时期，政务院还颁布了《国家基本建设征用土地办法》。但是，由于当时对城市概念的认识并不明确，加之城市规划设计的技术力量有限，全国只有部分城市进行了城市规划设计工作。

2. 城市规划技术内容

1）技术体系的初创

这一时期的城市规划实践摒弃了西方国家的城市规划理论和思想，但在一定程度上通过向苏联学习，引入了西方工业化国家近代城市规划的部分内容作为技术工具。在城市和工人镇的规划实践中，展开了以联合选厂为代表的重点工业城市总体规划编制工作。对于厂外工程和公用事业工程的建设，由建设委员会指定主要单位担任总甲方，设计综合工作由该地区负责城市规划或工人镇规划的设计部门负责，进行厂外工程总体设计计划任务书的编制，并与其他部门进行施工协同。

以前苏联专家提出的北京市未来发展计划为代表，"一五"时期，借鉴、学习苏联的规划建设模式成为主流，刊行了一系列"苏联模式"下的城市规划工作理论指南，例如：《城市规划工程经济基础》《城市规划：技术经济指标及计算》《城市规划与修建法规》《工程地质勘测：城市规划与建设的指南》《关于使用标准设计来修建城市的一些问题》《区域规划问题》《公共卫生学》以及《关于莫斯科的规划设计》等。这些文献成为中华人民共和国成立后城市规划工作的理论依据和实践参考，奠定了计划经济时期城市规划工作的基础，同时也对计划经济时期城市规划工作鲜明特征的形成产生了深远影响。

2）总体规划指导工业城市规划建设

1956年，《城市规划编制办法》要求城市规划设计按照总体规划和详细规划两个层次进行，设计前由选厂工作组或联合选厂工作组会同城市规划部门提出厂址和居住区布置草图，作为城市规划设计依据，城市编制程序为"城市初步规划—城市近期修建地区的详细规划—总体规划"。总体规划以国家计划部门提供的建设项目作为城市发展基础，由省市提出相应的配套设施项目，通过计划部门综合平衡后成为制定城市规划的依据。总体规划考虑了城市功能分区、城市对外交通联系和道路网以及电力电信、给水排水、城市公园、防洪防汛等基础设施建设，总规仅以方案的蓝图式规划存在。详细规划与总体规划交叉进行，工厂详细规划由工厂设计部门统一综合，工厂外详细规划由城市规划部门负责协调，即"厂外工程综合"。在此期间，落实了八大重点工业城市初步规划，产生了"洛阳模式"，完成了150个城市的初步规划。

3）城市建设施工标准和建筑形式的偏颇

受前苏联影响，在城市建筑形式上盲目追求民族形式，一方面造成浪费，另一方面由于"反四过"运动，国务院批转建委《关于在基本建设中贯彻中共中央、国务院节约方针的措施》，不合理地降低了城市住宅和市政设施标准，只考虑近期需要，不考虑远期发展，造成了后期的无法补救和极大浪费。

3. 城市规划管理体系

1）行政管理机构组织的变迁

人民政府在恢复经济和改造社会的同时，建立了城市建设管理机构，发展规划由计委负责。国家计划委员会于1952年11月成立，下设17个办事机构。1953年5月，国家计划委员会在基本建设联合办公室内设立城市建设组，统管城市建设计划。同年7月，为加强城市建设的计划性，国家计委撤销了城市建设组，设置了城市建设计划局，下设城市规划处，与政务院财经委员会计划局下设的基本建设处一起主管全国的基本建设和城市建设工作，形成了国家计委和建筑工程部的"双重管理"体制。

1953 年 11 月，中共中央批准了国家计委的建议，在同时有 3 个或 3 个以上新厂建设的城市中，组织城市规划与工业建设委员会，以解决前苏联援建重点项目选厂中出现的各种矛盾。联合选厂过程中，国家计委搭建了由工业、铁道、卫生、水利、电力、公安、文化、城建等部领导、技术人员和前苏联专家组成的联合选厂工作组。自 1953 年起，我国开始了大规模的计划经济工作，全国正式设立中央和地方各级的计划委员会和掌管项目建设的基本建设委员会，标志着我国规划工作的开端。

1954 年，建工部城市建设局升格为城市建设总局，负责城市规划长远计划和年度建设计划的编制和实施，参与重点工程的厂址选择，指导城市规划的编制。正式组建的中国第一个城市规划专业部门——建工部城市设计院（中国城市规划设计研究院的前身），协助重点城市编制城市规划设计。

1956 年，国务院撤销城市建设总局，成立城市建设部，内设城市规划局、市政工程局、公用事业局、地方建筑工程局等职能部门，下设城市设计院、民用建筑设计院、给水排水设计院等事业单位，分别负责城建方面的政策研究及城市规划设计等业务工作，各城市相继成立了城市建设管理机构。大城市如北京市成立了都市计划委员会，重庆市成立了都市建设计划委员会，成都市成立了市政建设计划委员会，还成立了公用局、市政局或建设局等。一些中小城市也设立了城市建设局，分管城市各项市政设施的建设和管理工作。

该时期城市规划管理的特点表现为：在重点城市的建设中，进行有计划、按比例的配套建设，在新工业区建立总甲方，组织各建设单位的协作配合，保持城市建设投资在基本建设投资中的适当比例。

2）规划编制与审批

1953 年 9 月中央指示："重要工业城市规划必须加紧进行，对于工业建设比重较大的城市更应迅速组织力量，加强城市规划设计工作，争取尽可能迅速拟定城市总体规划草案，报中央审查"，标志着国家审批总规制度的建立。1954 年 9 月国家计委《关于新工业城市规划审查工作的几项暂行规定》，1956 年国家建委颁布了《城市规划编制暂行办法》，提出了"协议的编订办法"，进一步明确了国家审批总规制度的规定，明确了审批的重点是有关建设项目的协调、衔接和落实问题。审批过程中、审批前，有关部门就有关问题协商，先达成协议后再上报。如有重大技术问题，还要事先通过专家鉴定。审批采取会议形式，由国家计委主持，国务院有关部委，地方、军队有关单位参加，确认协议，如有争议的问题，由会议研究作出决定，最后由国家计委发布批文的要求。"一五"时期完成了 150 个城市的初步规划，但国家只审批了西安、兰州、包头等 15 个城市的总体规划。

该时期的城市规划管理体系深刻反映了计划经济下自上而下的管理体系，重点城市的总体规划作为技术工具，为服务于中国经济命脉的工业城市的发展提供指引，在全国技术人员的跨地区调动下，由中央和地方城市建设局展开总体规划的编制，由计委审批。总体规划实施的建设主体仍是公共部门，详细规划区别于今天的"控规"，不存在调控私人开发的规划行政许可，仅仅是在下一层级落实总体规划意图的工具。该时期规划的编制与审批反映了重点城市"集中力量办大事"的计划色彩，不具有在中小城市、城镇的适用性。

3.2.2 城市规划发展波动期（1958—1965 年）

"大跃进"期间，建工部提出了"用城市建设的大跃进来适应工业建设的大跃进"的口号。许多城市为适应工业发展的需要，迅速编制或修订了城市总体规划，出现了市办工业、县办工厂等大规模工业企业建设现象。农民大量进城成为产业工人，引发了急剧的城镇化和大城市周边卫星城的建设。1958 年，建工部在青岛召开了城市规划工作座谈会，提出了"大中小城市结合，以发展小城市为主"的发展模式和先粗后细、粗细结合的快速规划做法，并提高了城市生活用地人均指标。1960 年建工部在桂林召开的第二次全国城市规划工作座谈会中，提出："在十年到十五年内基本上改建成社会主义现代化的新城市。"在城市规划的编制中，要求体现工、农、兵、学、商五位一体的原则，全面组织人民公社的生产和生活的"十网""五化"。

但是由于工业建设的盲目冒进，各城市不切实际地扩大城市规模的行为远远超出了国家财力所能承受的限度。一方面，急于改变城市面貌，不顾能力大小，不计成本，大建楼堂馆所，造成了极大的浪费，城市建设用地无序扩张，侵占了绿带和农田；另一方面，城市住宅和市政公用设施严重不足和超负荷运转，严重影响了工业生产和城市人民的生活。城市发展远远跟不上工业建设规模和城市人口的增长，城市建设投资比例严重不足，许多工业城市出现供水紧张、公共交通发展不足、城市防洪设施标准低、居民住房紧张等问题。面临这些问题，本该认真总结经验教训，通过修改规划，实事求是地进行补救。但在 1960 年 11 月召开的第九次全国计划会议上，中央政府草率地宣布了"三年不搞城市规划"的政策。这一决策失误不仅对"大跃进"中形成的不切实际的城市规划无从补救，而且导致各地纷纷撤销规划机构，大量精简规划人员，使城市建设失去了规划的指导，造成了难以弥补的损失。

1961 年中共中央提出"调整、巩固、充实、提高"的八字方针，作出了调整城市工业项目、压缩城市人口、撤销不够条件的市镇建制、加强城市设施养护维修等一系列重要决策。经过几年的调整，城市建设渐有起色，但"左"的指导思想导致的城市建设决策失误并未得到纠正，使得1961—1965年间城市建设工作连续受挫。在"工业学大庆"运动的背景下，"干打垒""先生产、后生活""不搞集中的城市""工农结合、城乡结合、有利生产、方便生活"被作为城市建设方针。"三线建设"的国家战略导向造成了城市建设的分散。在1964年"设计革命"中，城市规划的前瞻性受到批判，城市规划管理机构的编制被压缩。1965年国务院转发国家计委、国家建委、财政部、物资部的《关于改进基本建设计划管理的几项规定（草案）》，取消了国家计划中的城市建设户头，导致城市建设远远落后于工业建设。

1. 城市规划法治化受挫

"大跃进"和国民经济调整时期（1958—1965年），中国城市规划法制建设基本处于停滞状态。虽然1958年建筑工程部召开城市规划工作会议，形成了《城市规划工作纲要三十条（草案）》，但随后由于极左思想的影响，加之一系列有关城市规划建设的决策失误，中国城市规划法制建设基本处于停滞状态。

2. 城市规划技术进步

1）区域规划的兴起

1959年5月建工部在所属城市的建设局新设区域规划处，主导编制了部分省和地区的区域规划。以省域为主的区域规划主要用以指导其中的卫星城市建设；覆盖人民公社全域的总体规划的重点是为工业发展布局、对农业作业进行分区以及对居民点进行布局。规划思想表现为：为适应全民所有制的大生产要求而推行新居民点组织的高度集体化、发展地方工业、工农并举、消灭城乡差别、发展文化教育卫生事业、提高居民物质文化生活水平、军事化与全民武装。

2）总体规划的变化

总体规划技术手段与"一五"时期类似，被作为计划经济下落实工业城市建设的技术工具，并向下展开详细规划。总体规划开始重视并开展远景规划，并不切实际地以"大跃进"的形式提高城市规划定额指标。

"大跃进"期间，许多城市采用了青岛城市规划座谈会中提出的"快速规划"方法编制城镇建设规划，甚至在没有地形图和地质资料的情况下，仅用几天时间，就绘制出规划图纸。许多省、自治区和部分大中城市对"一五"期间的城市总体规划进行了修订，将城市规模和建设标准不断提高。1960年第二次全国城市规划座谈会提出在10~15年内建设成（改造成）社会主义新城市。1958年全国修改或编制规划的大中小城市有1200多个，143个大中城市和1087个县完成初步规划，2000多个农村居民点开展规划试点。

"三年不搞城市规划"时期，在大庆模式的指导下，由非专业人员开展的分散化、低标准（干打垒）的工矿建设布局成为普遍现象。1964年"三线建设"时期，大部分城市总体规划陷入停滞，仅有少数国防工业城市（如攀枝花）进行了伴随选择厂址的总体规划。

3. 城市规划管理机构的变化

在这一时期，行政管理机构经历了区域规划机构的增设和城市规划管理机构大幅缩减的波动。在"以钢为纲"的口号下，1958年建筑工程部与城市建设部、建筑材料工业部合并。1959年建工部城市建设局成立区域规划处，1960年城市规划和区域规划处从建工部城市建设局划出成为城市规划局。1960年国家计委提出"三年不搞城市规划"，从中央到地方，有关城市规划和建设管理的机构被撤销、人员被解散。1964年城市规划局转归国家经委基本建设办公室领导，1965年成为新设国家基本建设委员会的一部分。

3.2.3 城市规划停滞期（1966—1977年）

"文化大革命"期间，无政府主义泛滥，城市建设受到了严重的冲击和破坏。城市规划专家被批斗，城市建设的档案资料被大量销毁，已编制的城市规划被废弃，城市无人管理，乱拆乱建成风。1966年8月，"红卫兵"掀起了"破四旧"的运动，城市园林和文物古迹遭受了空前的破坏，私人住房被挤占。"三线建设"高峰期，实行"工厂进山入洞，不建城市"，实行厂社结合，要求城市向农村看齐，降低城市设施标准，消灭城乡差别，造成工业布局极度分散。1971年后的"文化大革命"后期，周恩来和邓小平主持中央日常工作以后，着手对城市建设机构和城市规划工作进行恢复。国家建委城建局建立以后，积极开展工作，对于城市的公共交通、供水、供气、三废处理、房地产管理等方面进行统筹推进。1973年，国家试行全面税制改革方案，重新规定了城市维护费的来源，以保证城市公共事业的发展。

1. 城市规划立法体系

"文化大革命"期间，城市规划和建设的档案资料被销毁，城市建设和管理失去规划指导，陷入极为混乱的无政府状态，不仅给中国的城市规划和建设造成了许多难以挽回的损失，而且给许多城市留下了至今仍难以解决的问题。1967年，国家建委关于北京地区建房计划明确指示"北京旧的规划暂停执行"，采取"见缝插针"和"干打垒"建房。直至"文化大革命"后期，随着各个方面整顿工作的逐步展开，城市规划的地位重新得到肯定，城市规划法制建设才开始有所转机。1974年，国家建委下发《关于城市规划编制和审批意见》与《城市规划居住区用地控制指标》，作为城市规划编制和审批的依据，使得城市规划在被废弛十多年以后，重新拥有了编制和审批的依据。

2. 城市规划技术体系

在"文化大革命"时期，城市总体规划成为空头文件，城市发展无序。"文化大革命"后期，随着城市规划管理与法规体系的恢复，1974 年国家建委城市建设局在广东召开了小城镇规划建设座谈会，讨论《关于加强小城镇建设的意见》，研究小城镇的方针政策，总体规划进一步覆盖并指导小城镇的发展。1976 年唐山大地震后，国家建委建设局组织上海、沈阳规划院骨干协助制定了唐山总体规划和建设规划。但其他受到地震影响的城市，例如天津市，直至改革开放后的 1980 年修订城市总体规划时才具体安排编制震后恢复重建三年规划等事宜。

3. 城市规划管理体系

1966 年下半年至 1971 年，是城市建设遭受破坏最严重的时期。"文化大革命"开始后，国家主管城市规划和建设的工作机构（国家建委城市规划局和建筑工程部城市规划局）停止工作，各城市也纷纷撤销城市规划管理机构，下放工作人员，造成了城市建设、城市管理极为混乱的无政府状态。"文化大革命"后期，在周恩来和邓小平主持工作期间，对各方面工作进行了整顿，城市规划工作出现转机。但由于"四人帮"的干扰和破坏，下发的文件很多并未真正得到执行，城市规划工作事实上仍未摆脱困境。在这一期间，个别城市恢复了城市规划管理机构，例如北京市城市规划局的建制在 1971 年得到恢复。1972 年国家计委、国家建委、财政部通过《关于加强基本建设管理的几项意见》，国家建委设立了城市建设局，统一指导和管理城市规划、城市建设工作。1973 年，规划技术人员由"五七干校"归队，9 月，国家建委城建局在合肥市召开了部分省市的城市规划座谈会，推动部分城市成立了城市规划机构，并陆续开展工作。同时通过城市规划专业班培训壮大城市规划专业人才队伍。

3.3　改革开放后中国城市规划体系的演变

1979 年的改革开放使我国的经济社会体制揭开了由计划经济向市场经济转型的序幕。受市场经济体制改革、对外开放的推动，城市规划技术方法与理论开始大规模从欧美发达国家引进。在土地有偿使用、中央—地方分税制改革、房地产开发、开发区建设的热潮下，城市规划从较为单一的设计工具转变为政府宏观调控资源配置的工具。城市规划逐步走向面向市场和法制化。城市规划的编制、审批、实施、管理、监督等体系建设不断完善。

城市规划体系的发展阶段，可以具体划分为城市规划的恢复期（1978—1989 年）、城市规划的构建期（1990—2007 年）和城市规划的转型期（2008 年至今）见表（3–8）。

转型期城市规划的发展阶段划分　　　　　　　　　　　　　　　表3-8

时期		社会背景	城市规划的作用	城市规划重点
城市规划的恢复期	1978—1989年	党的十三大提出了公有制基础上有计划的商品经济，一个中心、两个基本点政策	服务于社会主义现代化建设（城市规划第二个春天）	总体规划的全面兴起； 加快城市住宅建设； 应对建制市的增加、小城镇的发展、沿海开放城市的建设； 城市建设资金体制的改革，城市建设实行总额开发，城市规划与设计相结合，成立行业协会； 健全城市管理机构，加强城市建设的法制
城市规划的构建期	1990—2007年	住房市场化改革、分税制改革、国企改革、中国加入WTO	增量规划为主导的城市规划	城市规划体系的建构； 城市规划编制类型多元化； 应对开发区建设热潮
城市规划的转型期	2008年至今	经济新常态的战略背景；市场经济改革迈入深水期	市场化与法制化深入推进下的城市规划	《中国城乡规划法》出台； 城乡规划学一级学科的建立； 大数据等城市规划科学方法的运用

资料来源：作者根据"邹德慈，等．新中国城市规划发展史研究——总报告及大事记 [M]．北京：中国建筑工业出版社，2014"自绘。

3.3.1　城市规划的恢复期（1978—1989年）

中共十一届三中全会将工作重点转移到了社会主义现代化建设上，确立了以经济建设为中心的制度。1977年，国家建委召开了西北、中南、华东的城市建设座谈会，1978年在北京召开第三次全国城市工作会议，强调城市和城市规划在国民经济发展史中的重要地位和作用，提高了国家基本建设中城市住宅和市政公用设施的户头比例，制定了《关于加强城市建设工作的意见》，明确了"控制大城市规模、合理发展中等城市、积极发展小城市"的城市发展方针，要求全国各城市在1982年以前完成城市总体规划和详细规划编制。

这一阶段被称为"城市规划的第二个春天"，改革开放促进了城市的快速发展，部分城市率先推行经济体制改革，在经济基础比较好的城市实行市领导镇的新体制，突出了城市引领城乡发展的作用。1986年国务院批准民政部《关于调整设市标准和市领导县条件的报告》，报告对市的建制作出调整，增加了中国西部地区的城市和人口比例。农村经济体制改革与乡镇企业的增长，推动了小城镇的蓬勃发展。对外开放政策的实行，大大刺激了沿海开放城市和经济特区的建设。

城市规划相关行业的改革步伐加快。住房市场允许私人建房和买卖房产；城市建设资金体制变革，开始征收城市维护建设税，为城市建设开辟了稳定的资金来源；

实行市政项目的有偿使用，通过收取"市政公用设施配套费"和"城市增容补助费"开辟城市建设资金的渠道，试行城市土地有偿使用。此外，城市建设倡导综合开发，在城市规划的指导下，制定综合开发规划，政府统一征地，建筑企业总包建造。在不同所有制背景的城市开发公司的统筹下，城市住区建设和旧城改造大幅推进。适应国家机关简政放权和推进行业管理的需要，城市建设的企事业单位，陆续联合成立行业协会。

1. 城市规划立法体系

十一届三中全会后，国家建委和国家城市建设总局于 1979 年起草了《中华人民共和国城市规划法（草案）》。1980 年国家建委正式颁布了《城市规划编制审批暂行办法》和《城市规划定额指标暂行规定》。1983 年经国务院会议讨论，《中华人民共和国城市规划法（草案）》以《城市规划条例》的形式颁布实施，分别对城市规划的任务、方针、政策、规划编制、审批、旧城区改建、土地使用管理、建设规划管理作出了明确规定。1988 年，建设部在吉林市召开了第一次全国城市规划法规体系研讨会，会议文件《关于建立和健全城市规划法规体系的意见》提出建设包括有关法律、行政法规、部门规章、地方性法规、地方性规章在内的城市规划法规体系，以确立城市规划的管理机构和政策制度。城乡建设环境保护部成立后，先后颁布了 10 项行政法规、25 项部门规章，包括《风景名胜区管理暂行条例》（1985）、《城市规划设计收费标准》（1988）等。

1986 年 6 月 25 日，《土地管理法》颁布实施。1987 年颁布《关于开展土地利用总体规划的通知》，标志着我国现代土地管理制度初步建立。1987 年颁布的《中华人民共和国土地管理法》正式开启了土地有偿使用制度。1987 年，上海虹桥开发区编制土地出让规划，同年，深圳实行土地有偿使用拍卖。1988 年《中华人民共和国城镇土地使用税暂行条例》进一步明确了市场经济下土地有偿使用的具体规则。

2. 城市规划技术体系

1）城市规划体系的恢复和发展

在这一时期，城市规划技术体系形成了从战略规划到详细规划的初步体系。1983 年，国务院转批了城乡建设环境保护部《关于重点项目建设中城市规划和前期工作意见的报告》，指出基本建设前期工作要增加城市方面的有关内容，进行建设项目的可行性研究，选址工作要与城市规划密切结合，城市规划部门应该参与区域规划。改革开放后，经济快速发展，不少城市开展了城市发展战略研究以及区域性城镇布局规划、市域规划。1982 年，城乡建设环境保护部城市规划局参与编制了北京、天津、唐山地区的国土规划。1985 年，城市规划局组织了华东经济区规划，编制了区域城镇布局规划。城市规划局还制定了《2000年全国城镇布局发展战略要点》，作为国家计委国土局制定2000年国土规划纲要的重点内容之一。截至1986年，全国已有96%的设市城市和85%的县编制完成了城市总体规划，部分城市开展了详细规划和历史文化名城保护规划工作。

2）总体规划的新一轮发展

在这一时期，总体规划得到了新一轮的发展。长期以来无偿使用城市土地的制度逐渐向土地有偿使用转变，建设用地综合开发和征收城镇土地使用费等政策开始出现。1982年《北京城市建设总体规划方案》编制完成，提出北京是全国政治和文化中心。1983年，唐山总体规划、兰州和呼和浩特总体规划相继出台。这一时期的总体规划主要特征表现为：强调城市规划要了解和参与城市经济社会的发展计划，跳出完全受计划项目支配的被动局面，避免规划与计划的脱节；强调区域经济社会发展对城市发展的影响，市域、县域城镇体系规划提上了议事日程；强调城市基础设施对于城市经济社会和城市发展建设的重要性，发挥城市规划对城市基础设施建设的指导作用。城市总体规划的重点内容包括：城市性质、规模、发展方向和城市空间骨架，城市功能与合理分区及布局调整，城市规划区的划定，市域、县域城镇体系规划，城市基础设施建设，污染工业的控制、调整、搬迁和环境保护，以及旧城改造和生活居住区建设等。新一轮城市总体规划的关键作用和历史意义在于指导城镇体系的发展和基础设施建设，为城市现代化建设的大开发、大发展奠定了基本框架。这一轮城市总体规划是参与经济计划，以拓展区域影响和大力拓展城市基础设施建设为主要特征的城市规划（任致远，2000）。

3）控制性详细规划的产生

在我国从计划经济向市场经济转型的过程中，土地使用制度经历了由无偿使用向有偿使用的转变。同时，土地使用制度的转变进一步催生了土地管理制度的转变。1982年，上海市虹桥开发区为满足外资在上海建设领事馆的国际要求，探索性地编制了首个控制性详细规划（中国城市规划设计研究院，2003）："将整个地区划分为若干地块，并对每个地块提出：用地性质、用地面积、容积率、建筑密度、建筑后退、建筑高度限制、车辆出入口方位及小汽车停车库位八项指标，规划采取了国际惯例做法，得到了外商的欢迎。"（鲍世行，1989）。

在这一时期，土地使用权的市场化、房地产市场的出现、土地使用主体的多元化促使我国土地管理制度产生变革。之前的修建性详细规划已经无法应对市场上未知主体的未知建设行为，为此需要"制定有效地引导和控制管理城市开发建设的规划，以此体现和维护整体城市利益，保证经济效益、社会效益、环境效益的统一"（中国城市规划设计研究院，2003）。控制性详细规划的出现是为了应对土地市场化的需求，其根本目的是为建立起符合市场运作规律的规划管理模式，而控制性详细规划的理论根源是向西方工业化国家学习如何进行土地市场的管理。

虽然控制性详细规划通过控制的手段替代计划的手段，形成了引导城市发展的"软"计划，但是控制性详细规划没有完成彻底的转型，尚未完全脱离计划经济下修建性详细规划的部分思路。这一时期的控制性详细规划探索虽然在控制方式上做出了创新，然而其控制的核心思想依旧是如何落实城市总体的发展目标，延续了修建性详细规划中原有的自上而下的承接关系和计划意图，体现了计划经济体制的色彩。尽管如此，这一时期我国第一次出现了土地利用控制方式的转型，控制性详细规划的技术、管理制度和相关法规也都步入了探索的初期阶段。

3. 城市规划管理体系

1979 年改革开放后，国家不断加强对城市规划、建设和管理工作的领导，城市政府也开始重视城市的规划、建设和管理工作，建立健全了各级城市建设管理机构。1979 年 5 月，国家城市建设总局正式成立，总局下设城市规划局、房产住宅局、公用事业局、市政工程局、园林局、环境卫生局、科教设计局等业务机构。各省、市、自治区的建委也普遍设置了城市建设管理机构，大城市一般设立城市规划局、市政工程局、公用事业局、房地产局、园林局、环境卫生局，中小城市一般设城市建设局、房地产局，加强了全国从上到下的城市管理机构。国家建委和城建总局在总结城市规划历史经验和教训的基础上，经过调查研究，开始起草《城市规划法》。1982 年 5 月，国家基本建设委员会、国家城市建设总局、国家建设工程总局、国家测绘总局四局合并，设立城乡建设环境保护部，内设城市规划局、城市住宅局、市政公用局、市容园林局等专业局，负责城市建设方面的工作。各省或自治区通常设立城乡建设环境厅或建设委员会，厅（委）内设置了主管城市建设的机构。1983 年首都规划委员会成立，随后，上海、杭州也成立了规划建设委员会，沙市、常州、重庆等城市设置了城乡建设委员会，行使包括计委、经委等综合部门的职权。1984 年，城乡建设环境保护部城市规划局改由城乡建设环境保护部和国家计委双重领导，在组织上为规划与计划的结合创造了条件，计划部门参与城市规划的编制，城市规划部门也参与计划的编制工作，使城市五年计划、年度计划与城市近期规划、详细规划相衔接，保证了城市规划的实施。1988 年 5 月，第七届全国人大第七次会议通过《关于国务院机构改革方案的决定》，决定撤销城乡建设环境保护部，设立建设部，并把国家计委主管的基本建设方面的勘察设计、建筑施工、标准定额工作及机构划归建设部。同时撤销了原国家计委和国家经委，组建新的国家计委。此时，国家计委被定位为高层次的宏观管理机构，不再承担微观管理和行业管理职能。

3.3.2　城市规划体系的构建期（1990—2007年）

在这一时期，国家层面上出现了分权化改革，包括财政、土地开发和城市规划权力的下放，使得地方政府获得了发展经济的自主动力，客观上推动了地方经济的快速增长。国家计委的职能从之前的分配项目转向以审批项目来实现调控目的，五年计划所控制的项目投资占全社会总投资的比例逐渐下降。在此背景下，城市规划受地方政府重视的程度渐次提高，开始从单一的技术工具走向综合性和政策性表达工具，深入到五年计划的范畴，成为提高地方竞争力的一个重要手段。这一时期的城镇化速度加快，大量城市在1990年代初基本达到或接近城市规划所确定的2000年目标，城市面貌发生巨变。学界和政府部门对城市在经济社会发展中的地位与作用的认识产生了转变，并据此开始追求城市的现代化和可持续发展的建设原则等。

1. 城市规划立法体系

1990年4月1日，中华人民共和国第一部城市规划专业法律《中华人民共和国城市规划法》正式施行。这是中华人民共和国城市规划史上的一座里程碑，标志着我国在规划法制建设上又迈进了一大步。规划法的主要内容包括：加强一书两证的城市规划管理、土地开发管理、地下空间管理；加强依据《建制镇规划建设管理办法》的村镇规划建设管理；加强《城市规划编制办法》指导下的城市规划编制工作技术体系等。1992年制定的《城市国有土地使用权出让转让规划管理办法》和《关于搞好规划加强管理正确引导城市土地出让转让和开发活动的通知》进一步对社会拥有使用权的土地的开发控制作出了较为详细的规定。

以《中华人民共和国城市规划法》为核心，各级人大及政府部门相继颁布实施了大量关于城市规划的部门规章、地方性法规、地方政府规章以及技术标准与规范；《中华人民共和国土地管理法》《中华人民共和国环境保护法》《中华人民共和国文物保护法》《中华人民共和国建筑法》《中华人民共和国城市房地产管理法》等一系列与城市规划法相关的国家法律也由全国人大陆续颁布实施。中国城市规划的法制化建设形成了初步的框架体系。

在这一时期，城市规划的法制化建设主要集中体现在以下几个方面：

首先，为了加强城市规划实施管理，建设部在1990—1994年间先后发布了《建设项目选址规划管理办法》《关于统一施行建设用地规划许可证和建设工程规划许可证的通知》《城市国有土地使用权出让转让规划管理办法》以及《关于加强城市地下空间规划管理的通知》等部门规章。同时，为健全城市规划管理体制，国务院于1996年发布《关于加强城市规划工作的通知》，重申要充分认识城市规划的重要性，加强对城市规划工作的领导，逐步建立健全各级城市规划管理机构，培养城市规划专业人才。

其次，为充实城市规划，实施监督检查管理，建设部于 1990 年和 1992 年先后发布了《关于进一步加强城建管理监察工作的通知》和《城市监察规定》。

再次，为充实规划编制的有关技术规范，加强城市规划编制的科学性，建设部先后颁布了多部部门规章和技术标准与规范，包括 :《城市规划编制办法》《城镇体系规划编制办法》《城市用地分类与规划建设用地标准》《城市居住区规划设计规范》《城市道路交通设计规范》等。

此外，为适应乡村地区城镇化加速发展的需要，国务院于 1993 年 6 月 29 日颁布《村庄和集镇规划建设管理条例》，对农村居民点的规划建设管理作出了相应规定，将城市规划法的适用范围从城市扩大到农村地区。

2. 城市规划技术体系

1）规划编制类型多元化

在这一时期，城市规划的类型开始趋于多元化。这主要表现在以下几个方面；一是在 2000 年前后出现了区域及城镇体系规划编制的热潮，住房和城乡建设部分别于 2000 年和 2005 年开展了全国城镇体系编制规划工作。二是城市总体规划编制和审批制度得到了巩固和强化，增加了总体规划纲要，在专项规划部分，增加了历史文化保护规划、各类开发区规划、近期建设规划、地下空间开发利用规划、城市综合交通体系规划、城市防灾规划、城市远景规划、城市形象和城市特色规划、旅游规划等内容。三是城市规划技术体系进一步完善，形成了城镇体系规划、战略 / 概念规划、总体规划、分区规划、控制性详细规划、修建性详细规划以及城市设计等较为完整的技术体系框架。

2）城市总体规划

在这一时期，按照第二次和第三次全国城市规划工作会议精神，各地开始了第三轮城市总体规划编制工作，在城市总体规划需经国务院审批的 88 个城市中，有 50 多个城市的跨世纪城市总体规划相继出台，18800 个建制镇也相继编制了跨世纪的城市总体规划。

在这一时期，总体规划的特征表现为：全面系统地研究城市长远发展战略，提出了城市综合发展目标和综合发展策略；重视公共空间塑造，大公园、大广场、大型公共设施中心涌现；提高了城市基础设施建设的标准；对产业发展提出了更多的规划要求；明确了总体规划与区域规划、控制性详细规划、近期建设规划等规划体系中其他规划的分工与关系；提出了总体规划的强制性内容，强调规划监督。这一轮的城市总体规划，相比以往表现出更加全面、系统、高标准的特征，对 21 世纪初期我国城市的功能完善、素质提升、效益增加等发挥了重要的指导作用。但另一方面，以开发区建设热潮为代表的城市新区大规模发展也造成了一定的土地浪费现象。

3）控制性详细规划

自 1990 年代开始，控制性详细规划一方面在寻求规划技术的完善，另一方面也在努力寻求法制化的道路。1991 年，控制性详细规划被纳入《城市规划编制办法》，1995 年，建设部又进一步通过《城市规划编制办法实施细则》规范了控制性详细规划的编制内容与要求。在此后的 10 余年间，控制性详细规划在不断完善自身的技术性内容、丰富其中的技术手段的同时，积极寻求法制化途径，力图推动其成为土地开发管理的核心法定工具。

3. 城市规划管理体系

在城市规划管理体系建设方面，除不断强化已有的规划管理系统的组织架构外，对城市规划行业的管理也在不断加强，开始进行对城市规划从业者的执业资格认证，城市规划专业教育评估制度也得以建立健全，注册规划师执业资格考试制度初步形成。此外，在与城市规划相关的区域规划领域，1994 年"国家计划委员会职能配置、内设机构和人员编制方案"提出：国家计委的主要职责包括"组织制定国土开发、整治、保护的总体规划，以及区域经济发展规划、资源节约和综合利用规划"，其中国土地区司承担"组织研究全国和重点地区国土综合开发整治的方向、目标、重点和政策措施；组织编制全国、区域和专项的国土开发整治规划，以及地质勘查、土地利用、水资源平衡和环境整治计划"。

3.3.3 城市规划的转型期（2008 年至今）

2006 年发布的"十一五"规划首次将延续了 50 多年的国民经济社会发展"计划"变更为"规划"，在我国从计划经济向市场经济体制转型的过程中，各类规划的性质、定位、内容、实施途径都面临着从"计划式"到面向市场的"规划"的转变。其主要的转变方向体现在以下两个方面：一是强调规划作为政府协调经济社会发展的重要公共政策。社会主义市场经济体制确立后，发展规划率先在"十一五"规划纲要中将指标分为预期性和指标性两种，作为厘清政府和市场职责的尝试。这种区分更好地体现了市场经济条件下规划的定位，有利于强化政府在公共服务和涉及公共利益的领域需要履行的引导和协调作用。二是将规划拓展作为空间管治手段的一种。一方面，建设部作为国务院城乡规划主管部门负责《全国城镇体系规划纲要（2005—2020）》的编制工作。同时，"十一五"规划也首次提出了"主体功能区"的概念，标志着我国迈入了通过规划实现对国土空间进行管制的新阶段。

在我国经济进入新常态后，城市规划转型和改革正在向纵深发展。随着党的十八届三中全会提出加强城乡统筹、政府职能精简、事权明确、生态保护和空间管制等方向的改革，以及《国家新型城镇化规划（2014—2020）》的提出等，城市规划的内容、编制、审批都面临着新形势下的内在转型需求。

1. 城市规划立法体系

进入 21 世纪，我国的政治经济体制改革日趋深入，社会主义市场经济体制逐步完善，城镇化进程加速。城市规划和建设活动中的经济与社会关系日益复杂。为适应市场经济和城乡建设发展形势的新变化，建设部在新世纪伊始即相继颁布了《城市规划编制单位资质管理规定》《村镇规划编制办法（试行）》《县域城镇体系规划编制要点（试行）》等部门规章以及《城市排水工程规划规范》《风景名胜区规划规范》等技术标准与规范。持续不断的城市规划立法工作极大地推动了中国城市规划法制建设的逐步完善。

尽管我国已初步建立起以《中华人民共和国城市规划法》为主体的城市规划法规体系，但现行的城市规划法律法规在规范城市规划和建设活动时仍然暴露出不少问题，突出表现为不能很好地适应市场经济发展和乡村城市化发展的需要，中国城市规划法制建设面临着更大的挑战。面对这种状况，建设部开始着手研究对现行《中华人民共和国城市规划法》进行大幅度修订，并将其更名为《中华人民共和国城乡规划法》。2008 年实施的《中华人民共和国城乡规划法》提出了城乡统筹的总体发展思路，强调规划的公共政策属性和调控地位，维护城乡规划的权威性、规划编制、审批和修改的程序合法性，提高了公众参与力度。

2. 城市规划技术体系

1）总体规划

随着城镇化进程的快速推进，城市化率突破 50%，城市发展用地紧张，城市发展动力多元化，总体规划面对的利益主体更趋多元化，呈现出复杂博弈的态势。这一时期的城市总体规划实践呈现出内外复杂的关系。规划体系外部关系的复杂性主要体现为：总体规划与经济社会发展规划、主体功能区规划、土地利用总体规划、生态规划等其他行政部门主导的规划之间产生了更多的衔接和协调的需求；规划体系内部关系的复杂性体现为：与省域城镇体系规划等区域性规划的对接关系，逐步与控制性详细规划的法定羁束地位产生分工，与相关战略规划、概念规划等非法定规划关系模糊。同时，总体规划的复杂性还体现在：内容复杂，近期实施要求、强制性要求多样，更多的规划前置研究，更多的专项规划以及非法定内容，如旅游规划、风貌规划等。规划的审批、衔接、实施、监督、公众参与等规划实施中的要求也变得更加突出。另一方面，由上级政府审批的方式导致许多总体规划在编制完成后长时间得不到审批，也造成了一定的矛盾和问题。

当然，先后出台的《城市规划编制办法》《中华人民共和国城乡规划法》提出并强调了总体规划前期研究、监督、实施评估等过程的重要性。在城市总体规划的编制技术方面，各地也出现了对新技术、新管理措施和新制度的探索。总体规划在规划技术体系中的分工也得到了进一步的深化。

2）控制性详细规划

伴随着改革开放以来经济的持续高速发展，城市发展与建设也在这一过程中累积了诸多矛盾和问题。城市建设用地的大规模无序扩张、土地资源的低效利用、交通拥堵与环境污染成为城市普遍面临的问题。从长期来看，改革开放初期的那种粗放式的增长模式在之后的发展中难以为继，以城市土地利用方式为代表的城市发展模式面临根本性的转变。土地利用的高效化、精细化与法制化被提上议程。继 1991 年控制性详细规划被首次列入《城市规划编制办法》后，时隔 15 年，2007 年控制性详细规划被作为法定规划正式纳入《中华人民共和国城乡规划法》。这标志着控制性详细规划的发展进入了一个崭新阶段，控制性详细规划的文件从技术性内容转向对城市开发建设具有约束力的法规性文件。

3. 城市规划管理体系

国家发改委、住房和城乡建设部、国土资源部分别从各自部门强化了所辖规划的编制，使得不同规划的内容趋于交叉，呈现对空间规划管理权限的争夺。发改委开始组织编制国家层面和区域层面的空间性规划，并且在市县层面进行规划体制改革试点，2010 年国务院印发《全国主体功能区规划》，由此形成了主体功能区规划、城市总体规划、土地利用总体规划三规并存的局面。面对多种规划并存的现象，与规划相关的各行政机构开始尝试推进"多规合一"。例如 2014 年住房和城乡建设部发布了《关于开展县（市）城乡总体规划暨"三规合一"试点工作的通知》。2014 年《国家新型城镇化规划（2014—2020）》提出"推动有条件地区的经济社会发展总体规划、城市规划、土地利用规划等多规合一"；同年国务院转批《关于 2014 年深化经济体制改革重点任务意见》提出"推动经济社会发展规划、土地利用规划、城乡发展规划、生态环境保护规划等多规合一"，国家四部委联合发布通知，提出在全国 28 个市县开展"多规合一"试点工作；2015 年国务院发布《关于加快推进生态文明建设的意见》强调"推动经济社会发展、城乡、土地利用、生态环境保护等规划多规合一"。

3.4 小结：我国城市规划的起源和演变

3.4.1 近代：西方国家的侵入与本土自强意识的出现

我国近代城市规划制度始于鸦片战争之后，与西方工业化国家城市规划制度的形成几乎是同步的。自西周以来，我国都城建设及民居建设自成体系，存在一套相对独立和固定的城市建设规则体系。但随着西方殖民者的进入，近代商业开始得到迅速发展，传统的城市建设管理体系不能适应近代城市发展的新方向。西方国家近代城市规划的管理思想以租界、开放口岸为据点逐渐传入中国，在中国近代城市建设中起到了至关重要的作用。以规划主导者来划分，可以将近代中国城市规划分为两类：一类是西方殖民者作为城市管理者在中国实施的城市规划，一类是本土的近代政府组织，例如袁世凯政府及南京国民政府进行的一系列城市建设。

与法国等西方国家原发性的城市规划制度以及日本模仿型的城市规划制度不同，在我国近代半封建半殖民地的特殊形态下，西方殖民者为解决骤然加速的城市人口聚集所带来的城市问题，将其尚属发端和实验阶段的近代城市规划技术和思想带入中国。与此同时，本土的城市管理者也秉承"师夷长技以制夷"的观念，积极学习西方国家城市规划与管理的技术，并应用于城市建设和管理实践中。但是，我国维持了长达两千余年的中央集权官僚体制并不具备直接应用西方工业化国家近代城市规划制度的基础。直到国民政府成立前，晚清政府实施的一系列行政改革和北洋政府推行的自治市改革，相当于为近代城市规划制度的形成在社会制度基础层面做出了相应的铺垫，通过对当时西方国家先进规划思想和技术的引入，初步进行了建立近代城市规划制度的探索。直到南京国民政府成立，才形成了全国范围内的规划体系。

另一方面，这一时期出现在我国的近代城市规划制度还体现出了某种意义上的先进性，主要表现在两个方面：一是以上海公共租界为代表的西方国家所管理的城市地区，其控制城市建设所涉及的规划技术继承了西方国家城市规划管理中控制"妨害"的思想，采用了从"形态""强度"和"用途"三个方面进行建设管制的方法。而事实上，"形态""强度"和"用途"至今仍是国内外城市规划管制的核心要素。因此，这一时期上海公共租界的城市规划在技术上体现出了相当的先进性，在我国规划技术演变的历程中具有里程碑式的意义。二是在国民政府晚期所实施的城市规划制度，形成了包含基本法、配套法和相关法的完善的法规体系，组建了专门的主管城市规划与建设工作的机构，在技术上多方借鉴，引入西方工业化国家的规划思想，如有机疏散、卫星城、区划、邻里单位等，初步完成了源自西方国家的近代城市规划制度的本土化。

虽然我国近代城市规划制度的形成有其独特性，但就解决近代以来由于人口聚集所产生的城市问题而言，与作为比较对象的法国和日本两个国家又有相似之处。另外，无论是殖民者为解决租界内问题而采用的"流行"于宗主国国内的近代城市规划思想、技术和管理体制，还是本土有识之士自发向西方学习的姿态，与同属东亚文化圈的日本又有诸多相似之处。

3.4.2　计划经济时期：附属于"计划"的城市规划

1949 年中华人民共和国成立后，我国的城市规划制度从效仿西方工业化国家转向以苏联为模仿对象，在计划经济体制的统领下，按照从中央政府到地方政府的权力传递结构，形成了蓝图式的物质规划。城市建设以"单位"为空间发展的基本单元，社会资源的调配以计划中的各项"指标"为核心形式。经济与社会发展计划将城市和乡村置于不同的轨道，以保证工业化的先行。在这种背景下，首先，城市工业发展迅速，但轻重工业比例失衡，城市生产部门与生活服务部门发展步调不一，进而造成经济整体的发展缓慢，城市开发活动主体单一，空间单调。其次，虽然城乡差别巨大，但由于基于计划的强力行政控制，城市的发展和建设除"大跃进"时期短暂的跳跃外，整体较为缓慢，通常城市化过程中所伴随的各种矛盾和城市问题并没有显现。最后，城市规划是国家经济社会发展计划下的附属，没有可以独立调配空间资源的功能。因此，这一时期，城市规划的法规体系、管理体系和技术体系与当时的政治经济制度和社会发展情况是匹配的，充分体现了计划经济体制下城市规划的特征。

3.4.3　改革开放时期：应对市场的城市规划

自十一届三中全会确立面向市场经济的体制改革开始后，在城市开发和建设领域，开始出现土地有偿使用，土地划拨和有偿出让、转让相结合的政策取代了计划经济体制下单一的城市土地使用制度。这一转变直接导致了城市开发建设领域开始对社会资本开放，催生了以控制性详细规划为代表的针对非公有土地开发实施控制的规划工具。同时，城市总体规划也开始不再单纯作为国民经济和社会发展五年计划的具体化和空间化，转而综合考虑环境、经济、社会等多方面的问题，并对各项城市功能的空间布局进行统一的安排和部署。在总体上，城市规划逐渐形成了以区域规划（城镇体系规划、城镇群规划、省域经济区规划等）、城市总体规划（总体规划纲要、市域规划、中心城区规划、分区规划、近期建设规划等）、详细规划（控制性详细规划、修建性详细规划、城市设计等）、村镇规划以及专项规划（历史文化名城保护规划、住房保障规划等）所组成的较为完整的规划技术体系。同时，城市规划管理中的编制、审批、规划许可、监督机制也逐步得到完善；城市规划法规体系逐渐形成了以 2008 年《城乡规划法》为主干法的相关法、配套法以及部门和地方规章。

在开发区建设和城市增量发展的 1990 年代，包括城市总体规划、详细规划在内的城市规划技术工具与国民经济和社会发展计划、土地利用总体规划一起对大规模的城市开发建设和城市扩张起到了推动作用。然而，在这一过程中，城市规划不再以国民经济和社会发展计划的实施工具出现，而是在综合考量和安排城市的产业发展、社会保障和生态与历史文化保护的过程中，逐渐形成了自身的价值观和技术能力。城市规划从一个从属的位置一跃成为城市发展建设中的龙头，从而引发了行政管理上的各类冲突和矛盾。例如：战略规划和区域规划层面的多头领导、不同规划图斑之间的矛盾、控制性详细规划的法定地位不断被规划条件突破等。围绕上下级政府之间、不同行政部门之间的规划主导权之争，城市规划最终湮灭在宏大的国土空间规划体系之中。

第 4 章 中国城市规划体系的现状特征与问题 ^①

4.1 中国城市规划体系的现状特征

在回顾我国城市规划体系演变的基础上，本章将对我国城市规划体系的现状特征进行分析。根据研究框架，研究内容将主要从城市规划的立法体系、技术体系和管理体系三个维度依次展开。在我国城市规划体系中，《中华人民共和国城乡规划法》属于核心法，按照法规体系的层级和管辖范围不同，城市规划法规体系自上而下可以分为主干法、行政法规、部门规章等不同等级，横向还包括城市规划地方性法规、相关法、部门规章等不同范畴（图 4-1）。

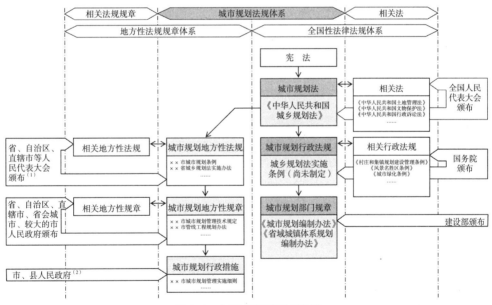

图 4-1 中国城市规划法规体系

注：（1）省、自治区、直辖市人民代表大会颁布；省会城市、较大的市拟草案经省、自治区人大通过后颁布。"较大的市"原指：唐山、大同、鞍山、抚顺、包头、大连、吉林、齐齐哈尔、青岛、无锡、淮南、洛阳、重庆、宁波及深圳。现在重庆已升为直辖市，应不包括在内。
（2）行政措施批指除上述有立法权限的城市之外的设市城市、县人民政府颁布的细则、规定、办法等。

资料来源：谭纵波．城市规划［修订版］[M]．北京：清华大学出版社，2015．

---

① 2007 年《中华人民共和国城乡规划法》颁布后，原城市规划的范畴拓展至城乡规划，但基于本研究的目的和对象，除专用名词和强调包含城乡的规划外，本书中仍采用"城市规划"及"城市规划体系"等表述方式，不再逐一说明。

本研究将我国城市规划技术体系划分为战略性规划、规范性规划和修建性规划三个层级（图4-2）。战略性规划包含全国和省域城镇体系规划、城市总体规划以及非法定的城市战略规划、概念规划等。规范性规划以控制性详细规划为主，也有部分地区采用分区规划以及深圳市所采用的法定图则。修建性规划包括传统的修建性详细规划以及各类非法定的局部专项规划和城市设计等。在现行的城市规划技术体系中，城市总体规划被置于最核心的位置，具备突出的法定地位，并赋予了较强的法律效力。

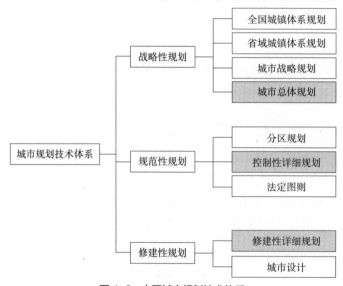

图4-2 中国城市规划技术体系
资料来源：根据全国城市规划执业制度管理委员会《城市规划管理与法规》（2011），作者改绘。

我国城市规划管理体系由城市规划编制与审批管理、城市规划实施管理、规划实施监督管理组成（图4-3）。城市规划编制与审批管理是对以城市总体规划为代表的法定规划进行规划组织编制、审批、修改和反馈，在《城乡规划法》等各类法规中有明确规定；城市规划实施管理主要是指以"一书两证"为核心的建设项目审批流程，既面向政府主导的建设项目与市政工程，也面向市场主体申报的建设项目。规划实施的监督管理主要是指建设项目的批后管理和对违法用地、违章建筑的查处。

此外，还必须注意的是，在我国的与空间相关的规划体系中，除城市规划外还存在其他类型的规划对城市空间产生影响，包括各种综合性规划（主要是经济社会发展计划、土地利用规划）和行业专项规划（如交通规划、产业规划等）。这些规划均由与城乡规划主管部门相平行的行政部门编制，导致了规划之间缺少协调，内容交叉重叠、互相矛盾的现象。城市规划虽然是空间相关规划体系的重要组成部分，并直接影响城市的建设和土地开发，但尚未起到统领的作用。一般认为，经济和社会发展规划、

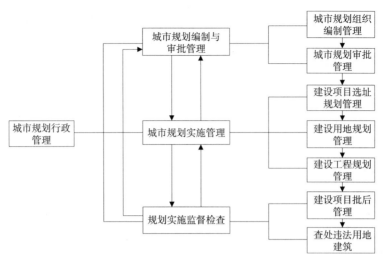

图 4-3 中国城市规划管理体系

资料来源：作者自绘。

城市规划、土地利用总体规划"三规"是规划协调的重点（王唯山，2009；牛慧恩，2012）。王唯山认为，城市规划的工作是将经济和社会发展规划的目标落实在土地利用总体规划所界定的土地空间上（王唯山，2009）。在城市化快速发展阶段，我国规划部门一般重点关注项目落地的进程。本研究认为"三规"在项目——土地的维度上存在根本的分布差异（图4-4）：经济和社会发展规划的内容多体现政府的建设需求，是以发展和目标为导向的，主要管理的是建设项目；而土地利用总体规划控制土地供应，是以保护和底线为优先的，主要管理的是土地；城市规划则居于其间，通过管理项目落地的过程，在发展和保护之间寻求综合利益的最大化。在这一进程中，经济和社会发展规划及土地利用总体规划对城市规划体现出某种带有强制性的影响力。经济

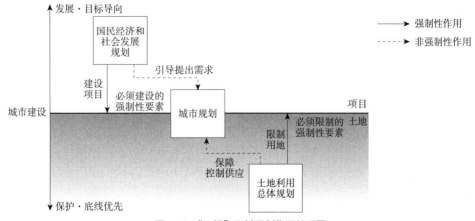

图 4-4 "三规"及其强制作用关系图

资料来源：作者自绘。

和社会发展规划是城市规划中建设类内容的主导者，土地利用总体规划是城市规划中限制类要素的主导者。通俗地说，就是经济和社会发展规划影响"马上要建"的项目，土地利用总体规划影响"一定不能建"的用地。

众多行政部门出台的专项规划是和城市规划具有同等法律地位的部门规划，其所具有的专业权威性和实施主导性，对本部门要求的空间化的内容具有较强的影响力。城市规划更多是对上位和同级部门专项规划所提出的建设项目要求和空间限制要求进行空间上的确认和落实，同时对下位部门专项规划从城市发展和空间综合协调利用的角度进行必要的调整和指导（图4-5）。尽管城市规划和专项规划的关系是综合协调性和专门要求性的关系，但在我国现行行政体制框架下，住建部门和其他部门属于平行关系，相互之间难以协调。因此，从根本上讲，我国城市规划管理制度的权责错位、不对等等原因造成了城市规划与其他专项规划之间的矛盾和冲突，进而大大降低了城市规划的效能。

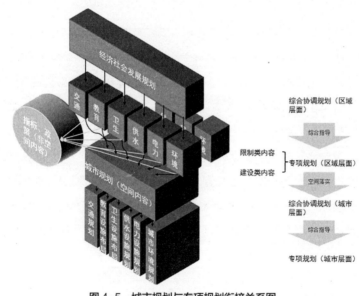

图4-5　城市规划与专项规划衔接关系图
资料来源：作者自绘。

4.1.1　中国的城市规划立法体系

1. 城市规划的立法体系

2008年《中华人民共和国城乡规划法》的正式施行，标志着我国城市规划与建设步入新阶段。从《城市规划编制程序暂行办法（草案）》《城市规划条例》到《城市规划法》，再到《城乡规划法》，我国的城市规划和建设经历了从计划经济条件下以行政控制为主向市场经济条件下以法规控制为主的转变。在此过程中，乡村规划的地位逐步得到加强，城市规划体系逐渐由城乡二元分治向城乡统筹转变。

1）2007年《城乡规划法》的特点

城乡规划法是指调整整城市、镇、乡、村庄的规划编制和规划实施管理活动中各种社会关系的法律规范的总和，主要目的是通过对城镇和乡村规划的编制、审批、实施、修改及监督检查的各项规定，规范城乡规划管理，协调城乡空间布局，改善人居环境，从而实现城乡经济社会全面协调，可持续发展。相较于被废止的《城市规划法》，2007年《城乡规划法》更加突出规划的法律地位及其公共政策属性，明确提出了城乡统筹一体规划的理念。具体而言，2007年《城乡规划法》有如下特点：

（1）强调了规划的法定地位。《城乡规划法》规定："经依法批准的城乡规划，是城乡建设和规划管理的依据，未经法定程序不得修改。"这确保了规划的法律效力。《城乡规划法》还进一步明确了政府单位及个人在编制、审批、修改规划过程中的责任以及违法行为的处罚条件。同时，《城乡规划法》还赋予了行政部门进行监督检查与强制性行政执法的权力。

（2）突出了规划的公共政策属性。《城乡规划法》明确提出基础设施和公共服务设施在城市建设中的优先地位："城市的建设和发展，应当优先安排基础设施以及公共服务设施的建设，妥善处理新区开发与旧区改建的关系，统筹兼顾进城务工人员生活和周边农村经济社会发展、村民生产与生活的需要。"该法还规定各级政府应当因地制宜、实事求是地制定和实施规划，将社会公共利益置于核心位置。

（3）构建了公众参与的制度框架。《城乡规划法》规定了在规划编制和实施过程中公众的知情权和表达意见的途径，确立了规划公开的原则，并规定了违反公众参与程序行为的法律后果。

（4）倡导城乡统筹发展。倡导改变目前城乡规划管理体系二元分治的局面，协调城乡空间布局，促进城乡共同发展。

2）城市规划法规体系

我国的城市规划法规体系由国家和地方两个层面的法律法规和技术标准所组成。其中，国家层面的城市规划法律法规没有像法国那样实现典籍化，而是根据法律法规的特点，由三大部分组成：

（1）基本法（或称主干法），即《中华人民共和国城乡规划法》，它是城市规划法规体系的核心和主体，具有纲领性和原则性的特点。

（2）配套法（或称辅助法），指与基本法相配套的城市规划法规规章，用以阐明基本法有关条款的实施细则。

（3）相关法，指城市规划领域之外与其密切相关的法律法规，与城市规划基本法和配套法共同承担规范城市土地利用、保护和改善生态环境、保护历史文化遗产等方面的责任。

其中，基本法和配套法构成了我国城市规划的法规体系（表4-1），结合相关法规（表4-2），共同指导我国的城乡规划和建设。

3）城市规划与相关法规的关系

由于城市规划建设管理涉及因素众多，《城乡规划法》与土地管理、环境保护、文物保护、建筑等方面的法规关系甚为密切。一方面，相关法规与《城乡规划法》相互协调、相互衔接；另一方面，城市规划建设管理也必须同时遵循相关法规的规定。

我国的城市规划法规体系　　　　　　　　　　　　表4-1

分类	内容	法律	行政法规	部门规章	技术规范与标准
城市规划管理	综合	中华人民共和国城乡规划法	村庄和集镇规划建设管理条例	开发区规划管理办法； 建制镇规划建设管理办法	城市规划基本术语标准； 城市用地分类与规划建设用地标准； 城市规划工程地质勘查规范； 城市用地竖向规划规范； 建筑气候区划标准
城市规划编制审批管理	城市规划编制与审批			城市规划编制办法； 城市规划编制办法实施细则； 城镇体系规划编制审批办法； 县域城镇体系规划编制要点； 城市总体规划审查工作规则； 历史文化名城保护规划编制要求； 城市、镇控制性详细规划编制审批办法； 建制镇规划建设管理办法； 村镇规划编制办法（试行）； 城市绿化规划建设指标的规定	城市居住区规划设计规范； 城市道路交通规划设计规范； 停车场规划设计规则（试行）； 城市工程管线综合规划规范； 防洪标准； 城市排水工程规划规范； 城市给水工程规划规范； 城市电力规划规范； 城市道路绿化规划与设计规范； 风景名胜区规划规范； 村镇规划标准
城市规划实施管理	土地使用			城市国有土地使用权出让转让规划管理办法； 建设项目选址规划管理办法； 城市地下空间开放利用管理规定	
	市政公用设施			停车场建设和管理暂行规定	防洪标准
城市规划实施监督检查管理	行政检查			城市监察规定	
城市规划行业管理	规划设计单位资格			城市规划编制单位资质管理规定	城市规划设计收费标准（试行）
	规划师执业资格			注册城市规划师执业资格制度暂行规定	

资料来源：根据中华人民共和国住房和城乡建设部官方网站 http://www.cin.gov.cn/zcfg/. 作者编绘。

我国城乡规划相关法规一览表　　　　　　　　　　表4-2

内容	法律	行政法规	部门规章和技术规范
土地及自然资源	中华人民共和国土地管理法； 中华人民共和国环境保护法； 中华人民共和国水法； 中华人民共和国森林法； 中华人民共和国矿产资源法	土地管理法实施办法； 建设项目环境保护管理条例； 城市国有土地使用权出让和转让暂行条例； 外商投资开发经营成片土地暂行管理办法； 风景名胜区管理暂行条例； 基本农田保护条例； 自然保护区条例	风景名胜区建设管理规定
历史文化遗产保护	中华人民共和国文物保护法	风景名胜区管理暂行条例； 自然保护区条例	文物保护法实施细则
市政建设与管理	中华人民共和国公路法； 中华人民共和国广告法	城市供水条例； 城市道路管理条例； 城市绿化条例； 城市市容和环境卫生管理条例	城市生活垃圾管理办法； 城市燃气管理办法； 城市排水许可管理办法； 城市地下水开发利用保护规定
建设工程与管理	中华人民共和国建筑法； 中华人民共和国标准化法	建设工程勘察设计合同条例； 中外合作设计工程项目暂行规定； 注册建筑师条例	建筑设计规范； 建筑抗震设计规范； 住宅设计规范； 工程建设标准化管理规定
房地产管理	中华人民共和国城市房地产管理法	城市房地产开发经营管理条例； 城市房屋拆迁管理条例； 城镇个人建造住宅管理办法	城市新建住宅小区管理办法
城市防灾	中华人民共和国人民防空法； 中华人民共和国防震减灾法； 中华人民共和国消防法		
保密管理	中华人民共和国军事设施保护法； 中华人民共和国保守国家秘密法		
行政执法与法制监督	中华人民共和国行政复议法； 中华人民共和国行政诉讼法； 中华人民共和国行政处罚法； 中华人民共和国行政许可法； 中华人民共和国国家赔偿法	国家公务员暂行条例	

资料来源：全国城市规划执业制度管理委员会《城市规划管理与法规》（2011）

（1）与《土地管理法》的关系

《城乡规划法》与《土地管理法》的相关性主要体现在四个方面：一是以合理使用土地资源作为主要目标；二是规定了土地利用规划和城乡规划必须相互协调、相互衔接的关系；三是把建设用地作为主要管理对象或者管理对象之一；四是对改变土地建设用途作出了严格规定。

《城乡规划法》与《土地管理法》的不同之处在于：前者以城市、镇、乡、村庄规划区内土地资源的合理利用为主要目标，侧重于在微观层面上控制对土地资源的合理利用；后者以保护土地资源，特别是耕地资源为主要目标，侧重于在宏观层面上控制对土地资源的利用。

（2）与《环境保护法》的关系

《中华人民共和国环境保护法》指出，城市和乡村是环境的组成因素之一。《城乡规划法》与《环境保护法》均以保护和改善城乡环境为目标，以保护和改善城乡生态环境为任务。但同时《环境保护法》还针对建设项目制定了具体的环境保护规定，包括国家实行建设项目环境保护管理制度，建设项目防治污染，实行建设项目防治污染设施必须与主体工程同时设计、同时施工、同时投产使用的"三同时"制度。

《城乡规划法》与《环境保护法》的不同之处在于：前者关注的是城市、镇、乡、村庄规划区内的环境问题，重视规划区内的自然环境和人工环境；后者关注的是更加广泛意义上的环境问题，重视保护自然，防治发生在各种空间尺度上的环境污染。

（3）与《文物保护法》的关系

《中华人民共和国文物保护法》规定："革命遗址、纪念建筑物、古文化遗址、古墓葬、古建筑、石窟寺、石刻等文物，应当根据它们的历史、艺术、科学价值，分别确定为不同级别的文物保护单位。""保存文物特别丰富、具有重大历史价值和革命意义的城市，由国家文化行政管理部门会同城乡建设环境保护部门报国务院核定公布为历史文化名城。"由于大量文物保护单位分布在城市规划区范围内，并且至今全国已有101座城市被确定为国家级历史文化名城，因此，《城乡规划法》和《文物保护法》均明确规定城市规划承担着保护历史文化遗产的任务。同时，《文物保护法》还针对建设项目制定了具体的文物保护规定，包括限制文物保护单位保护范围内的建设工程、划定文物保护单位建设控制地带、要求大型基本建设项目事先进行考古保护等。

《城乡规划法》与《文物保护法》的不同之处在于：前者关注的是城市、镇、乡、村庄规划区内以文物保护单位、历史文化保护区和历史文化名城为主的文物保护问题；后者关注的是整个国土范围内各种类型的文物的保护问题。

（4）与《建筑法》的关系

《中华人民共和国建筑法》提出，建筑活动指"各类房屋建筑及其附属设施的建造和与其配套的线路、管道、设备的安装活动"。显然，城市规划必须通过建筑活动才能得以实现。这决定了城市规划与建筑活动之间的主从关系。《城乡规划法》确立的规划许可制度和《建筑法》规定的建筑许可制度保证了城市规划和建筑活动的上下有序、协调一致。

《城乡规划法》与《建筑法》的不同之处在于：前者关注的是城市、镇、乡、村庄规划区内的建设行为，尤其是土地利用和建设布局；后者关注的是建设活动以及建筑施工企业的管理。值得关注的是有关建筑物之间"相邻关系"的调整，在西方工业化国家，通常依据建筑法规进行，而我国的《建筑法》中没有相关规划，相应的内容实际上是由城市规划中的控制性详细规划以及建设用地出让中的"规划条件"等代为行使的。

（5）与《城市房地产管理法》的关系

《中华人民共和国城市房地产管理法》中的房屋是指"土地上的房屋等建筑物及构筑物"。所谓房地产开发，是指"在依据本法取得国有土地使用权的土地上进行基础设施、房屋建设的行为"。所谓房地产交易包括"房地产转让、房地产抵押和房屋租赁"。鉴于已有的房屋和已经完成的房地产开发是建设行为的产物，正在进行建设的房屋及房地产开发是建设行为的重要组成部分，因此城市中的房地产开发和交易，特别是城市规划区内的房地产开发和交易必须严格执行城市规划，在城市规划的调控和管理下进行。

《城市房地产管理法》与《城乡规划法》的不同之处在于：鉴于城市发展和房地产开发可能延伸到城市规划区以外，《城市房地产管理法》调整的地域范围并不局限于城市规划区。

2. 国家层面的城市规划立法

在国家立法层面上，我国现行的城市规划法规体系主要由作为主干法的《中华人民共和国城乡规划法》以及一系列配套法规和相关法规构成。《城乡规划法》的配套法规主要指由城乡规划行政主管部门主持草拟、重点针对城市规划相关方面或相关问题的条例和规章，《城乡规划法》的相关法规则是指由其他行政主管部门主持草拟、在不同程度上涉及城市规划相关方面或相关问题的法律法规。

城市规划综合配套法规主要包括：《风景名胜区条例》《村庄和集镇规划建设条例》和《历史文化名城名镇名村保护条例》3部行政条例以及《建制镇规划建设管理办法》《城市绿线管理办法》《城市紫线管理办法》《城市黄线管理办法》《城市蓝线管理办法》《城市地下空间开发利用管理规定》《市政公用设施抗灾设防管理规定》《建设用地容积率管理办法》《城建监察规定》《城乡规划违法违纪行为处分办法》和《建设部关于纳入国务院决定的十五项行政许可的条件的规定》等11部部门规章。其中，3部行政条例主要涵盖了风景区、村庄和集镇的规划综合管理以及针对历史文化名城名镇名村保护的规划专项管理两个方面，11部部门规章主要涵盖了城乡规划的综合管理、专项管理、实施与监督检查和行业管理四个方面。

城市规划专项配套法规主要包括:《城镇排水与污水处理条例》1部行政条例和《开发区规划管理办法》《城市抗震防灾规划管理规定》《省域城镇体系规划编制审批办法》《城市规划编制办法》《城市、镇控制性详细规划编制审批办法》《历史文化名城名镇名村街区保护规划编制审批办法》《城市综合交通体系规划编制办法》《海绵城市专项规划编制暂行规定》《城市国有土地使用权出让转让规划管理办法》《城乡规划编制单位资质管理规定》《外商投资城市规划服务企业管理规定》《〈外商投资城市规划服务企业管理规定〉的补充规定》等13部部门规章,主要涵盖了城乡规划的综合管理、专项管理、编制与审批、实施与监督检查和行业管理五个方面。

3. 地方层面的城市规划立法

目前,我国有280余个城市拥有地方立法权,具有颁布当地城市规划相关条例以及其他具体地方法规的地方立法权。从严格意义上来说,地方立法行为与全国人大开展的全国性立法活动是有本质区别的,属于制定地方性法规,其法律地位和法律效力也不同于冠以"××法"的法律文本,但对辖区内的各种活动仍具有强制性约束作用,可以视作一种限于一定地域范围的类立法行为。

为了更好地分析我国城市规划在地方层面的立法进展状况,本研究选取了三个有地方立法权的城市进行分析,即直辖市北京市、有较高立法权限的特区深圳市、一般地区的省会城市昆明市。

1)北京市

(1)法制建设概况

北京市作为我国的首都和国际化大都市,在城市规划管理和法制建设方面一直在不断改革(表4-3)。1992年颁布实施了《北京市城市规划条例》。之后该条例被纳入北京市2003—2007年立法规划,并于2003年修订,改称为《北京市城乡规划条例》。之后,2006年北京市人大常委会确定了年度立法计划,将《北京市城乡规划条例》的修订列入其中,草案拟定正式开始启动。2006年12月3日,《北京市城乡规划条例》修订案经过了北京市人大常委会第一次审议,2007年6月北京市人大常委会进行了第二次审议,后受到筹办奥运会等工作的影响,第三次审议一度搁置。最终,《北京市城乡规划条例》于2009年由北京市第十三届人民代表大会常务委员会第十一次会议审议通过,并颁布实施。

(2)新一版《北京市城乡规划条例》的特点

新一版《北京市城乡规划条例》的特点主要体现在:一是落实作为国家门户的职能,突出北京作为首都城市和国家政治中心的地位,保障国家政治中枢职能;二是强调确保城乡规划动态弹性调整的重要性。国家级大型项目的建设,如奥运会场的选址

北京市城市规划法制建设大事记 表4-3

时间	事件	内容	要点
1984年	《北京城市建设规划管理暂行办法》以及《北京市农村建房用地管理暂行办法》《关于划定市区河道两侧隔离带的规定》等24项规章颁布实施	制定了"两证一查、两级核发和执法复议制度"	标志着北京市规划实施走上了制度化和法律化的轨道
1992年	《北京市城市规划条例》颁布实施	包括城市规划的编制和审批,城市新区开发与旧区改建,城市规划的实施、法律责任等	指导北京市规划建设的核心法律依据
2000年	组建了首都规划建设委员会和北京市规划委员会(首规委办公室)	审议城市规划和规划管理的战略方针、阶段性工作成果及其重大调整、变更;审议本年度建设计划安排和上年度建设计划的完成情况;审议重要地区、重大建设项目的规划设计	首规委全会每年只召开一次,实际管制能力不强
		北京市规划委员会(也称为首规委办公室)承担了北京市城市规划的编制、审批和管理、监督的工作	制定规则、执行规则、监督管理
2009年	《北京市城乡规划条例》颁布实施	包括城乡规划的制定、实施、修改、监督检查和法律责任等内容	根据《中华人民共和国城乡规划法》,结合北京市实际情况,综合制定

资料来源:根据北京市城市建设档案馆《北京城市建设规划篇》(2004),并汇总其他相关信息编绘。

和建设、国家机关的选址等,对北京的城市发展影响巨大,需要构建动态弹性调整的框架体系。例如2000年北京规划管理机构改革,组建了首都规划建设委员会和北京市规划委员会(又称:首都规划建设委员会办公室,简称:首规委办公室)。新组建的北京市规划委员会结合新的形势和需要对内部管理进行了改革,并实施以下改革措施:①减少审批事项,调整人员机构;②减少审批环节,缩短审批周期;③改变建设项目规划许可方式;④注重行政程序的规范化建设;⑤区县规划分局分权;⑥建立规划监督机制。

2)深圳市

(1)法规体系的构成

深圳市的城市规划配套法规包括4部地方法规和6部地方规章,涵盖了城市规划的实施与监督检查、综合管理、专项管理等三个方面。此外,有31部地方法规和6部地方规章属于综合配套法规,1部地方法规属于专项配套法规(表4-4)。

深圳市城市规划配套法规和部分相关法规　　　　　　表4–4

	分类	地方法规	地方规章
综合配套法规	综合管理		大鹏半岛保护与发展管理规定
	专项管理		深圳市基本生态控制线管理规定； 深圳经济特区城市雕塑管理规定； 深圳市临时用地和临时建筑管理规定； 深圳经济特区房屋拆迁管理办法
	实施与监督检查	深圳经济特区处理历史遗留违法私房若干规定； 深圳经济特区处理历史遗留生产经营性违法建筑若干规定； 深圳经济特区规划土地监察条例	《深圳经济特区处理历史遗留违法私房若干规定》实施细则
专项配套法规	综合管理	深圳市城市规划条例	
相关法规	综合管理	大亚湾核电厂周围限制区安全保障与环境管理条例	深圳市宝安龙岗两区城市化土地管理办法
	专项管理	深圳经济特区水土保持条例； 深圳经济特区环境保护条例； 深圳经济特区土地使用权出让条例； 深圳市土地征用与收回条例； 深圳市政府投资项目管理条例	深圳经济特区户外广告管理规定； 深圳经济特区城市绿化管理办法； 深圳经济特区市政排水管理办法； 深圳市征用土地实施办法

资料来源：根据深圳市规划局政策法规自绘。

　　城市规划综合配套法规主要包括：《深圳经济特区处理历史遗留违法私房若干规定》《深圳经济特区处理历史遗留生产经营性违法建筑若干规定》和《深圳经济特区规划土地监察条例》以及《大鹏半岛保护与发展管理规定》《深圳市基本生态控制线管理规定》《深圳经济特区城市雕塑管理规定》《深圳市临时用地和临时建筑管理规定》《〈深圳经济特区处理历史遗留违法私房若干规定〉实施细则》和《深圳经济特区房屋拆迁管理办法》。其中，3部地方法规主要针对城市规划实施与监督检查（拆除违法建设），6部部门规章主要针对城市规划的专项管理、综合管理和城市规划的实施与监督检查。城市规划专项配套法规主要指《深圳市城市规划条例》。深圳市的城市规划配套法规，主要围绕规范城市规划的实施与监督检查以及综合管理等方面，但缺乏城市规划编制与审批及城市规划行业管理方面的法规。这也反映出深圳市城市规划的主要矛盾集中在规划实施与监督检查，特别是违法建设的查处方面。从实施成效来看，地方法规与地方规章相互配合，对城市空间管制效果较好。

　　一般规范性文件在实际操作中也规范着城市规划的行为。例如作为深圳城市规划编制与审批的重要技术性规范《深圳市城市规划标准与准则》，就是以一般规范性文件的形式公布的。尽管其法律效力较低，但在高层级立法尚未出台的情况下，一般规范性文件因其较强的时效性，在完善城市规划管理方面发挥着重要作用。但是，一般规范性文件在城市规划的制定、实施、修改和废止等各方面较之地方法规和规章相对宽松，其严肃性和有效性常常受到质疑。将城市规划管理切实需要的一般规范性文件上升为地方规章乃至地方法规，是今后城市规划地方性立法需要加强的方面（表4-5）。

深圳市城市规划法规配套文件及相关一般规范性文件　　　表4-5

	文件名称
配套一般规范性文件	1. 深圳市城市规划标准与准则 2. 中共深圳市委深圳市人民政府关于进一步加强城市规划工作的决定 3. 深圳市人民政府关于执行《深圳市基本生态控制线管理规定》的实施意见 4. 深圳市人民政府关于实施《深圳市近期建设规划（2006—2010）》的通知 5. 深圳市人民政府关于印发《深圳市建设用地审批工作规则》的通知 6. 深圳市建设局关于印发《深圳市建设局建设工程施工许可实施办法》的通知 7. 深圳市规划局实施《房屋建筑和市政基础设施工程施工图设计文件审查管理办法》办法 8. 中共深圳市委、深圳市人民政府关于坚决查处违法建筑和违法用地的决定 9. 深圳市人民政府关于限期整治全市各类违法违章临时搭建物和建筑物的通告 10. 深圳市城中村（旧村）改造暂行规定 11. 关于《深圳市城中村（旧村）改造暂行规定》的实施意见 12. 关于推进宝安龙岗两区城中村（旧村）改造工作的若干意见 13. 关于宝安龙岗两区自行开展的新安翻身工业区等70个旧城旧村改造项目的处理意见 14. 深圳市城中村（旧村）改造扶持资金管理暂行办法 15. 关于开展城中村（旧村）改造工作有关事项的通知 16. 关于开展宝安龙岗两区城中村（旧村）全面改造项目有关事项的通知 17. 关于组织开展城中村改造专项规划草案公示工作的通知 18. 深圳市人民政府关于将规划及土地行政执法纳入城市管理综合执法范围的决定
相关一般规范性文件	1. 关于盐田港建设管理的若干规定 2. 关于工业区升级改造的若干意见 3. 关于推进我市工业区升级改造试点项目的意见 4. 深圳市人民政府关于认真贯彻落实《中华人民共和国环境影响评价法》做好规划环评工作的通知 5. 深圳市人民政府关于印发深圳电网建设绿色通道实施细则的通知 6. 深圳市人民政府批转市水务局关于进一步加强城市供水管网改造工作意见的通知 7. 深圳市人民政府关于印发深圳市重大投资项目审批制度改革方案的通知 8. 深圳市人民政府关于贯彻落实国务院关于深化改革严格土地管理决定的通知 9. 深圳市人民政府关于印发《深圳市宝安龙岗两区城市化转为国有土地交接与管理实施方案》的通知

资料来源：根据深圳市规划局政策法规文件，作者编绘。

（2）配套法规的内容

深圳市与城市规划相关的法律法规对其立法目的的表达均比较明确，结构体系也较为完善，但在法律依据、主要约束对象、主要约束行为以及适用范围等方面，或多或少地存在着表达不清和不准确的问题（表4-6）。

深圳市现行城乡规划配套法规的内容构成　　　　表4-6

文件名称	立法目的	约束对象	约束行为
深圳经济特区处理历史遗留违法私房若干规定	处理历史遗留违法私房问题,制止违法建造私房行为,保障城市规划的实施	区人民政府; 规划、国土资源部门; 建设、公安消防部门; 环保、工商、文化、卫生、租赁及其他有关部门	历史遗留违法私房
深圳经济特区处理历史遗留生产经营性违法建筑若干规定	处理历史遗留生产经营违法建筑问题,制止违法建筑行为,保障城市规划的实施	区人民政府; 规划国土资源部门; 建设、公安消防部门; 环保、工商、文化、卫生、租赁及其他有关部门	历史遗留生产经营性违法建筑
深圳经济特区规划土地监察条例	加强深圳经济特区规划、土地和房产的监察工作,保障规划土地法律、法规的贯彻实施	规划、土地管理部门; 城市管理综合执法部门; 公安、工商、建设、发展改革行政管理部门; 各区人民政府、街道办事处	城市管理综合执法部门对单位和个人违法用地和违法建筑行为进行查处的活动
大鹏半岛保护与发展管理规定	加强大鹏半岛管理,保护生态环境,促进大鹏半岛可持续发展	东部滨海地区规划开发建设领导小组; 龙岗区人民政府; 市规划、国土、水务、财政、环保、发展改革、旅游、文物、城管等行政主管部门; 公民、法人或其他组织	大鹏半岛内进行的保护、开发建设以及管理
深圳市基本生态控制线管理规定	加强深圳市生态保护,防止城市建设无序蔓延危及城市生态系统安全,促进城市建设可持续发展	市规划主管部门; 规划、土地、环保、发展改革、水务、农林渔业、城管综合执法等行政主管部门; 各区人民政府; 公民、法人或其他组织	基本生态控制线划定、调整以及基本生态控制线范围内各项土地利用、建设活动
深圳经济特区城市雕塑管理规定	加强对深圳经济特区城市雕塑规划、建设的管理,使城市雕塑的建设布局与艺术水平适应特区城市发展的需要	深圳市人民政府规划、土地管理部门; 深圳市城市雕塑办公室; 建设单位和个人	各项城市雕塑的创作、设计和建设
深圳市临时用地和临时建筑管理规定	巩固深圳市市容环境综合整治梳理行动成果,加强临时用地和临时建筑管理,规范临时用地和临时建筑行为	各区政府; 市规划主管部门	无特别表述
《深圳经济特区处理历史遗留违法私房若干规定》实施细则	无特别表述	违法私房领导小组; 建设单位和个人	违法私房处理

资料来源:作者根据相关文件编绘。

3）昆明市

昆明市的城市规划地方法规主要包括《昆明市历史文化名城保护条例》《昆明市城乡规划条例》2部地方法规和《昆明市农村住宅建设管理办法》《昆明市城乡规划管

理技术规定》2 部地方规章以及其他相关法规、规章等，主要针对城市规划的综合管理和专项管理两个方面，尚未形成完整的城市规划法规体系，缺乏针对城市规划的编制与审批、实施与监督检查以及行业管理方面的法规和规章（表 4–7）。

昆明市城市规划配套法规　　　　　　　　表4–7

	分类	地方法规	地方规章
综合配套法规	专项管理	昆明市历史文化名城保护条例	昆明市农村住宅建设管理办法
专项配套法规	专项管理	昆明市城乡规划条例	昆明市城乡规划管理技术规定
相关法规	综合管理	滇池保护条例	
	专项管理	昆明市河道管理条例； 昆明市城市道路管理条例； 昆明市中小学幼儿园场地校舍建设保护条例； 昆明市地下管线管理条例	昆明市再生水管理办法； 昆明市城市管线管理办法； 昆明市城市灯光夜景设置与管理规定； 昆明市户外广告设施设置管理办法； 昆明市城市道路照明设施管理实施办法； 昆明市土地储备管理办法； 昆明市土地征收管理暂行办法； 昆明市闲置土地处置办法； 昆明市土地供应信息发布暂行办法； 昆明市国有建设用地使用权拍卖出让管理暂行办法； 昆明市划拨土地使用权管理暂行规定； 昆明市机动车停车场管理办法； 昆明市城乡建设档案管理规定

资料来源：根据昆明市规划局政策法规专栏、昆明市政府信息公开目录，作者编绘。

4. 小结

至 21 世纪 20 年代，我国初步形成了较为完整的城市规划法规体系。其中，主干法从确立到改进经历了数次调整，突出了城市规划的基本内容、流程与责任；配套法、相关法的框架也已初步确立；部分城市开展了有关城市规划地方性立法的尝试。但是，与法制体系相对成熟的西方工业化国家相比较，我国城市规划的法制建设起步较晚、进展缓慢。现行城市规划法律法规依然存在着配套立法工作尚待完成，体系化程度不高，地方立法自主程度不高、针对性不强等问题。但无论如何，城市规划法律法规在我国快速城镇化过程中对城市建设和空间调控已经起到了不可替代的重要作用，其意义重大，影响深远。

4.1.2　中国的城市规划技术体系

我国的城市规划技术体系由作为主体的法定规划以及相关战略规划、概念规划、城市设计等非法定的规划所构成。基于本研究的目的，在本节中重点探讨法定规划的内容，即城市总体规划、控制性详细规划和修建性详细规划。

1. 城市总体规划

1）城市总体规划的法定地位与职能

在我国的城市规划技术体系中，城市总体规划是最具历史渊源的"法定规划"。《城乡规划法》也将城市总体规划置于整个城乡规划体系的中心。关于城市总体规划的定位和功能，规划界学者倾向于看重其在规划体系中所起到的承上启下的纲领性蓝图作用和综合性平台作用。例如：城市总体规划是"城镇体系规划、城市总体规划、控制性详细规划、修建性详细规划"体系的中间层级（谭纵波，2004；赵民，2012）；城市总体规划是城乡建设和规划管理的依据，是城市政府在一定规划期限内，保护和管理城市空间资源的重要手段，引导城市空间发展的战略纲领和法定蓝图，调控和统筹城市各项建设的重要平台（李晓江等，2013）。从与其他规划的关系来看，城市总体规划：①受全国城镇体系规划、省域城镇体系规划等指导（《城乡规划法》第十二条、《城市规划编制办法》第八条）；②是土地利用总体规划、国民经济和社会发展规划的同位规划（《城乡规划法》第五条）；③是控制性详细规划、近期建设规划等规划的编制依据（《城乡规划法》第十九条，第三十四条）。

2）城市总体规划的技术内容

（1）城市总体规划的两个技术层面

城市总体规划在空间上主要包含市域城镇体系规划和中心城区规划两个层面。一般认为，1991年前的城市总体规划主要指中心城区规划，1991年《城市规划编制办法》将市域城镇体系规划正式列入城市总体规划，2006年新版《城市规划编制办法》进一步将城市总体规划分为市域城镇体系规划和中心城区规划，进一步充实了市域城镇体系规划的内容（曹康等，2006）。

从规划技术特征来看，市域城镇体系规划更偏向于区域规划（regional planning），而中心城区规划则属于城市规划（urban planning）。这两种规划的目标、内容和编制方法各不相同，在实施管理上更有着显著的区别。从管制手段来看，前者侧重于战略性和引导性，后者则更加强调确定性和可操作性（赵民，2012）。由于城镇体系规划涉及诸多非建设用地的内容，在实施中与经济部门和土地部门有着更加紧密的联系；中心城区规划则以建设用地范围内为主，在实施中较多体现规划部门管制城市空间，尤其是建设活动的权力。

（2）城市总体规划的两个编制阶段

城市总体规划编制一般分成两个阶段：规划纲要编制阶段和规划编制阶段。城市总体规划纲要的主要任务是研究确定城市总体规划的重大原则，作为编制城市总体规划的依据。按照2006年《城市规划编制办法》的规定，城市总体规划纲要包括下列内容：

（a）提出市域城乡统筹发展战略；确定生态环境、土地和水资源、能源、自然和历史文化遗产保护等方面的综合目标和保护要求，提出空间管制原则；预测市域总人口及城镇化水平，确定各城镇人口规模、职能分工、空间布局方案和建设标准；原则确定市域交通发展策略。

（b）提出城市规划区范围。

（c）分析城市职能，提出城市性质和发展目标。

（d）提出禁建区、限建区、适建区范围。

（e）预测城市人口规模。

（f）研究中心城区空间增长边界，提出建设用地规模和建设用地范围。

（g）提出交通发展战略及主要对外交通设施布局原则。

（h）提出重大基础设施和公共服务设施的发展目标。

（i）提出建立综合防灾体系的原则和建设方针。

（3）城市总体规划的内容构成

城市总体规划内容庞杂，根据规划编制、审批、执行和监督过程中的强制性与否，可将城市总体规划的内容划分为表4-8所示部分。

城市总体规划按照强制性与否的内容划分 表4-8

分类		编制	审批	执行	监督
市域城镇体系规划	城乡统筹	区域协调要求	√	√		√
		城乡统筹战略	√	√		
	空间管制	综合目标和要求	√	√		
		生态、资源空间管制原则和措施	√	√	√	√
	城镇职能	人口、城镇化预测	√	√		
		城镇职能分工	√	√		
		城镇空间布局	√	√		
	重点城镇	发展定位	√	√		
		用地规模	√	√		√
		建设用地控制范围	√	√	√	√
	基础设施	交通发展策略	√	√		
		交通、通信、能源、供水、排水、防洪、垃圾处理等重大基础设施布局	√	√	√	√
		重要社会服务设施布局，危险品生产储存设施	√	√	√	√
	城市规划区	城市规划区划定	√	√	√	
	规划实施	措施和有关建议	√	√	√	

续表

分类			编制	审批	执行	监督
中心城区规划	城市性质	性质、职能、发展目标	√	√		
	人口规模	人口规模预测	√	√		
	空间管制	划定四区，制定空间管制措施	√	√	√	√
	村镇建设	原则和措施	√	√		
		确定需要发展、限制发展和不再保留的村庄	√	√	√	
	用地安排	建设用地、农业用地、生态用地、其他用地	√	√	√	√
	边界确定	研究中心城区空间增长边界	√			
		确定建设用地规模	√	√		√
		划定建设用地范围	√	√	√	√
	建设用地布局	建设用地空间布局	√	√	√	√
		土地使用强度区划和相应指标	√	√		
	中心	市级中心位置和规模	√	√	√	√
		区级中心位置和规模	√	√	√	
		主要公共服务设施布局	√	√	√	
	交通设施	交通发展战略	√	√		
		城市公共交通布局	√	√	√	
		对外交通设施	√	√	√	√
		主要道路交通设施	√	√	√	√
	绿地	绿地系统目标	√	√		
		总体布局	√	√	√	
		绿线划定	√	√	√	√
		蓝线划定和岸线使用原则	√	√	√	√
	历史文保	历史文保要求	√	√		
		紫线划定	√	√	√	√
		各级文保单位范围	√	√		
		重点保护区域及保护措施	√	√	√	
	住房	住房需求研究	√			
		住房政策、建设标准	√	√	√	
		居住用地布局	√	√	√	
		保障性住房布局及标准	√	√	√	√
	基础设施	电信、供水、排水、供电、燃气、供热、环卫布局	√	√	√	
	生态保护	目标、治理措施	√	√		

	分类		编制	审批	执行	监督
中心城区规划	防灾	综合防灾公共安全保障体系	√	√		
		防洪、消防、人防、抗震、地质灾害规划原则方针	√	√	√	√
	旧区更新	原则、方法、标准、要求	√	√		
	地下空间	开发利用原则和方针	√	√		
	规划实施	发展时序、实施措施、政策建议	√	√		

注：√表示该项内容具有强制性。灰色部分表示强制性内容贯穿编制、审批、执行和监督的全过程。
资料来源：根据2006年《城市规划编制办法》，作者整理，编绘。

（4）城市总体规划技术

根据《城乡规划法》，城市总体规划中的部分内容被赋予了更强的约束力，被称为"强制性内容"，体现了城市总体规划技术表达方式的核心。城市总体规划体现强制性内容的管制手段主要包括对建设用地的管理、"三区"（适建区、限建区、禁建区，或包含已建区的"四区"）、"四线"（蓝线、黄线、绿线、紫线）等以空间管制为主的手段以及各类专项规划手段。

a）建设用地边界的划定

城市总体规划对建设用地边界的划定有专门规定和要求，但与土地利用总体规划的边界划定存在一定的差异。这也是造成两种规划在空间上形成冲突的根本原因（图4-6、图4-7，表4-9、表4-10）。具体来看，城乡规划部门对建设用地的要求有三个方面，一是在规划编制中要"研究中心城区空间增长边界，确定建设用地规模，划定建设用地范围"；二是体现在规划管理中，是核发规划许可的范围，即"城乡规划主管部门不得在城乡规划确定的建设用地范围以外做出规划许可"；三是在实施监督中建设用地要作为城市规划的强制性内容。遗憾的是，城乡规划法规文本并没有明确"建设用地边界"的概念，而是采用了"建设用地范围"或者"建设用地布局"的提法，并同时提出"中心城增长边界"作为研究内容。虽然事实上长期以来建设用地边界作为规划编制和管理的重要内容，发挥着控制城市增长的重要作用（龙瀛等，2009），但是在法规文本中却模糊不清。城市总体规划同样也提出了"四区"为代表的管制区要求，采用与建设用地边界类似的方式进行开发控制。建设部于2002—2005年间先后颁布了《城市绿线管理办法》（2002）、《城市紫线管理办法》（2003）、《城市黄线管理办法》（2005）和《城市蓝线管理办法》（2005），提出了城市总体规划中的一系列管制线的划定和管制原则。

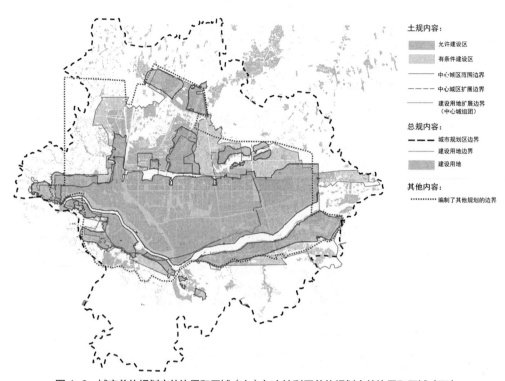

图 4-6　城市总体规划中的边界和区域（上）与土地利用总体规划中的边界和区域（下）

资料来源：（上）作者自绘；（下）何春阳《基于 GIS 空间分析技术的城乡建设用地扩展边界规划方法研究》（2010）

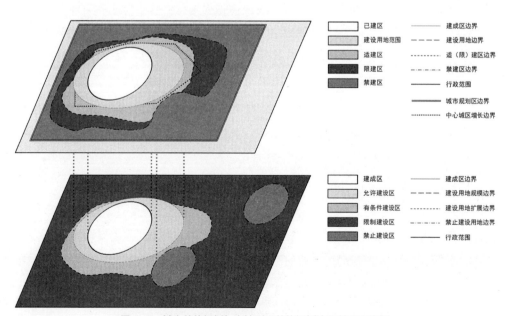

图 4-7　城市总体规划与土地利用总体规划边界关系示意图

资料来源：作者根据信阳市城市总体规划与土地利用总体规划相关资料绘制。

城市总体规划边界划定及其要求　　　　　　　　　　　　　表4-9

	已建区边界	适建区边界	限建区边界	禁建区边界	建设用地边界	中心城区增长边界	城市规划区边界
划定手段	以限制性要素为基础，结合地方相关法律法规来划定，具体范围宜依据相关部门资料综合确定				研究中心城区空间增长边界，与土地利用总体规划衔接	城市增长边界（UGB）分析技术	无明确规定
监察要求	尚不确定是否属于强制性内容管理要求				属于强制性内容	未明确	属于强制性内容
监察手段	城市总体规划实施评估				实施评估	未明确	实施评估

资料来源：作者根据《城市规划编制办法》及中国城市规划设计研究院环境所编《城市总体规划中四区划定和空间管制研究技术指南》等，整理、编绘。

城市总体规划管制区及其要求　　　　　　　　　　　　　表4-10

	已建区	建设用地范围	适建区	限建区	禁建区	城市规划区
管制要求	确定旧区改建原则	符合城市规划各类管制要求，主要是符合控规	符合城市规划各类管制要求，主要是符合控规	原则上禁止城镇建设，建设项目在控制规模、强度下经审查和论证后方可进行	严格禁止城镇建设及与限建要素无关的建设行为的地区	无
管制手段	规划许可	规划许可	规划许可	结合各部门综合管理	结合各部门综合管理	无

资料来源：作者根据《城市规划编制办法》及中国城市规划设计研究院环境所编《城市总体规划中四区划定和空间管制研究技术指南》等，整理、编绘。

　　b）"三区"划定技术

　　禁建区、限建区和适建区"三区"实质是对建设用地的空间管制区，可以视为传统的建设用地边界划定方式的一种延伸，为从单一边界到多重边界提供了弹性的可能；从单一建设主体的建设计划到面对多个建设主体的法规约束，提供了面向市场经济的方法。目前这一制度还在探索之中，包括从学术上对我国空间管制的认识（张京祥等，2000；韩守庆等，2004；郑文含，2005；宋志英等，2008；郝晋伟等，2012）以及针对分区管理方法的研究（郑文含，2005；孙斌栋等，2007；俞孔坚等，2010）等。

　　c）"四线"划定技术

　　城市总体规划在空间管制方面采用了以绿线、紫线、黄线、蓝线"四线"为代表的管制线技术，与以"三区"为代表的管制区在意图上一脉相承。"管制线"是在差异化空间分区管理的基础上，针对区域或中心城区范围内特别重要的管制对象以"画线"的方式明确标出的控制边界，在一定尺度内甚至可以明确"管制线"坐标，达到放线要求（郝晋伟，2011）。需要指出的是，"三区"和"四线"不是仅仅适用于城市总体规划尺度的技术，而是作为规划的强制性内容，在不同的尺度上提出有针对性的规划建设管理要求，是实现空间管制目标的重要手段（表4-11）。其中，"三区"更多地体现在省域、市域等宏观层面的管理控制上,"四线"则更多地体现在城市和具体地块的建设要求上。"三区"需通过城市规划体系,逐层逐级予以深化,最终落实到规划的控制线和对具体建设项目的规划许可上(李枫、张勤,2012)。

"三区"与"四线"划定的关系　　　　　　　　　　表4-11

层次		三区	四线
省域城镇体系		示意"三区"的基本范围;明确"三区"的基本类型和管制要求	
城市总体规划	市域	确定"三区"的范围及其边界的相对位置,提出空间管制的原则和措施	部分区域管制线,确定例如区域绿地的范围
	中心城区	划定"三区"和已建区,并制定空间管制措施	分层次布局,确定用地位置和范围,划定其用地控制界线,例如防护绿地、大型公共绿地等的绿线
控制性详细规划		确定"三区"的边界,明确规划控制条件和控制指标	用地位置和面积,划定城市基础设施用地界线,规定管制线范围内的控制指标和要求,并明确管制线的地理坐标
修建性详细规划			按不同项目具体落实城市基础设施用地界线,提出用地配置原则或者方案,并标明管制线的地理坐标和相应的界址地形图

资料来源:根据《城市规划编制办法》《城市绿线管理办法》《城市黄线管理办法》以及"李枫.'三区''四线'的划定研究——以完善城乡规划体系和明晰管理事权为视角 [J].规划师,2012"整理。

3)城市总体规划案例:天津市城市总体规划

(1)城市总体规划编制概况

1973 年全国城市规划座谈会后,天津市规划设计管理局成立。1974 年,天津市建委、科委、规划局等部门组织恢复城市总体规划编制工作。1976 年,受唐山地震影响,天津城市建筑等破坏严重。结合震后生产生活的恢复,为进一步修改完善总体规划,1978 年形成了《天津市城市总体规划纲要》,包括文本、图纸及 15 项专项规划,涵盖灾后居住生活设施建设、生产恢复计划、交通系统重建等多项内容。

1980 年,国务院要求天津市政府"必须首先搞好总体规划"。1986 年《天津市城市总体规划》上报国务院并获批复,规划期为 1986—2000 年。该规划确定了天津市"一条扁担挑两头"的城市总体布局结构,提出工业重点东移,以塘沽和天津港为依托,在海河下游建设工业区。自 1996 年起,由于正在执行的城市总体规划即将到期(2000 年),天津市组织了新一轮城市总体规划的编制,并于 1999 年获国务院批复,规划年限为 2010 年。该版规划明确了天津市作为环渤海地区经济中心的定位。2006 年,经过再次修编的天津市城市总体规划获国务院批复,将天津市的城市定位再次提高为北方经济中心。

（2）2006 年版城市总体规划的内容

《天津市城市总体规划》（2006 年批复版，以下简称"06 版总规"）于 2004 年启动编制，国家提出科学发展观和构建社会主义和谐社会的目标成为编制该版城市总体规划的背景。在这一时期，滨海新区发展迅猛，并纳入了国家战略。在规划内容上，1990 年《城市规划法》和 2006 年《城市规划编制办法》中要求的城市总体规划法定内容（城市的性质、发展目标和发展规模，城市主要建设标准和定额指标，城市建设用地布局、功能分区和各项建设的总体部署，城市综合交通体系和河湖、绿地系统，各项专业规划，近期建设规划、市域城镇体系规划、中心城区规划等）均有所体现。此外，该规划还涵盖了中心城区历史街区保护专题，并对滨海新区与中心城区的关系、滨海新区开发开放和用地布局等内容进行了专题研究。

"06 版总规"的规划期为 2005—2020 年，规划期末常住人口为 1350 万人（户籍人口 1100 万，外来常住人口 250 万），目标城镇化率为 90%，城镇建设用地为 1450km^2。"中心城市"的具体范围包括市内六区、环城四区、滨海三区，涵盖全市 18 个区县中的 13 个。"中心城市"总面积约占市域面积的 37%，其他外围 5 个区县被划为"近郊地区"，占市域面积的 63%。市域空间布局为"一轴两带三区"。"一轴"即联系北京、天津中心城区和滨海新区核心区的发展主轴，"两带"指市域内东部滨海城镇发展带和西部城镇发展带，"三区"指北部山区、中部河湖湿地、南部河湖湿地三片生态环境建设和保护区（图 4-8）。

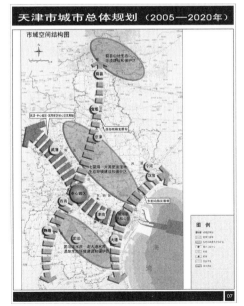

（a）天津市市域空间结构图

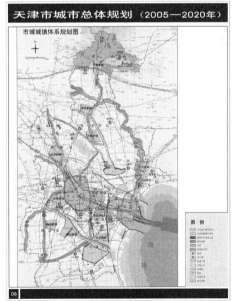

（b）天津市市域城镇体系规划图

图 4-8

资料来源：天津市城市总体规划（2005—2020）

（3）城市总体规划的实施

"06版总规"于2006年7月27日获批。但由于国务院于同年5月26日下发了《国务院关于推进天津滨海新区开发开放有关问题的意见》，将滨海新区的开发开放正式提升到国家战略的高度，因此，滨海新区被推上国家和区域发展的前台，吸引众多国家级重大项目爆发式地在滨海新区乃至天津市域内落户，对"06版总规"有较多突破（图4-9）。

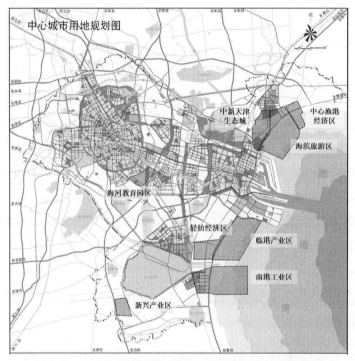

图4-9 2006年后部分新设立园区与总体规划布局关系示意图
资料来源：天津市规划院滨海分院

在滨海新区被提升为国家战略这一大背景下，面对纷至沓来的各类开发建设项目以及城市常住人口规模的激增，"06版总规"中的部分重要内容已难以指导天津市的城市建设和发展。此外，《天津市城乡规划条例》《天津市地下空间规划管理条例》《天津市城市规划管理技术规定》《天津市城乡总体规划修改管理暂行规定》《天津市规划控制线管理规定》等地方性法规于2008年后陆续实行，对"06版总规"的实施也产生了较大的影响。此外，2008年天津市成立市重点规划编制工作指挥部，由主管副市长任总指挥，规划、国土、建设主管部门负责人任副总指挥。天津市城市总体规划的修编被列为指挥部重点项目之一，一方面提高了规划实施过程中的部门参与程度，但另一方面也制约了"06版总规"的执行。

2. 控制性详细规划

1）控制性详细规划的职能与法定化

2007 年颁布的《城乡规划法》明确了控制性详细规划是以划拨、出让的方式提供国有土地使用权，核发建设用地规划许可证，提出出让地块的位置、使用性质、开发强度等规划条件的依据（第三十七、三十八条）。这标志着控制性详细规划被正式纳入了法定规划的范畴。同时，2010 年颁布的《城市、镇控制性详细规划编制审批办法》的第三条也明确规定了控制性详细规划的地位与作用，即："控制性详细规划是城乡规划主管部门做出规划行政许可、实施规划管理的依据。国有土地使用权的划拨、出让应当符合控制性详细规划。"

虽然控制性详细规划已被纳入法定规划的范畴，但在法律地位上，控制性详细规划并非直接对规划区内的开发建设活动构成法律约束，而仅仅是依法进行规划管理与行政许可时的法定依据或"法定羁束依据"（赵民，2009）。对城市开发建设活动的法律约束实质上是通过行政许可进行的。从行政许可的分类来看，城市规划是一种对于城市土地等稀缺资源的配置手段，在行政许可中属于"有限自然资源开发利用、公共资源配置以及直接关系公共利益的特定行业的市场准入等需要赋予特定权利的事项"的内容。具体而言，就是由我们所熟知的"两证一书"形成对城市开发建设活动的法律约束。此外，控制性详细规划的审批权限被赋予了同级政府，而不需经过人大或人大常委会的审议。所以，与城市总体规划相比较，其内容呈现出较弱的法律效力。

由此可见，虽然控制性详细规划在法律层面被列入城乡规划法，但是其本身并不具备直接约束城市开发建设活动的法律效力，在管理流程中间存在行政许可这一转化过程，并且审批程序上存在法律效力较弱的问题。这一状况也折射出转型期控制性详细规划在立法体系中较为模糊的地位，有意无意地扭曲了立法的根本意图。

2）控制性详细规划的技术内容

由于 1990 年代开始的不断探索与改革，控制性详细规划在技术层面的讨论较为丰富，其技术也得到了不断完善。关于控制性详细规划的技术，各地相继出台了地方性的技术管理规定，开展了各种规划技术方面的探索。例如北京市针对新城开发建设出台了《新城控制性详细规划（街区层面）编制技术要点》和《新城控制性详细规划（地块层面）编制技术要点》两项技术性文件。其他主要城市也都颁布了相应的技术性文件，例如上海的《上海市控制性详细规划技术准则》，深圳的《深圳市城市规划标准与准则》，广州的《广州市城乡规划技术规定》等。各地技术管理规定所涉及的内容、覆盖范围与控制方式均有所区别，控制性详细规划的技术趋于多样化，主要包括：各类用地与其基准容积率、建筑密度、绿地率的控制指标体系；土地混合使用与各类用地类型间的相互兼容性体系；以北京、上海为代表的"街区—地块"分层控制方式；监测调整与动态维护全过程机制等。这些内容共同形成了具有各地特点的较为丰富的控制性详细规划技术体系。但是，由于控制性详细规划仍残留了部分计划经济色彩以及部分控制性详细规划对城市未来发展提出了过于严苛或不切实际的约束要求，在实践中往往与市场的需求存在一定的矛盾。如何构建适应社会经济需求和发展的控制性详细规划技术是转型期规划技术变革的重要方向。

3）控制性详细规划的实施管理

控制性详细规划的整个流程主要包括编制、审批、修改、实施四大阶段。其中编制、审批、修改三项都在2010年颁布的《城市、镇控制性详细规划编制审批办法》中有明确规定，即采用"本级政府城乡规划主管部门负责编制，修改，本级政府审批"的管理方式（非中心镇需要报上级政府审批），并在这一过程中进行草案公示和专家评审。在各地政府运用控制性详细规划的实践中也形成了符合此规定的较为成熟的编制、审批和修改管理程序（图4-10）。

相对于此，控制性详细规划的实施管理在全国层面上并未形成统一的标准程序，通常作为行政许可和规划管理的法定依据，但并非唯一的依据。通常依据控制性详细规划进行行政许可，需要通过"规划条件"进行转换。但对这一转换过程的管理是十分模糊的，尚不存在统一的运作规范和技术标准，一般主要通过项目审批的方式完成。也就是说，虽然在管理程序上有法可依，但在实际操作过程中，地方政府、城乡规划主管部门乃至经办人员都有较大的自由裁量权。因此，在控制性详细规划的实施管理方面，缺乏明确的操作规范、技术标准以及有效的监督，需要在构建城市规划体系的过程中不断完善。

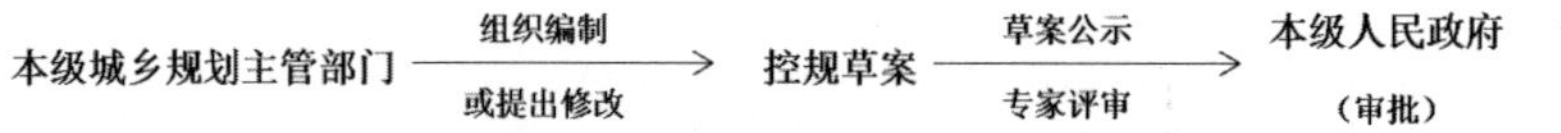

图 4-10　控制性详细规划编制、审批、修改流程示意图
资料来源：昆明市规划局

4）控制性详细规划编制案例：昆明市

（1）控制性详细规划的编制概况

《昆明主城55分区控制性详细规划》的主体内容于2007年编制完成，涵盖主城55个分区，约450km²（图4-11）。

（2）控制性详细规划的内容

昆明市55个分区的控制性详细规划的编制采取每个分区逐一编制的方法。每个分区的控制性详细规划均需要市规划委员会审议通过。以单个分区的控制性详细规划编制

图例

图 4-11 昆明市主城 55 个分区控制性详细规划合图
资料来源：http://www.kmghj.gov.cn/articledetails.aspx?id=2121

为例，其内容主要包括功能定位、土地利用、道路系统、景观系统、公共设施、市政设施和文物及建筑保护等共计 7 个方面。但其中并不包括对开发建设的强度控制、建筑形态控制等控制指标。从 55 个分区的控制性详细规划的整体内容来看，以 2012 年录入昆明市规划管理系统的内容为例，其中约 89% 的控制性详细规划覆盖面积没有完整的约束性指标或指导性城市设计内容，而具有完整指标的部分均为已建设用地（表 4-12）。

2012年昆明市控制性详细规划入库情况统计表　　　　　　表4-12

	仅有规划用地性质的内容	有规划用地性质和指标体系的内容	合计
覆盖面积	393.6km^2	48.7km^2	442.3km^2
所占比例	89%	11%	100%

资料来源：昆明市规划局

（3）控制性详细规划的法律地位与实施成效

55 个分区控制性详细规划通过规划委员会审议后，依照《城市、镇控制性详细规划编制审批办法》第十二条的规定进行了公示，并征求专家和公众的意见。但在之后相当长的一段时间内并未获得市政府正式批复的文件。这表明《昆明主城 55 分区控制性详细规划》仍处于草案状态。从法理上讲，对于城市开发建设和规划管理并不具备约束效力。

那么，内容不完整、未通过审批的控制性详细规划的实施成效是怎样的？政府又是通过何种手段去管理城市建设活动的呢？2007年《城乡规划法》第三十八条规定了规划条件是以出让方式获得国有土地使用权的必需条件，而规划条件地给出要以控制性详细规划为依照。但现实中，内容不完整、未通过政府批复的控制性详细规划草案在实际的执行过程中仍是给出规划条件的重要参照之一。正是由于其内容不完整，所以控制性详细规划主要被用来标定意向出让用地的期望性使用性质。这种给出的期望性用地性质成为政府与开发商博弈的起始条件，但博弈的最终结果，也就是最终确定的用地性质被列入规划条件之中，与最初的用地性质并不能始终保持一致。就昆明市而言，控制性详细规划（或草案）并未形成对开发建设活动的实际约束力，而作为国有土地使用权出让合同组成部分的规划条件，才是真正管理城市建设的手段。

（4）规划条件的制定

规划条件的全称是"规划设计条件"。1992年建设部颁布的《城市国有土地使用权出让转让规划管理办法》第五条规定："出让城市国有土地使用权，出让前应当制定控制性详细规划。出让的地块，必须具有城市规划行政主管部门提出的规划设计条件及附图。"由此来看，规划条件的原本作用是一种规划主管部门对土地使用权出让活动进行规划管制的方式。然而，也有少数学者认为规划条件是"用以规范和限制国有土地开发利用，限定建设单位在进行土地使用和建设活动时必须遵循的基本准则"（张舰，2012）。这说明规划条件在当前背景下从对土地使用权出让活动的管理手段演变为对土地使用和建设活动的管理手段。昆明市的现实情况也是如此。规划管理部门在土地出让前给出规划设计条件，开发商也必须遵守土地出让合同中规划条件的约定，规划条件更多地代替了控制性详细规划的作用，成为对建设活动实施规划管制的直接依据。

昆明市规划管理中的规划条件主要包括：地块位置、编号、名称；各类用地的用地性质、面积，净用地的容积率、建筑密度、绿地率、建筑高度、地下空间、停车泊位，住宅、公共设施配建要求以及其他要求。这些规定内容与1992年《城市国有土地使用权出让转让规划管理办法》第六条所规定的内容基本相同，但远多于目前控制性详细规划（草案）所包含的信息。虽然理论上规划条件以控制性详细规划为依据，但是从控制性详细规划到规划条件的转化却并非完全对应。例如昆明市的控制性详细规划（草案）并没有给出容积率指标，并且决定各项开发建设管制要素的决策程序也以规划条件为核心展开（图4-12、图4-13）。

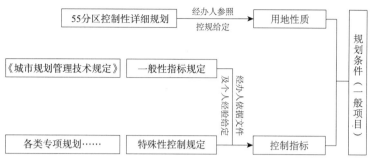

图4-12 确定一般项目规划条件的流程

资料来源：昆明市城市规划管理技术规定

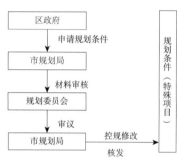

图4-13 确定特殊项目规划条件的流程

资料来源：昆明市城市规划管理技术规定

（5）规划管理

在规划管理方面，昆明市城市规划委员会为法定官方规划审议机构，下设四个由专家组成的专业委员会。市长任城市规划委员会主任，副市长、副秘书长任副主任，各区（县）长、局长、总规划师任委员。会议决策组成人员全部为各级政府或机关单位的公务员，人员构成较为单一。虽然《昆明市城乡规划条例》只赋予了城市规划委员会审议权，然而，从其主要成员中我们不难发现，由于在我国的现行体制下城乡规划主管部门要服从上级领导的指示，因此实际的权力博弈和主要决策均集中在城市规划委员会。城乡规划主管部门主要扮演执行者的角色。在实际操作过程中，城乡规划主管部门需要依照城市规划委员会会议上的会议纪要作出具体的决策。

虽然《昆明市城乡规划条例》规定城市规划委员会仅对重大事项进行审议，但事实上，城市规划委员会审议的内容几乎涵盖了城市建设的方方面面。除极小型的公共设施建设、建筑外立面的修缮与维护外，其他相关事项均需要通过城市规划委员会的审议。

3. 修建性详细规划

1）修建性详细规划的历史沿革

自1984年我国城市规划走上法制化道路至今，修建性详细规划始终作为我国法定规划体系中的一个组成部分（李江等，2009），成为城市、镇详细规划的一个具体类型。伴随着我国经济体制的变革，修建性详细规划也经历了一个发展过程。

（1）计划经济下政府为建设主体的时期

在计划经济体制下，政府是城市建设的主体，修建性详细规划是城市总体规划的细化，是落实政府各项城市建设计划的载体和依据。1984年《城市规划条例》将城市规划分为总体规划和详细规划两个阶段，提出"城市详细规划应当对城市近期建设区域内，新建或改建地段的各项建设做出具体布置和安排，作为修建设计的依据"。在当时，控制性详细规划尚未出现，"详细规划"的内容即是目前修建性详细规划的内容。

（2）面向市场经济转型的详细规划分型时期

1991年《城市规划编制办法》中首次正式出现了"修建性详细规划"一词。此时正值我国城市土地市场初步建立，在经过一段时间的孕育后，控制性详细规划应运而生，首次出现在部门规章中。"修建性详细规划"一词很大程度上是用来区别同属于详细规划的"控制性详细规划"的。在控制性详细规划诞生后，伴随着控制性详细规划及与之相配套的城市设计被大量应用于规划管理实践，修建性详细规划的编制不断减少，地位不断被边缘化。

2）修建性详细规划的技术

2006年《城市规划编制办法》明确规定了修建性详细规划所包含的内容，其成果形式包括规划说明书和图纸，具体如下：

（1）建设条件分析及综合技术经济论证；

（2）建筑、道路和绿地等空间布局和景观规划设计，布置总平面图；

（3）对住宅、医院、学校和托幼等建筑进行日照分析；

（4）根据交通影响分析，提出交通组织方案和设计；

（5）市政工程管线规划设计和管线综合；

（6）竖向规划设计；

（7）估算工程量、拆迁量和总造价，分析投资效益。

这些技术性内容在修建性详细规划的前身——详细规划诞生之日起就已基本存在，并未随时代的变迁和规划名称的改变而变化。修建性详细规划的技术较为典型地体现出了计划经济体制下，城市规划将国民经济和社会发展计划具体落实到城市建设中去的技术工具特征。

3）修建性详细规划的问题

1991年控制性详细规划出现之后，尤其是2007年《城乡规划法》颁布实施之后，修建性详细规划在城市规划管理中的作用日益减弱。一方面，规划编制任务委托的数量不断下降；另一方面，政府主导编制的修建性详细规划大多成为招商引资的宣传工具，多半仅是起到"墙上挂挂"的作用（李晖，2008）。在城市规划管理实践中，修建性详细规划的问题主要体现在以下三点：

（1）修建性详细规划的编制主体不明确

城市规划作为公共政策，理论上，其编制主体应当是政府。然而，修建性详细规划却处于一种特殊的地位。2007年《城乡规划法》第二十一条提出"城市、县人民政府城乡规划主管部门和镇人民政府可以组织编制重要地块的修建性详细规划"，并在第四十条中提出"申请办理建设工程规划许可证……需要建设单位编制修建性详细规划的建设项目，还应当提交修建性详细规划"。这就形成了对由不同编制主体编制的修建性详细规划的区别对待。实践中，两种修建性详细规划的作用、适用情形、技术要求也因此有所区别。前者作为城市重要地块的建设引导意向，由政府编制，侧重于综合性考量和引导；而后者作为规模较大的综合性项目申请建设工程规划许可证的环节，由建设单位编制，侧重于工程的可实施性以及其中的利益诉求。

（2）修建性详细规划编制主体与建设主体不一致

需要由政府组织编制修建性详细规划的地区一般为城市的重要地段，例如新城中心区、历史地段乃至重要的景观风貌地区。这些地段或地区类型多样，对规划的技术要求也不尽相同。这些地块在规划编制时往往尚未明确建设主体，有些规划的规划范围还比较大，并且最后一般会有多家建设主体进行建设。这使得修建性详细规划的编制深度和技术要求变得更高。一方面，修建性详细规划方案是一种静态蓝图式的规划，规划成果显示的往往只是众多发展可能中的某一种。如果以政府单方面意向作为依据进行城市规划管理，有悖于政府管理公共事务的原则。另一方面，依据法规规定，修建性详细规划应对规划范围内的建筑物布局、道路、工程管线等具体的工程建设内容作出布局和安排，但由政府组织编制的城市重点地段修建性详细规划通常达不到上述深度。因此，大量由政府组织编制的修建性详细规划仅仅是一种对未来城市空间布局的研究，有时甚至只是用来进行招商的宣传材料（图4-14）。

（3）修建性详细规划管理的地位尴尬

2007年《城乡规划法》对于修建性详细规划的审批与修改未作明确要求。在实践层面，在由项目建设单位主导的一般性市场化项目中，修建性详细规划通常被用作总平面设计方案的报批版。随着市场经济改革的不断深入，特别是土地出让相关制度的不断完善，控制性详细规划在城市规划管理中的重要性凸显，由此所形成的核心地位也越发突出。相比较而言，同属于详细规划的修建性详细规划的地位越加尴尬。相对于各地政府近年来开展的控制性详细规划编制的"全覆盖"要求，修建性详细规划的编制立项逐渐成为地方城乡规划主管部门自行决定的非强制事项。

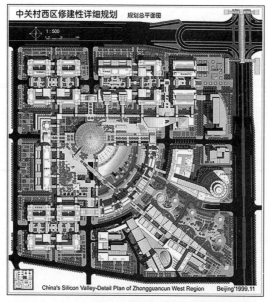

图 4-14 中关村西区修建性详细规划功能分区图

资料来源：尹稚 . 21 世纪社区建设的典范——《中关村西区修建性详细规划》实施方案 [J]. 北京规划建设，2000.

4）修建性详细规划的编制审批案例

现以某省会城市所采用的修建性详细规划的编制与审批流程以及其中某个地段的实际规划内容为例，说明修建性详细规划的编制与审批。

（1）修建性详细规划的编制审批流程

修建性详细规划的编制成果报本级规划管理部门审定，并进行相关部门意见征集、专家评审和向公众公开。依据意见修改或无意见后，报市规划局领导批准后审定并公布。修改修建性详细规划的过程与审批程序相同，并采用公示、听证会等形式，听取利害关系人的意见，因修改造成损失的将给予补偿（图 4-15）。

（2）修建性详细规划的主要内容

修建性详细规划的内容主要包括：对用地范围内各类性质用地的分析和评价、建筑空间布局、绿化配置、交通组织、市政基础设施、公共服务设施、管线综合、竖向设计、建设时序、

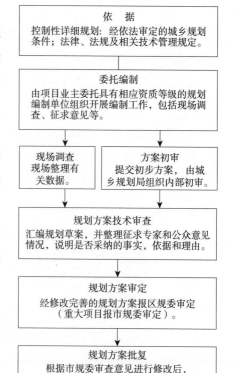

图 4-15 某省会市修建性详细规划编制、审批流程

资料来源：作者根据相关资料编绘。

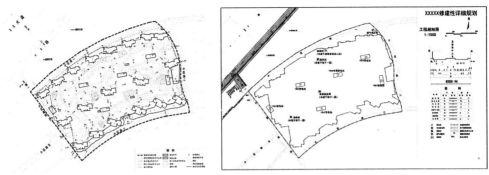

图4-16 某小区修建性详细规划总平面图（左）及工程规划图（右）
资料来源：作者根据某小区修建性详细规划编绘。

建筑保护以及经济测算等。编制深度通常达到表达具体建筑物的深度（图4-16）。编制修建性详细规划时，还需确定各项规划指标和经济指标、所涉及具体配套公共设施的空间范围以及指标（表4-13、表4-14）。通过修建性详细规划方案确保建设项目符合规划条件和控制性详细规划等上位规划的规定，便于规划管理部门开展具体的审批工作，是当前修建性详细规划的重要作用。

修建性详细规划用地平衡表（格式） 表4-13

	项目	面积（m²）	百分比（%）	人均面积（m²/人）
	规划可用地	××××	××	××
1	住宅用地	××	××	××
2	公建用地	××	××	××
3	道路用地	××	××	××
4	公共绿地	××	××	××

资料来源：作者根据某小区修建性详细规划编绘。

4. 小结

从以上内容可以看出，我国的城市规划技术体系主要围绕城市总体规划、控制性详细规划及修建性详细规划这三种法定规划展开。一方面，这一规划技术体系继承了1949年之后规划技术发展成果的积累，坚持以总体规划为核心，将城市发展的主要诉求和重大建设项目以及政府的公共政策表达置于其中；以详细规划作为落实总体规划的具体手段和载体；但同时也根据社会经济环境的变化和需求，在法定规划框架中及时增添了不同类型的规划技术工具，例如控制性详细规划。同时，围绕法定规划这一核心，在不同时期对区域性规划（城镇体系规划）、分区规划、城市设计等内容也有所侧重和加强，从而使城市规划技术体系实现了从区域、市区到地块的不同尺度、规模的覆盖和分工，同时也承载了从战略性、规范性到修建性的不同规划职能和定位。

修建性详细规划主要技术经济指标表（格式）　　表4-14

项目		单位	数值
规划总建筑面积		万 m^2	××
1.地上总建筑面积		万 m^2	××
其中	住宅建筑面积	万 m^2	××
	配套公建建筑面积	万 m^2	××
2.地下总建筑面积		万 m^2	××
其中	地下车库及储藏室建筑面积	万 m^2	××
	市政设施地下建筑面积	万 m^2	××
容积率		—	××
建筑密度		%	≤××
居住人口		人	××
居住户数		户	××
人口毛密度		人/hm^2	××
平均每户建筑面积		m^2/户	××
日照间距		L/W	××
绿地率		%	≥××
停车泊位		个	××
其中	地上停车泊位	个	××
	地下停车泊位	个	××
地面停车率		%	××

资料来源：作者根据某小区修建性详细规划编绘。

　　另一方面，与我国的政治与行政管理体制相适应，城市规划技术体系具有很强的纵向传导性。从全国、省域城镇体系规划到市县的城市总体规划，层层传递的政策及管制意图较为明确。在计划经济体制下，这种纵向传导是通过对上位规划中的指标逐一分解，一直传导至修建性详细规划，并得以落实的。但在面向市场经济体制的转型过程中，控制性详细规划的出现和随之产生的修建性详细规划的边缘化造成规划技术体系在上位规划意图的传导与面向市场的合法性、灵活性之间不断摇摆探索。总体而言，这种以规划技术体系为载体，实现体系内规划意图纵向传导的程度出现了趋弱的倾向，但仍存在反复。

4.1.3　中国的城市规划管理体系

1.城市规划行政管理机构的设置

1）城市规划管理机构的纵向设置

　　《中华人民共和国城乡规划法》第十一条对城乡规划管理的行政主管部门作出了明确规定："国务院城乡规划行政主管部门负责全国的城乡规划管理工作。县级以上地方人民政府城乡规划行政主管部门负责本行政区域内的城乡规划管理工作。"由此可以看出，行使城市规划管理权的法定行政主管部门是从属于同级别中央或地方政府的职能部门。在市县政府中，其机构设置的级别与城市的级别相适应。我国市的建制较为复杂，有中央直属的直辖市，有副省级的省会或自治区首府的市，有地级市也有县级市，甚至开始试点镇级市。各级政府城乡规划行政主管部门的机构设置如表4-15所示。

各级政府中城乡规划行政主管部门的机构设置   表4-15

中央和地方政府	国务院	县级以上地方人民政府							
		省政府	市政府						县政府
			中央直辖市	副省级城市	地级市	经济特区市或计划单列市	县级市	市辖区政府	
城乡规划行政主管部门	住房和城乡建设部	住房和城乡建设厅	城市规划局				城市规划局或住建局	区规划分局	城市规划局或住建局

资料来源：作者自绘。

作为中央政府部委的住房和城乡建设部承担规范住房和城乡建设管理秩序的责任。主要包括：负责起草住房和城乡建设相关的法律法规草案，并制定部门规章；拟订有关城乡规划的政策和规章制度；会同有关部门组织编制全国城镇体系规划；负责国务院交办的城市总体规划、省域城镇体系规划的审查报批和监督实施；参与全国土地利用总体规划纲要的审查；拟订住房和城乡建设的科技发展规划和经济政策等。

设于省级政府中的住房和城乡建设厅主要承担该省内的城乡规划监督管理责任。主要包括：指导全省城乡规划的编制、实施和管理工作；拟订城乡规划的政策和规章制度；会同有关部门组织编制省城镇体系规划；负责省政府交办的城市总体规划、城镇体系规划的审核报批和监督实施；参与省土地利用总体规划的审核；指导省内城市地下空间的开发利用等。

设于地级市政府中的城市规划局负责统筹全市的城乡规划工作。主要包括：负责区域规划的协调，开展城乡与地区发展战略规划的研究和谋划；负责具体组织该市城市总体规划、详细规划和历史文化名城保护规划的编制和修改；负责该市城市设计的编制和管理；承担管理和指导全市各类建设项目规划实施的职责；负责组织对全市城乡规划实施的监督检查，纠正或者撤销违反城乡规划法律、法规和城乡规划的行为；指导、推进和监督各区村镇规划编制和管理工作。

地级市所属区的城市规划局作为市规划局的派出机构，负责所在行政辖区内市局规划事权范围以外的"一书三证"的核发及违法建设定性；负责所在行政辖区内全部乡村建设规划许可证的核发和规划验收；配合开展规划编制和规划研究的现状调查、前期研究及市局要求的其他相关基础工作。

县级市或县级政府的城市规划局一方面接受地级市规划局的业务指导，同时也在本辖区内开展与地级市类似的城乡规划管理工作。

2）规划管理机构的横向设置

除城市规划管理系统本身外，政府中还有许多其他部门参与对城市空间的管理。在我国各行政部门条块分割的现行体制下，各个行政部门均形成了"自上而下"的垂直管理体系。出于集权式管理的需要和计划经济时代传统的延续，许多行政部门采用了逐层编制计划，自上而下分配指标的办法，呈现出较为典型的"纵向集权、横向分权"的格局。由于各个行政部门出台的专项规划通常或多或少与空间布局有着联系，因此时而造成我国城市空间管理中的政出多头和混乱无序。

3）城市规划局的内部机构设置

城市规划局的内部机构设置一般由业务部门、后勤保障部门和技术服务部门所组成，设区的城市一般会在区一级设置作为派出机构的规划分局（图4-17）。

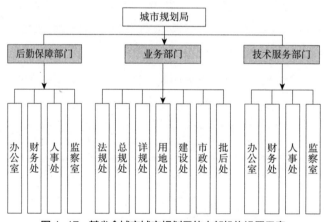

图4-17　某省会城市城市规划局的内部机构设置示意
资料来源：作者根据相关资料编绘。

4）城市规划局的管理职能

作为城乡规划主管部门的城市规划局是地方政府的职能机构，负责本行政区域内的城乡规划管理工作。城市规划局的规划管理职责如表4-16所示。

在地方的城市规划管理实践中，城市规划局通常在规划管理中扮演着运动员和裁判员的双重角色。从组织规划编制、规划的审查审批直到规划的实施管理，城市规划的管理权限主要集中在城市规划局。为了约束城市规划局的权力，多数城市成立城市规划委员会作为决策机构，成为城市规划管理过程中的实权机构。

城市规划局的规划管理职能一览表 表4-16

规划管理类型		职能内容		备注
管理类型	管理内容	职责/权力类型	具体内容	
制定城乡规划	组织编制管理	组织编制及修改城乡规划	城市总体规划	受市政府委托
			近期建设规划	受市政府委托
			城市控制性详细规划	
			重要地块修建性详细规划	
		配合编制专项规划	有关行业专项规划	
	审查审批管理	审查城乡规划	城市控制性详细规划	
			有关行业专项规划	
			下一级政府所在地镇的总体规划	
		审批城乡规划	审定重要地块修建性详细规划	
			审定建设工程设计方案	
		城乡规划备案	下一级政府所在地镇的控详规	
实施城乡规划	项目许可管理	核发及变更行政许可	《建设项目选址意见书》	
			《建设用地规划许可证》	
			《建设工程规划许可证》	
			《乡村建设规划许可证》	
			《临时建设工程规划许可证》	
实施城乡规划	项目许可管理	核定及变更非行政许可	《建设项目规划条件》	
			城市基础设施配套费及其减免	代政府及其他部门收取
	规划实施的监督管理	批后管理	建设过程监督	
			《规划核实意见书》	
		违法建设查处	责令停止建设、责令限期拆除	
		行政复议	行政许可的具体事项	

资料来源：作者根据相关资料编绘。

5）城市规划委员会

表4-17列出了国内主要城市的城市规划委员会的机构性质和人员构成等概况。从中可以看出，大多数城市的城市规划委员会在机构性质上属于法定常设官方机构，对城市规划拥有决策权。城市规划委员会的人员构成以公务员和专家为主，公务员委员的任期与政府任期保持一致。其主要职能为协调和审议，决策方式以集体决策为主。城市规划委员会的工作地点一般也设在城市规划局内，办公室主任通常由城市规划局局长兼任，工作经费列入城市规划局的年度部门预算。由此可见，城市规划委员会已经成为进行城市规划决策的实质性机构，城市规划局则成为规划决策的执行者（表4-17）。

国内部分城市的城市规划委员会概况一览表　　　　　表4-17

城市	机构性质	是否有决策权（控规）	人员构成	主要功能	决策方式	工作机构	办公机构地址	会期	经费来源	主要负责人	工作机构负责人	成员数量	成员产生	任期
北京	法定非常设官方机构		公务员	审定，协调		办公室	北规委			书记	北规委主任		政府任命	与政府任期一致
上海	法定非常设官方机构	审议权	公务员委员，专家委员	协调，咨询	讨论后主任决定	办公室	规划局	不定期	无独立经费	市长	规划局长	12人	政府任命	
深圳	法定非常设非官方机构	审批权（终审权）	公务员，专家，社会人士	决策，咨询	2/3以上多数表决通过	秘书处	规划局	每季度一次	无独立经费	市长	规划局长	29人	政府任命与聘任	5年
广州	法定常设非官方机构	审议	政府委员、专家和公众代表	审议，咨询，建议	2/3以上	办公室	规划局	每月各召开一次	列入市规划局年度部门预算	市长	秘书长：市规划局局长	不少于21人	推选、市政府聘任	与政府换届同步
昆明	法定常设非官方机构	审议权（终审权在市政府）	公务员委员，专家委员	审议咨询	书记或市长	办公室	规划局	不定期	政府拨款	书记或市长	规划局长	13人	政府任命与聘任	与政府任期一致

资料来源：作者根据相关资料编绘。

2. 城市规划编制的管理

1）城市总体规划的编制、审批及修改

《中华人民共和国城乡规划法》第十四条规定："城市人民政府组织编制城市总体规划"，并在城市总体规划分级审批的原则下，对不同等级城市的城市总体规划的审批程序进行了规定。表4-18列出了不同等级城市的城市总体规划编制主体和审批主体。

在实际工作中，作为城乡规划主管部门的城市规划局代表城市政府组织城市总体规划的编制或修改工作。通常，编制城市总体规划的任务由城市规划局下属的单位——城市规划设计院承担或联合承担。以某省会城市为例，城市总体规划的组织编制和审批上报的程序如图4-18所示。

城市总体规划分级审批表 表4-18

城市类型	城市级别	组织编制单位	审查单位	审批单位
直辖市	省级市	市政府	无	国务院
省、自治区人民政府所在地的城市	副省级市、地级市		省、自治区政府	国务院
国务院研究确定的城市	地级市			
其他城市	地级市		无	省、自治区政府
	县级市	县政府	无	市政府

资料来源：作者根据相关资料编绘。

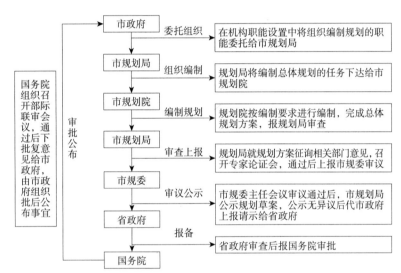

图4-18 某省会城市城市总体规划的编制和审批程序流程图
资料来源：作者根据《昆明市城市规划管理技术规定》编绘。

2）城市近期建设规划的编制、审批及修改

《中华人民共和国城乡规划法》第三十四条规定："城市、县、镇人民政府应当根据城市总体规划、镇总体规划、土地利用总体规划和年度计划以及国民经济和社会发展规划，制定近期建设规划，报总体规划审批机关备案……近期建设规划的规划期限为五年。"城市近期规划是为实施城市总体规划而服务的，而且应该辅助完成该市的国民经济和社会发展规划目标。城市近期规划的组织编制、审批及修改的程序与城市总体规划一致，但其规划成果不需审批，只需备案，因而在实际规划管理活动中主要起到安排近期建设用地和重大项目的作用。

3）控制性详细规划的编制、审批及修改

《中华人民共和国城乡规划法》第十九条规定："城市人民政府城乡规划主管部门根据城市总体规划的要求，组织编制城市的控制性详细规划，经本级人民政府批准后，报本级人民代表大会常务委员会和上一级人民政府备案。"以某省会城市为例，城市

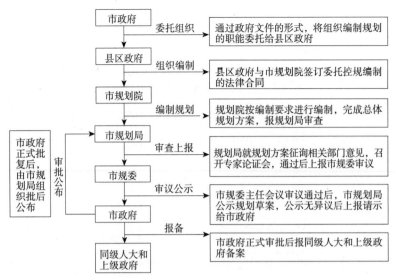

图 4-19 某省会城市控制性详细规划的编制和审批程序示意图

资料来源：作者根据《昆明市城市规划管理技术规定》编绘。

控制性详细规划的组织编制和审批上报的程序如图 4-19 所示。对于大部分发达地区而言，城市政府财力充裕，控制性详细规划的编制大多由城市政府主导，城乡规划主管部门具体组织编制。但对于欠发达地区，通常城市政府的财力不足，组织编制城市控制性详细规划的工作大多会下放到下辖的区政府。控制性详细规划的修改一般分为技术性调整和非技术性调整两种情况，前者的修改程序简单，而且是否可以进行修改的决策权通常在城市规划局而非市政府手中。在城市规划管理实践中，修改控制性详细规划的申请呈现渐多的趋势。这一方面是因为城乡规划法将控制性详细规划定位为规划许可的唯一法定依据，项目利益博弈的焦点往往会转移至控制性详细规划的修改阶段，另一方面在于控制性详细规划本身也存在一定的局限性，规划在实施过程中的可操作性往往成为争议的焦点。

4）修建性详细规划的编制、审批及修改

《中华人民共和国城乡规划法》第二十一条规定："城市、县人民政府城乡规划主管部门和镇人民政府可以组织编制重要地块的修建性详细规划。"但在大多数城市，对城市重要地块的界定一般由城市规划局在审批具体建设项目时进行判断。也有部分城市对城市重要地块进行了明确界定，国内部分城市确定的重要地块类型和标准如表 4-19 所示。

从表 4-19 中可以看出，城市重要地块是最能表达城市意象的景观节点、景观轴线和景观核心地区，是识别城市整体形态的重要元素。因此，这些地区的修建性详细规划或城市设计的编制就显得格外重要。除了对城市重要地块编制修建性详细规划以外，一些城市还要求综合类建设项目需要先行编制修建性详细规划才能进行建筑单体

国内部分城市对重要地块的界定一览表　　　　　表4-19

城市	文件类型	文件名称	重要地块界定
上海市	部门文件	关于加强城市重点地区建筑夜景灯饰照明有关规划管理要求的通知	1.航道、河道两侧； 2.城市中轴线两侧、城市分区核心区； 3.内环路内主要道路两侧及路口，对外交通站点及机场周边、高速路两侧及出入口； 4.城市广场、公园和风景名胜区周边； 5.城市标志性建筑物周边
广州市	城市规划	绿线规划、城市设计	1.生态脆弱地段和生态区位重要地区； 2.城市设计节点地区
成都市	规范性文件	成都市规划管理技术规定（2014）	1.中央商务区及城市副中心核心区； 2.火车站、地铁站周边； 3.历史文化保护区； 4.风景名胜区； 5.规划确定的城市重要节点
昆明市	草案	昆明城市规划管理技术规定（2010中间稿）	1.城市核心功能区，包括中央CBD、次级CBD、新区中心 2.城市重要风貌景观区： ①老城传统风貌区，包括传统城市中轴线和历史文化区； ②新城中央景观轴； ③滇池沿岸及入滇河道沿线； ④城市重要道路及对外高速路两侧

资料来源：作者根据相关资料编绘。

的审批，例如大型居住区、学校、科研机构、医院、工业类项目的新建和改扩建等。

　　城市重要地块的修建性详细规划一般由属地政府或城市规划局组织编制，报城市规划委员会审议批准。重要地块内的各项目建设单位依据批准的修建性详细规划向城市规划局申报规划许可。综合类建设项目的修建性详细规划则由项目建设单位组织编制，报城市规划局审批，或先报城市规划委员会审议通过后由城市规划局审批。综合类建设项目的修建性详细规划一经审批通过，可作为建设项目本身或其中部分建设申报"建设工程规划许可证"的依据。

　　3. 建设项目的规划管理

　　《中华人民共和国城乡规划法》第三十六条至第四十一条对城市规划局核发《选址意见书》《建设用地规划许可证》《建设工程规划许可证》和《乡村建设规划许可证》（简称"三证一书"）的行政审批事项进行了规定（图4-20）。

　　1）建设项目选址意见书的行政审批

　　《中华人民共和国城乡规划法》第三十六条规定："按照国家规定需要有关部门批准或者核准的建设项目，以划拨方式提供国有土地使用权的，建设单位在报送有关部门批准或者核准前，应当向城乡规划主管部门申请核发选址意见书。"此类项目一般

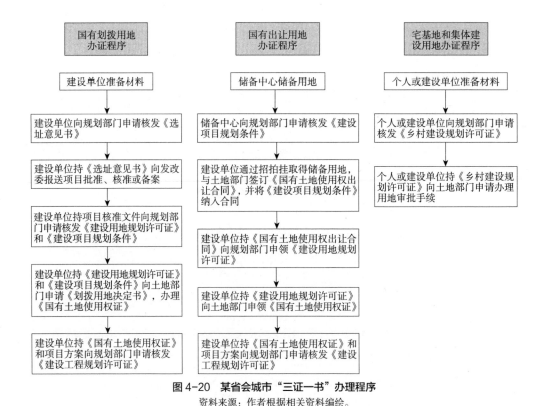

图 4-20　某省会城市"三证一书"办理程序

资料来源：作者根据相关资料编绘。

是指新增用地中的划拨类项目，具体的建设项目目录由国家发改委在《政府核准的投资项目目录》中予以确定。"建设项目选址意见书"最终以证书加附图的形式核发给建设项目的申请人，用以明确建设项目选址的具体位置、总用地规模和净用地规模等。建设项目选址意见书的具体核发程序如图 4-21 所示。

　　2）核定规划条件的行政审批

　　《中华人民共和国城乡规划法》第三十八条规定："在城市、镇规划区内以出让方式提供国有土地使用权的，在国有土地使用权出让前，城市、县人民政府城乡规划主管部门应当依据控制性详细规划，提出出让地块的位置、使用性质、开发强度等规划条件，作为国有土地使用权出让合同的组成部分。未确定规划条件的地块，不得出让国有土地使用权。"第三十九条规定："规划条件未纳入国有土地使用权出让合同的，该国有土地使用权出让合同无效；对未取得建设用地规划许可证的建设单位批准用地的，由县级以上人民政府撤销有关批准文件；占用土地的，应当及时退回；给当事人造成损失的，应当依法给予赔偿。"由此可见，新增出让用地的规划条件已经成为签署国有土地使用权出让合同的必要条件，同时受到合同法的约束。核定"建设项目规划条件"的办件流程与"建设项目选址意见书"基本相同。

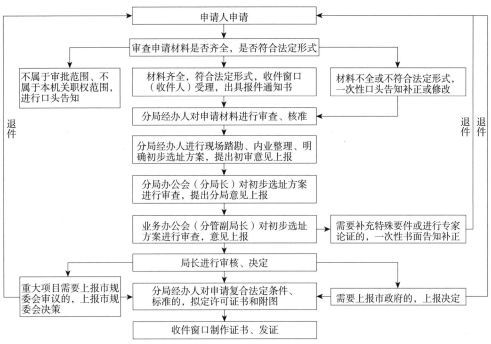

图 4-21 某省会城市城市规划局核发"建设项目选址意见书"的办件流程
资料来源：作者根据相关资料编绘。

3）《建设用地规划许可证》的行政审批

《中华人民共和国城乡规划法》第三十七条规定："在城市、镇规划区内以划拨方式提供国有土地使用权的建设项目，经有关部门批准、核准、备案后，建设单位应当向城市、县人民政府城乡规划主管部门提出建设用地规划许可申请，由城市、县人民政府城乡规划主管部门依据控制性详细规划核定建设用地的位置、面积、允许建设的范围，核发建设用地规划许可证。"第三十八条规定："以出让方式取得国有土地使用权的建设项目，在签订国有土地使用权出让合同后，建设单位应当持建设项目的批准、核准、备案文件和国有土地使用权出让合同，向城市、县人民政府城乡规划主管部门领取建设用地规划许可证。"

由此可知，建设项目在办理国有土地使用权证前，须先向城乡规划主管部门申办《建设用地规划许可证》。城乡规划主管部门依据建设项目所在地区的控制性详细规划核定建设用地的位置、面积、允许建设的范围等。但在实际工作中，由于《建设用地规划许可证》的办理与"建设项目规划条件"的核定同时进行或在核定"建设项目规划条件"之后，而"建设项目规划条件"的核定内容已经包括了《建设用地规划许可证》需要核定的内容，因而对《建设用地规划许可证》的审批只是按规定完成整个流程。在规划管理实践中，审批《建设用地规划许可证》的权限一般也被下放到最基

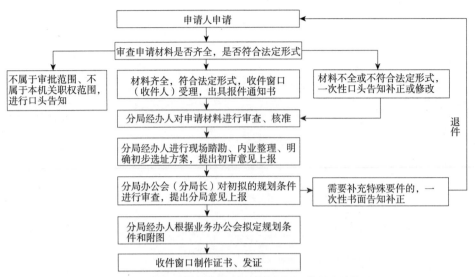

图 4-22　某省会城市"建设用地规划许可证"的办件流程

资料来源：作者根据相关资料编绘。

层的规划局或规划分局（图 4-22）。

4)《建设工程规划许可证》的行政审批

《中华人民共和国城乡规划法》第四十条规定："在城市、镇规划区内进行建筑物、构筑物、道路、管线和其他工程建设的，建设单位或者个人应当向城市、县人民政府城乡规划主管部门或者省、自治区、直辖市人民政府确定的镇人民政府申请办理建设工程规划许可证。申请办理建设工程规划许可证，应当提交使用土地的有关证明文件、建设工程设计方案等材料。需要建设单位编制修建性详细规划的建设项目，还应当提交修建性详细规划。对符合控制性详细规划和规划条件的，由城市、县人民政府城乡规划主管部门或者省、自治区、直辖市人民政府确定的镇人民政府核发建设工程规划许可证。"在规划管理实践中，通常《建设工程规划许可证》的行政审批分为建设工程、管线工程和交通工程三种类型同时或分别进行审批（图 4-23）。

4. 建设工程规划的批后管理

建设工程规划的批后管理是指"城乡规划主管部门自《建设工程规划许可证》核发之日起至建设工程施工场地清理完毕，并完善室外附属工程后，对建设工程是否按照规划条件和批准的建设工程设计方案等规划要求建设的情况，进行的跟踪监督、检查和核实"[1]。建设工程包括建筑工程、管线工程和交通工程。具体的批后管理工作如表 4-20 所示。

---

① 昆明市《建设工程规划批后管理办法》

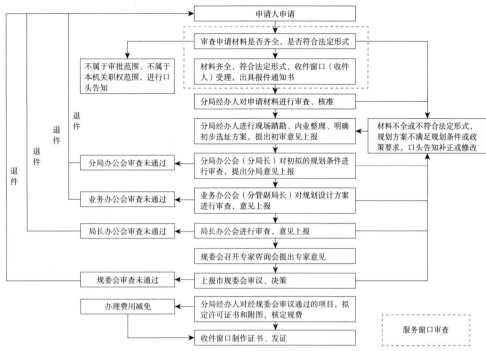

图 4-23　某省会城市建设工程类项目的"建设工程规划许可证"办件流程

资料来源：作者根据相关资料编绘。

某省会城市建设工程规划的批后管理内容及成果　　　表4-20

管理阶段	管理内容	审查形式	审查成果	审查部门
1. 定线（验线）	建设工程：用地四至界线、建筑位置、建筑退让道路红线和用地界线等控制线的距离、建筑间距、每栋建筑的外墙边线尺寸等	由测绘部门现场测绘，形成验线测量成果报告	出具验线意见或下达停工通知	规划分局
	管线工程：管线中心线及与道路红线（河堤）的距离、与周边建筑物的距离、各类管线之间的距离等			
	交通工程：中心线、边线及与周边建筑物的距离，桥梁墩柱等重要设施点的位置			
2. 基础 ±0.00 验核（建筑工程）	验线的所有内容、地下空间的退让距离、地下空间开挖情况及面积、地下空间出入口位置等	由测绘部门现场测绘，形成基础 ±0.00 测量成果报告	出具《建设工程基础 ±0.00 验核意见》或下达停工通知	批后管理处
3. 工程跟踪检查	建筑物层数和高度、建筑造型、立面形式和主立面朝向、出入口位置，公共服务设施、停车场和回车场等（建筑工程）	庭院管线覆土前的跟踪测量	不少于2次的跟踪检查意见	规划分局
	验线的所有内容、管顶（底）标高、管径、检查井位置（管线工程）			
	验线的所有内容、标高、标准断面形式（交通工程）			

续表

管理阶段	管理内容	审查形式	审查成果	审查部门
4.规划核实 （非行政许可）	主要经济技术指标、总平面布局、公共服务设施、场地清理情况、其他法定核实内容（建筑工程）	批后竣工测量成果报告及竣工图	《建设工程规划核实意见书》	批后管理处
	平面图的各项设计内容、管顶标高、埋深、管径、检查井形式和尺寸、各类管线之间的距离、与周边建（构）筑物的间距等（管线工程）			
	平面图的各项设计内容、标高、断面形式等（交通工程）			

资料来源：某省会城市规划局

5. 建设项目审批行为的监督检查

通常对建设项目审批行为的执行状况进行监督检查有三种方式：一是行政主管部门采取行政命令的方式对违法建设行为进行查处；二是政府内部以行政复议的方式对行政相对人进行行政救济；三是政府外部的司法机关监督，是行政相对人运用法律通过行政诉讼来保障自身的合法权益。

1）违法建设查处

《中华人民共和国城乡规划法》第五十三条规定："县级以上人民政府城乡规划主管部门对城乡规划的实施情况进行监督检查……责令有关单位和人员停止违反有关城乡规划的法律、法规的行为。"第六十四条规定："未取得建设工程规划许可证或者未按照建设工程规划许可证的规定进行建设的，由县级以上地方人民政府城乡规划主管部门责令停止建设。"第六十八条规定："城乡规划主管部门做出责令停止建设或者限期拆除的决定后，当事人不停止建设或者逾期不拆除的，建设工程所在地县级以上地方人民政府可以责成有关部门采取查封施工现场、强制拆除等措施。"对建设项目实施情况的监督检查以及对违法建设行为责令停止是城市规划局的一项基本规划管理职能。但是，现实中实施规划的行政执法权并不属于城市规划局。通常，市政府将此类行政执法的职能委托给专门的部门——综合行政执法局。因此，违法建设屡禁不止的原因也或多或少与两个部门的职能不清和行为衔接不畅有一定关系。

建设单位的违法建设行为可以从行政审批前一直延续到建设完成的各个阶段，具体情况可以归纳为未批先建、不按批准要求建设（包括批而未建、批而少建、批而多建）、擅自改变使用性质等多种类型。对于违法建设的处罚，《中华人民共和国城乡规划法》第六十四条规定，根据是否可采取改正措施消除对规划实施的影响来执行不同的处罚，各城市也在实际执行过程中对不同情况和不同程序的违法处罚进行了细化标准的制定。表4-21列出了昆明市有关违法建设处罚标准的详细内容。

《行政处罚自由裁量权规范标准》关于违法建设处罚的标准　　表4-21

违法类型	违法程度	具体违法行为	处罚标准
未批先建	显著轻微违法行为	已向规划部门提出申请，尚未取得建设工程规划许可证，即开始工程施工，收到《责令停止违法建设通知书》后，无继续违法建设行为发生的	责令停止建设，限期改正
	轻微违法行为	（1）已向规划部门提出申请，尚未取得建设工程规划许可证，建设工程符合经批准的建设工程设计方案，并处于一层以下或者完成工程量20%以下，能够立即停工改正办齐规划许可手续的； （2）尚可采取措施消除对规划实施的影响，且收到《责令停止违法建设通知书》后，无继续违法建设行为发生，并能够主动配合，积极加以整改，恢复合法原状的； （3）其他尚可采取措施消除对规划实施的影响，依法可从轻或者减轻处罚的情形	责令停止建设，限期改正，并处建设工程造价5%的罚款
	一般违法行为	（1）已向规划部门提出申请，尚未取得建设工程规划许可证，建设工程符合经批准的建设工程设计方案，并处于一层以上（含一层）或者完成工程量20%（含20%）以上，能够立即停工改正办齐规划许可手续的； （2）其他尚可采取措施消除对规划实施影响的一般违法情形	责令停止建设，限期改正，并处以建设工程造价10%的罚款
	严重违法行为	（1）侵占城乡规划确定的铁路、公路、港口、机场、道路、绿地、输配电设施及输电线路走廊、通信设施、广播电视设施、管道设施、河道、水库、水源地、自然保护区、防汛通道、消防通道、核电站、垃圾填埋场及焚烧厂、污水处理厂和公共服务设施的用地以及其他需要依法保护的用地进行建设的； （2）危及防洪、消防、人防等城市防灾、军事设施正常运行，给城市安全造成隐患的； （3）严重影响历史文化名城、历史文化街区、风景名胜区及各级文物保护单位的保护的； （4）对城市水源保护区、河道、水体、山体及其保护区域造成重大破坏的； （5）在建设规划确定的禁止或者控制区范围内擅自进行建设的； （6）擅自在房顶加层或者搭建建（构）筑物，严重影响市容景观或者造成安全隐患，引起严重相邻权纠纷的； （7）其他严重违反城乡规划或者违反城乡规划强制性规定，无法采取措施消除对规划实施的影响的情形	责令停止建设，限期拆除，不能拆除的，没收实物或者违法收入
	比较严重的违法行为，且无法采取改正措施消除对规划实施的影响的	根据第四条所列项目下发《责令停止违法建设通知书》后仍违规建设的	责令停止建设，限期拆除，不能拆除的，没收实物或者违法收入，并处以建设工程造价8%的罚款
	特别严重的违法行为，且无法采取改正措施消除对规划实施的影响的	（1）建设工程属于商品住宅、经营性用房的； （2）暴力抗法或者恶意隐瞒事实，藏匿证据，阻碍调查取证的； （3）其他依法应从重处罚的情形	责令停止建设，限期拆除，不能拆除的，没收实物或者违法收入，并处以建设工程造价10%的罚款

违法类型	违法程度	具体违法行为	处罚标准
已批未按规定建设	轻微违法行为	未按照建设工程规划许可证的规定进行建设，工程处于开始阶段，收到《责令停止违法建设通知书》后，无继续违法建设行为发生的	责令停止建设，限期改正
		（1）不按审批图纸实施，少建或者不建绿化、环卫、服务、市政公共等配套设施，但未占用规划用地，尚可改正的； （2）擅自改变规划审批外立面色彩的； （3）收到《责令停止违法建设通知书》后，无继续违法建设行为发生，且能够主动配合，积极加以整改，恢复合法原状的； （4）其他尚可采取措施消除对规划实施的影响，可以从轻或者减轻处罚的情形	责令停止建设，限期改正，并处以建设工程造价5%的罚款
	一般违法行为	（1）擅自改变建设工程的外立面、内部布局结构的； （2）违反用地位置、用地性质、开发强度等规划条件进行建设，经检查发现后，尚可改正的； （3）擅自增加建设工程层数、高度，能够满足结构安全、间距、通风、采光要求等和建筑物高度控制，且相邻利害关系人无异议的； （4）其他尚可采取措施消除对规划实施影响的一般违法情形	责令停止建设，限期改正，并处以建设工程造价10%的罚款
	严重违法行为	（1）侵占城乡规划确定的铁路、公路、港口、机场、道路、绿地、输配电设施及输电线路走廊、通信设施、广播电视设施、管道设施、河道、水库、水源地、自然保护区、防汛通道、消防通道、核电站、垃圾填埋场及焚烧厂、污水处理厂和公共服务设施的用地以及其他需要依法保护的用地进行建设的； （2）危及防洪、消防、人防等城市防灾、军事设施正常运行，给城市安全造成隐患的； （3）严重影响历史文化名城、历史文化街区、风景名胜区及各级文物保护单位的保护的； （4）擅自改变规划用途或者擅自突破规划控制指标，严重影响市容景观或者严重侵犯公共利益的； （5）对城市水源保护区、河道、水体、山体及其保护区域造成重大破坏的； （6）在建设规划确定的禁止或者控制区范围内擅自进行建设的； （7）不符合国家有关规划标准，影响相邻的建筑采光、通风、消防、卫生防疫等危及公共安全，引起严重相邻权纠纷的； （8）其他严重违反城乡规划或者违反城乡规划强制性规定，无法采取措施消除对规划实施的影响的情形	责令停止建设，限期拆除，不能拆除的，没收实物或者违法收入
	特别严重的违法行为，且无法采取改正措施消除对规划实施的影响的	根据第四条所列情形，下发《责令停止建设通知书》后仍违规建设的	责令停止建设，限期拆除，不能拆除的，没收实物或者违法收入，并处以建设工程造价8%的罚款

续表

违法类型	违法程度	具体违法行为	处罚标准
已批未按规定建设	特别严重的违法行为，无法采取改正措施消除对规划实施的影响的	（1）建设工程属于商品住宅、经营性用房的； （2）不按审批图纸实施，少建或者不建绿化、环卫、服务、市政公共等配套设施，并占用其规划用地进行建设的； （3）暴力抗法或者恶意隐瞒事实，藏匿证据，阻碍调查取证的； （4）其他依法应从重处罚的情形	责令停止建设，限期拆除，不能拆除的，没收实物或者违法收入，并处以建设工程造价10%的罚款
擅自改变原有建筑使用性质	轻微违法行为	擅自改变原有建筑使用性质，尚可采取措施恢复原状或者已使原状恢复的	处以违法建设工程总造价1%的罚款
	一般违法行为	擅自改变原有建筑使用性质，不影响城市规划的	处以违法建设工程总造价2%的罚款
	严重违法行为	（1）改变使用性质后不符合建筑、结构、消防、环保等技术规范的； （2）属于文物古迹、古建筑、纪念性建筑、标志性建筑、具有地方特色和传统风格的民居，改变使用性质不符合保护要求的； （3）属于规划配套设施，改变使用性质后无法满足配套要求的； （4）其他擅自改变原有建筑使用性质，严重影响城市规划的情形	责令限期改正，处以违法建设工程总造价3%的罚款

资料来源：作者根据昆明市规划局资料编绘。

2）行政复议与行政诉讼

行政复议是一种行政自我纠错行为，城市规划管理行政复议的受理机关一般是城市人民政府法制机构，是城市规划局的外部监督机构。行政诉讼则是一种由司法机关对城市规划管理行政行为合法性进行裁定的外部监督机制。但由于两者均不涉及城市规划局内部的城市规划管理行为，故不在此赘述。

6. 小结

由于我国在地理上幅员辽阔，在历史文化传统上长期实行中央集权的统治体制，所以，造成了今天的政府层级较多且注重垂直管理的状况。与此相应的是，城市规划管理体系更加侧重于处理政府内部的权力关系，上级政府仍然在很大程度上具备对下级政府的审批和监督权。不同政府层级间的监督和相互制约无形中提高了制度成本。上级政府对下级政府采取了较为严厉的监督手段，并将这种监督手段集中于法定地位较高的城市总体规划，例如烦琐复杂的城市总体规划审批程序以及城市总体规划中的强制性内容等。作为一种应对策略，下级政府往往采取种种变通的方式绕开这种监督，以获得行政管理权上的自由度，并且将这种获得行政管理权自由度的对象领域集中于法定地位相对模糊的控制性详细规划，甚至是原本作为国有土地出让过程中技术指标的规划条件。这导致了规划管理实践中控制性详细规划的频繁修改，并衍生出相应的种种修改手段。另一方面，以"多规并存"为代表的政府内部不同同级部门间围绕规划审批权的种种相互掣肘也反映出了城市规划管理在面对市场经济时的窘境。这套城市规划管理体系在过去计划经济时期是行之有效的，但在社会整体向市场经济转型以及向新的上下级政府关系转型的过程中则面临了相当大的考验。

在面向市场的建设项目规划管理方面，实践证明，以"一书两证"为核心的管理制度已经较为完善，近年来城市规划管理的效率也在逐步提升。但是在面向市场开展城市规划管理时，政府的公权力没有明确的边界，更缺少制约，城市规划的决策权高度集中，决策的透明度与公众参与程度尚待提高。事实上，作为现代社会治理的组成部分，城市规划管理制度的不足也在挑战着市场的公平和社会经济的可持续发展，亟待改善。

4.2 中国城市规划体系的问题

中华人民共和国以来，尤其是改革开放后，我国逐步构建起了一个较为完整的城市规划体系框架，在引领和管理城市开发建设的过程中发挥着不可取代的重要作用。但是，由于城市规划体系受制于社会经济发展水平和体制的特点以及在形成过程中所存的一些先天不足，致使现行的城市规划体系还存在种种需要进一步改进的问题。

4.2.1 城市规划立法体系的问题

立法是城市规划编制和管理的法律基础，目前我国在城市规划编制和管理体系中存在的问题直接或间接地反映了立法体系的不完善。

1. 立法环境中的问题

我国的法制化建设是从改革开放初期才真正开始的。针对当时社会管理诸多领域无法可依的现象，在较短的时期内迅速制定出了一系列的法律法规，至 1990 年代初步形成了法律体系。1992 年我国正式确立社会主义市场经济体制后，为了规范和保障社会主义市场经济体制的运行，我国在立法体系上进行了相应的调整和发展，包括修改《宪法》，制定大量适应市场经济的法律法规等。这一时期的法制建设基本围绕建立社会主义市场经济法律体系而展开。1997 年，党的十五大作出"依法治国，建设中国特色社会主义法治国家"的战略决策，同时提出"到 2010 年形成有中国特色的社会主义法律体系"，之后我国的法制建设稳步向前发展。

但同时也要清醒地看到，我国的立法体系仍存在一些普遍性问题，包括：

（1）离真正的法治国家还相距甚远，法律贯彻执行困难、有法不依的现象时有发生。

（2）法律体系尚未健全，法律缺口较多，大量社会事务缺少法律依据。

（3）采用成文法制度，在改革开放初期，由于社会、经济、政治制度不断发生变化，为增强法律的"适应性"而遵循"宜粗不宜细"的立法指导原则，造成我国的成文法一直具有模糊性和不确定性的缺陷。法律法规只进行原则性的规定，操作性不强，必须依靠实施细则或配套法规来细化，而实施细则或配套法规也经常缺失、滞后，立法内容不够细致。

（4）高度集权的政治体制在立法体系上有明显体现。根据《宪法》和《立法法》的规定，我国在立法上采取以人大立法为主的多层次立法体系，但行政法规，特别是部门规章是法律体系中数量最多、内容最庞大的组成部分。行政部门的立法往往带来很多问题，包括：立法目的多是出于行政管理的需要，只授权不限权，强调公众的责任和义务，忽视行政部门自身应承担的责任和义务等；法出多门，但各个立法机构之间的权限划分不够清晰；各个立法机关不在其权限范围内立法，立法之间缺乏统一性，有时存在冲突和矛盾。

2. 主干法《城乡规划法》的缺陷

2007年《城乡规划法》作为主干法仍然停留在程序立法的阶段，缺少实质性内容。公法的作用在于调配政府权力和公众权利之间的关系，虽然《城乡规划法》强制规定了任何单位和个人都必须遵守和服从城市规划的义务，但在《宪法》保护包括私有财产权在内的各种形式所有权的前提下，行使《城乡规划法》的合法性以及保障公共利益与约束公权力间的法律边界并没有得到明确界定。在阐述制定城市规划的目的时，只进行了原则性的规定，缺少实质性的内容。另一方面，虽然《城乡规划法》对各级政府机构需要编制的规划类型和规划编制、审批程序进行了原则性的规定，但并未明确提出编制各类型规划的目的、职能和管制范围，同时也缺少具体的技术性内容。《城乡规划法》提出了公众参与制度，但却缺乏明确且可操作的规定。以《城乡规划法》为代表的城市规划立法中实质性内容的缺乏反映了城市规划对本身可行使公权力边界界定的不明确，反而使得城市规划在规范城市建设活动时的效力打了折扣。

3.《城乡规划法》配套立法体系尚不完整

以《城乡规划法》为主干法，我国的城市规划立法体系已基本形成整体框架，但体系中的各项内容并不完善，各立法内容之间的衔接和配合也存在问题。在城市规划立法体系中，《城乡规划法》只进行了原则性规定，需要大量法规、规章和技术标准进行配套完善。但现实中，与《城乡规划法》配套，用以细化和解释主干法的相关法规、规章等尚未完善。城市规划实施条例等计划中的法规制定工作迟迟未能完成。1990年代建设部出台了配合《城市规划法》的《城市规划编制办法》和《城市规划编制办法实施细则》，但《城乡规划法》颁布后，虽然出台了《城市、镇控制性详细规划编制审批办法》等专项部门规章，但尚未形成较为完整的支撑《城乡规划法》的规章及技术标准体系。这给城市规划的编制、修改和实施管理留下了模糊空间。

4.2.2 城市规划技术体系的问题

我国的城市规划技术体系主要由城市总体规划和详细规划两个层次组成，不同层次的规划之间的职能不清晰、作用不明确是城市规划编制中普遍存在的问题，主要表现为：城市总体规划战略性不足，未能起到统领全局的作用；而控制性详细规划的权威性不强，对城市土地开发的约束力不够，在规划管理中的核心地位未得到充分体现等。

1. 城市总体规划的问题

城市总体规划从计划经济时期开始就一直在城市规划体系中扮演着核心角色，它曾经被认为是指导、控制城市发展和建设的蓝图，是关于城市空间最为系统、全面的安排。随着市场经济的发展，总体规划的职能和定位也发生了变化。目前，理论上认为城市总体规划是建设和管理城市的基本依据，是政府的重要公共政策，是一项全局性、综合性、战略性的工作，涉及政治、经济、文化和社会生活各个领域。但在规划实践中，城市总体规划却呈现出战略性不足的问题（谭纵波，2004）。

首先，在时间范畴上，长周期的编制、审批过程使城市总体规划容易丧失时效性和前瞻性。改革开放后，我国进入了城市化的高速发展时期，城市建设速度和空间扩张规模都大大加快，但与之相比较，城市总体规划的编制和审批则需要漫长的时间。通常一轮城市总体规划从编制、报批到批复需要短则 2~3 年，长则 5 年甚至 10 年的时间。这使得城市总体规划在城市快速发展时期容易丧失关键的时效性，获得批准的城市总体规划内容落后于实际的城市建设状况，更谈不上指导和引领。僵化、烦琐的审批体制不仅成为对地方政府的制约，规划工作的战略性与前瞻性也大打折扣。

在编制内容上，城市总体规划涉及的领域过于宽泛，而职能却不够明确。城市总体规划所包含的内容纷繁庞杂，既覆盖了区域层面的城镇体系规划、实施层面的近期规划，也包含一些属于详细规划的内容。由于城市总体规划过于追求编制内容的广而全，反而削弱了其展望未来和分析并确立城市总体功能定位的战略性职能。

在编制技术上，城市总体规划的编制更多地被视为一项技术性工作，而未被视为一个城市政策制定的过程。由于城市总体规划脱胎于计划经济时期对前苏联模式和经验的学习和借鉴，虽然在后来的实践中引入了大量西方工业化国家有关城市总体空间结构组织的理论和方法，但规划编制的方法和内容却在很大程度上延续了计划经济时期的特色，带有终极蓝图型、静态、刚性的思维特征。这使得城市总体规划侧重于描述未来的远景蓝图，却往往忽视规划实施的路径和行动计划；侧重于物质空间形态的研究，却对社会经济发展、市场需求等影响规划实施的外部因素关注不够。

最后，由于城市总体规划内容庞杂，涉及诸多政府部门，规划内容远远超出了城市规划主管部门的事权范围，如社会经济发展、产业发展、人口规模预测等。虽然城市总体规划的编制名义上是由所属城市政府负责，但实际上通常被看作城市规划中各部门的工作范畴，在整合众多其他部门的信息资料、技术要求、发展需求方面难以发挥统筹作用，使城市总体规划的实效性大大降低。

总之，由于城市总体规划的编制内容、编制方法、审批程序上存在的种种问题使总体规划不断被城市的实际发展和建设所突破，有些地方政府甚至在主观上对城市总体规划的报批持消极态度，以便可以随时修改。丧失战略性和时效性的城市总体规划不能起到统筹城市发展的作用，未经审批的城市总体规划也不能作为依法行政的依据，最终的结果是城市总体规划的法定地位难以体现。

2. 控制性详细规划的问题

控制性详细规划是伴随土地出让制度产生的，从作为指导土地出让的技术性文件到被《城乡规划法》赋予法律地位，控制性详细规划逐步成为我国城市规划实施管理的核心，实际上在整个规划体系中发挥着重要所用。在规划管理实践中，控制性详细规划既是国有土地使用权出让的法定前置条件，也是发放建设用地规划许可证和建设工程规划许可证的依据。但由于控制性详细规划直接面向城市土地开发活动，因此，外部经济运行环境对其形成较大的影响，这使控制性详细规划在控制和管理城市土地开发时出现了诸多的不适应。

首先，虽然《城乡规划法》赋予了控制性详细规划法定规划的地位，但由于其内容确定过程的法治化程度不及城市总体规划等原因，其在管制城市土地开发上的核心地位在现实中并未得到真正体现。控制性详细规划的编制、修改和实施等都有待进一步完善。

其次，在实施效果上，调整规划中控制指标的现象频繁出现。控制性详细规划的技术内容不断被突破，控制性详细规划失效成为屡见不鲜的普遍现象。土地有偿使用制度实施后，用地性质、容积率、建筑高度等指标成为直接影响经济利润和开发意图的重要因素。因此，出于对土地开发效益的追求，更改控制性详细规划的指标也成为开发商谋取超额利润的重要手段。根据相关统计，目前在城市规划实施过程中，各个城市或多或少地出现了修改控制性详细规划的现象。大约有50%的建设项目变更了控制性详细规划规定的内容，部分城市修改的比例甚至达到80%左右（袁奇峰、扈媛、

2010）。这使得控制性详细规划的有效性被极大地质疑。

最后，在编制技术上，有别于传统的详细规划，控制性详细规划虽然在形式上不再侧重于描述具体的空间形态而改用指标控制的方式，但它的关注点依然主要局限在物质空间层面，如技术合理、空间美观等问题。对于控制性详细规划是市场经济环境下利益协调和分配的重要工具的认识在规划编制中得到体现的程度参差不齐。

实际上，控制性详细规划的编制仍然存在明显的技术性问题，包括如何把握规划的法定性与灵活性、确定性和不确定性之间的平衡。但更重要的是，控制性详细规划目前的核心价值观仍然模糊，即对控制性详细规划应该控制什么，不应该控制什么的边界还不够清晰。

《城乡规划法》颁布之后，规划编制内容的技术性缺陷与成果法定化之间的矛盾使控制性详细规划出现了新的现实问题。由于《城乡规划法》明确了控制性详细规划的修改程序，使得控制性详细规划的调整和修改变得更加困难。因此，部分城市开始出现所谓"变通"，实为"违法"的种种规避控制性详细规划的现象，例如：编而不批（编制但不报批，以便随时修改）、规划内容"粗化"（将规划控制指标以及配建要求落在街区而不是地块上的"街区控规"，不将容积率等重要的控制指标纳入控规体系等）以及在实施层面上的"动态调整""规划条件取而代之"等。

4.2.3 城市规划管理体系的问题

1. 城市规划管理法定依据的问题

城市规划是对未来城市建设的控制和引导，它的内容需要相应的稳定性，以便于城市管理。但由于城市总体规划和控制性详细规划的编制存在诸多问题，致使城市规划管理缺少稳定的法定依据。理论上，未经审批的城市规划不能作为城市建设管理的法定依据；而以经常被突破、被修改的城市规划作为审批依据时，在客观上又会给城市规划管理带来大量不清晰的自由裁量权。这使城市规划管理始终处于似有规划又似无规划，似有法可依又似无法可依的状态（袁奇峰，2004）。

2. 城市规划管理中的违法现象

虽然《城乡规划法》对城市规划的编制、审批、实施进行了明确规定，但在实际的城市规划管理程序中违法现象时常出现。例如在控制性详细规划的编制和修改上，由于其成果的法定修改程序在2007年《城乡规划法》颁布后变得较为严格，使修改规划变得困难，再加上控制性详细规划自身存在的技术缺陷，为了规避法定修改程序，"灵活"地管控城市土地开发建设，某些城市出现的"编而不批"（编制规划但不报批公示）的现象实质上属于违反《城乡规划法》的行为。此外，在修改控制性详细规划时，虽然《城乡规划法》规定了严格的修改和审批程序，但实际规划管理中，对控制性详细规划的修改时常不按严格的法定程序进行。修改控制性详细规划的具体操作经常由政府内部决策,修改范围和修改权力的划分均缺少统一明晰的标准。

3. 规划决策过程中利益群体表达诉求的机会和平台的缺失

公众参与的概念在1980年代末至1990年代初被引入国内城市规划界。其目的是希望协调市场经济下利益群体多元化与政府单方面决策之间的矛盾(郝娟,2007)。《城乡规划法》明确了城市规划中的公众参与制度,通过规定城市规划的公示与公开、征询公众意见、举办听证会等行为的义务,确立了公众参与在城市规划制定和实施中的地位和作用。但公众参与如何真正实现,公共利益如何才能得到切实的保障,在现有的法律框架和城市规划体系中并未明确体现(谭纵波,2007)。现实中的公众参与主要停留在形式化的运用上,并未真正起到影响规划决策的作用。在控制性详细规划的编制、修改和实施方面,非政府、非城市规划专业人员,尤其是相关利益主体通常被排除在规划决策之外。缺少各利益群体表达诉求的机会和平台直接影响了控制性详细规划的内容被认知、被接受的程度,为控制性详细规划实施过程中的利益冲突埋下了隐患。

4.3 中国城市规划体系的演变规律

4.3.1 中国基本制度背景的变化

1. 经济制度背景的变化

自中华人民共和国成立至今,我国在经济制度方面呈现出计划经济向市场经济的转变。从1950年代开始,我国逐步建立起了计划经济体制。计划经济又称指令型经济,是指各种国民经济产品的生产、分配和消费均由中央政府通过事先计划来决定。与此相应,在土地制度方面建立起社会主义公有制。自1970年代末起,指令型计划的范围逐渐缩小,市场调节的空间逐步扩大。1982年中共"十二大"提出了"计划经济为主、市场调节为辅"的两种经济体制并存的模式。1992年十四届三中全会召开,宣布我国正式建立社会主义市场经济体制。政府在财税、金融、企业等方面进行了一系列重大改革。其中土地市场化的制度改革更是直接对城市规划的编制和管理产生了重大影响。2013年中共十八届三中全会提出了市场在资源配置中起决定性作用,进一步深化经济体制改革,完善现代、开放的经济体系的方针。

2. 政治制度背景的变化

我国传统上是一个中央集权制的国家。中华人民共和国成立后,建立起了以权力高度集中为特征的行政体制,将权力高度集中于中央政府,建立了从中央到地方各级政府的垂直型组织与指令体系。改革开放以后,从国民经济发展的需求出发,我国进行了一系列的权力下放和重新调整。

改革开放初期，我国的分权化（放权）主要在三个层面展开：一是行政性的分权，即权力从中央政府向地方政府转移。其中最突出的表现是中央政府对地方的财政权以及其他经济管理权限的下放，例如固定资产投资项目和经济建设计划的审批权、外资审批权、对外贸易和外汇管理权、物价管理权、物资分配权、旅游事业的外联权和签证通知权等。二是经济性的分权，即政府向市场、企业的放权。政府通过诸多决策赋予企业自主经营所需要的各种权力，以激发企业活力。第三是国家向社会的分权，这表现在国家权力逐步退出社会中的私人领域，给予社会一定的自主空间。

至1990年代，因分权带来的负面影响开始出现，例如为了获得本地经济的发展，地方政府在财政、信贷、项目审批等方面常常违反中央政策。地方政府与其所辖企业的特定关系也随着改革进程而出现越加严重的问题。为了维护本地企业的利益，地方政府采取了各种破坏市场经济秩序的做法。因此，1990年代中期以来，我国又进行了一系列集权化改革，以调整中央与地方的关系，例如1994年的分税制改革、国家对金融体系的监管等。2003年后，中央政府不断加强宏观调控的力度，延续了1994年以来的再集权化方向。

在这个过程中，《宪法》奠定了经济政治体制改革的法律基础，《宪法》的四次修订明确了经济政治改革的合宪性，包括：1988年的《宪法》修订确立了土地使用权和私营经济的法律地位；1993年的《宪法》修订将建立社会主义市场经济载入了《宪法》；1999年的《宪法》修订明确了实行依法治国，建设社会主义法治国家的目标；2004年的《宪法》修订将国家尊重和保障人权载入《宪法》，明确规定了保护公民的私有财产权利等（汪玉凯，2008）。

4.3.2 城市规划的职能和权威性问题

1.城市规划在统领和引导城市发展中存在的问题

改革开放初期，城市规划一直被视为城市发展建设的龙头，是关于城市未来发展的总体蓝图。随着市场经济的发展，追求经济效益所带来的负面效应影响着城市建设和土地开发，各方利益群体的纷争也干扰了城市规划的运作。

一方面，城市规划的实施效果与期望中的目标往往相去甚远，城市开发建设会出现一定程度的失控。在实际的城市建设中，城市规划得不到贯彻落实的现象时有发生。城市中时常出现为某些特别需求而修改城市规划的情况，例如地方政府为了招商引资、落实上级政府相关政策等。在某些情况下，城市规划不但丧失了引导和控制城市开发建设的作用，还被错误地认为"阻碍了城市发展"。城市规划的严肃性和权威性受到冲击。

另一方面，城市规划自身的内容、程序和方法在很多方面也已出现不适应城市发展客观需要的情况。虽然从 1990 年代之后，我国逐步实现了由计划经济向市场经济的转型，但诞生于计划经济时期的城市规划依然残留了一部分计划经济时期的内容和方法。城市规划缺乏对城市发展本质的反映，不能有效及时地发挥作用，并常常滞后于城市建设的发展变化。这导致法定规划的寿命越来越短，不断处于修改和调整之中。有学者称之为"总规变为总是过时的规划，控规变为控制不住的规划"（张京祥、罗震东，2013）。邹德慈院士在一次讲话中也将这种现象归纳为"总规不总，控规不控"。

2. 城市规划在协调和整合其他空间性规划上存在的问题

在城市空间管制方面，除了城市规划外，还存在其他类型的对城市空间产生影响的空间性规划，包括各种综合规划（经济社会发展规划、土地利用总体规划等）和行业专项规划（如交通规划、产业规划）等，由与城乡规划主管部门相平行的其他部门编制。在"纵向集权、横向分权"的制度体系框架下，规划之间缺少协调，内容交叉重叠、互相矛盾的现象经常出现，被称为"多规并存"现象。城市规划作为最直接影响城市开发建设和土地开发的规划尚未起到统领作用[1]。

1）城市规划与发展规划和土地利用总体规划之间的矛盾

在城市规划与其他综合性规划之间，由发改委主导的经济和社会发展规划及国土资源部门负责编制的土地利用规划与城市规划之间的冲突问题最为明显，即"三规并存"。"三规"之间的差异主要体现在规划范围、期限和目标、规划内容、规划编制技术等方面。在规划范围和目标上，三个规划的差异源于不同政府部门管理需求的差异。城市规划的空间范围围绕城市建设用地展开，主要关注未来 20 年的城市发展变化；土地利用总体规划的范围则是行政辖区，通过对耕地，尤其是基本农田、城乡居民点、交通运输、工矿仓储等用地进行统筹考虑，对未来 15 年的土地用途进行管制；国民经济和社会发展规划则以政府 5 年任期为期限，对某一地区提出经济社会发展的总体纲要，也会在城市空间上有所反映。因此，三个规划在规划内容上出现了明显的衔接问题，在目前"一级政府，一级规划""一个部门，一种规划"的行政管理体制下，规划内容不一致、用地规模不一致、用地范围不一致的现象时有发生，规划编制在技术标准、基础资料收集及统计口径上的不一致也会给城市空间

---

① 在本出版物编辑出版的过程中，2018 年国务院机构调整，城乡规划主管部门划归新组建的自然资源部。2019 年《中共中央国务院关于建立国土空间规划体系并监督实施的若干意见》颁布，城市规划被正式纳入国土空间规划体系，不再单独存在。

管制带来诸多不便[①]。

2) 城市规划与其他行业专项规划的问题

城市专项规划包含与城市发展建设各个方面相关的规划内容，如商业网点、综合交通体系、旅游业、科学技术、医疗卫生等。虽然《城乡规划法》和《城市规划编制办法》等将专项规划作为城乡规划编制中的一项内容，但由于专项规划类型繁多，涉及其他行政管理部门，除规划主管部门外，其他各行业主管部门依据相关法律法规也具有组织编制部门行业专项规划的权力，因此就存在其他行业部门编制的专项规划与城市规划的协调问题。由于各行业发展所面临的问题、发展战略、发展目标各不相同，各专项规划的编制主体、编制层次、编制内容、编制方法都各有侧重，因此，如何将其整合在城市规划，特别是城市总体规划中是有效实施城市规划的基础。

4.3.3　城市规划体系演变的特点

1. 借鉴对象出现反复，规划技术渐趋丰富

我国城市规划体系的变化，根本原因在于社会经济发展模式的转变。民国初期以来，近代城市规划在我国部分城市得到了较好的发展，与当时西方工业化国家的先进水平非常接近。中华人民共和国成立后，城市规划转为经济计划布局空间资源的主要形式，规划内容也惰于经济和社会发展计划的局限性而止步不前，并走上了与西方工业化国家不同的道路。改革开放后，在计划经济向市场经济演变的过程中，城市建设主体日趋丰富，城市建设不再限于单纯的工业项目落地和配套生活设施建设，而是在经济发展的驱动和支撑下，开始尊重市民生活、城市文化遗产和多样化的城市形态。历史文化遗产保护、城市生态建设、城市住房建设逐渐受到重视，社会资本流入城市建设领域。

我国城市化的速度较日本和法国更快，城市建设周期更短，暴露的问题呈现出集中爆发的特征，但城市建设成就是毋庸置疑的。1978年之后，我国的城市规划技术开始加快借鉴西方工业化国家较成熟的规划思想和技术手段，较此前的前苏联式城市规划的技术内容更加丰富，着力考虑解决快速城市化中出现的各类新问题，如住房建设、旧城风貌保护、城市废旧地区更新、城市绿地建设等。从某种意义上来看，城市规划又重新回归了向西方工业化国家学习和借鉴的道路。

2. 规划体系尚待完善，由"量"而"质"仍在进行

2011年，我国的城市化率首次在统计数值上突破50%。对比日本和法国的城市化

---

① 在本出版物编辑出版的过程中，2018年国务院机构调整，城乡规划主管部门划归新组建的自然资源部。2019年《中共中央国务院关于建立国土空间规划体系并监督实施的若干意见》颁布，城市规划被正式纳入国土空间规划体系，不再单独存在。

发展历程，并考虑到与日本和法国之间统计数据定义的差异，可以发现，我国正处于快速城市化阶段的中期，未来城市化率的稳步提升仍将是主旋律。改革开放以来，我国城市规划的主要任务和关注重点集中在努力解决城市建设"量"的问题上，对于"质"的监控一直处于相对次要的位置。但即使是对"量"的控制方面，我国的城市规划体系也还有很大的改进空间，这些"量"的布局是否合理、"量"需要匹配的基础设施是否充足、"量"的确定是否照顾到了社会公平性等，常常难以获得满意的答案。在城市规划对象从"增量"开始转向"增量"与"存量"并存的情况下，在解决好历史遗留的"量"的问题的同时，构建以提高城市空间品质为主要目标的规划工具的重要性也开始显现。

3. 城市规划缺少介入利益博弈的自觉

改革开放后，我国的城市规划体系开始吸收西方工业化国家城市规划中一些较为经典的技术手段，形成了多个来源的技术体系。但实际上，技术的改进与实际的城市开发建设相比存在明显的滞后，长时间内城市开发建设缺乏合理、有效的控制，暴露出较多的矛盾和问题。

以控制性详细规划为例，从 1982 年在实践中首次出现到 2007 年正式法定化，前后耗费了 25 年的时间。这 25 年的时间是城市规划逐渐摆脱计划经济色彩、将控制性详细规划定为土地开发管理核心的过程。但现行的控制性详细规划仍未完善，其核心地位有名无实，无法据此开展城市建设管理的情况仍然普遍存在。在房地产开发市场强大的利益推动下，控制性详细规划在编制阶段向强势利益集团妥协，在实施阶段频繁调整远非个别现象。在规划实践中，大面积、频繁调整控制性详细规划内容，尤其是容积率等直接关系到开发利益的指标的现象逐渐被冠以"动态调整""动态维护"等名称，出现在各类地方性法规、规章和技术标准中，形成了城市规划管理中事实上的大幅度自由裁量权。这种现象一方面说明以控制性详细规划为代表的城市规划已经成为城市开发利益博弈的平台，另一方面也暴露出了城市规划体系应对能力的不足、行政权力的自我扩张甚至是权力寻租等根本性问题。

4. 规划立法和规划管理滞后于规划技术的丰富

城市规划技术的"创新"引领城市规划实践是我国改革开放后城市规划体系变革的一大特点。但是城市规划技术的落实需要得到法律的保障和管理体系的支撑。在我国现行的规划体系中，规划技术的变革相对规划法规与规划管理而言更丰富，对市场需求的反应也更加迅速。换言之，城市规划立法与管理体系往往不足以支撑已有规划技术的顺利实施。这对采用大陆法系的我国来说是一个窘迫的状况。

一方面，《城乡规划法》作为城市规划的基本法，与日本的《城市规划法》和法国的《城市规划法典》相比较，所包含的内容较为单薄，既没有对各类规划的内容给出应有的规范，也没有提供在地域广阔的国土空间下各类城市可选择的弹性内容。城市规划类的配套法规、规章及技术标准的数量也相对稀少。另一方面，地方上的城市规划实践经常采用"试点"等非法定规划的形式解决规划管理中的实际问题。其中一些在成熟后被正式纳入了法定规划，控制性详细规划就是如此。但这样一来，却严重违背了大陆法系对于行政部门"法无授权不可行"的基本原则，给政府权力的自我扩张留出了一个很大的漏洞。

在城市规划管理方面，城市总体规划由地方政府编制后，原则上由一级政府审批；控制性详细规划则由地方政府自己编制，自己审批，仅报上级政府备案。在城市规划的编制和实施过程中，普通市民或其代表和学者难以介入决策环节，实际开发建设项目对控制性详细规划等进行修改的成本极低，实践中存在大量事实上的违法行为。这都说明城市规划管理的手段远远滞后于城市发展的需求，与城市规划技术也不匹配。

第 5 章　日本城市规划体系的演变与特征

5.1　日本概况

5.1.1　比较视野下的中国与日本

日本的发展历程、文化背景和人口密度都与我国颇有相似之处。日本岛处在汉字文化圈的地理范围内，与朝鲜半岛一样一直深受华夏文化的影响。旧时日本的国家形态、阶层构成、国民意识、社会文化、宗教信仰、衣着服饰等均可溯源于中国。在经历了飞鸟时代（593—710 年）、奈良时代（710—794 年）、平安时代（794—1185 年）、幕府时代（1185—1868 年）之后，进入 19 世纪，日本和中国一样，与西方国家签订了一系列不平等条约。1868 年，明治天皇成功废除幕府，开始了"明治维新"，此后，日本便走上了与中国不同的道路，成功跻身世界经济强国。

因为日本与中国在许多方面都具有相似之处，所以日本在近代城市化进程中遇到的问题、解决问题的方法对我国来说更具有借鉴意义，其城市规划制度的形成、发展与演变都更具有参考价值，因此，选取日本作为城市规划体系的比较对象，案例具有较强的典型性。在开展日本领域研究前，弄清楚相关术语在中文中对应的正确含义至关重要（表 5-1）。

5.1.2　日本的历史与中日关系

日本位于亚洲东北部，由本州、四国、九州、北海道四个大岛及 7200 多个小岛组成，领土面积 37.78 万 km^2，南北狭长。根据日本人类活动的不同阶段和建国历程，历史学家通常将日本历史分为六个阶段（表 5-2）。

1. 古代日本

古代日本深受中国文化影响，中国的政治制度、文化习俗、哲学宗教等借由朝鲜传入日本。曾在飞鸟时代执掌政权的圣德太子笃信佛教，屡次向隋朝派出遣隋使，广泛引用中国的儒、道、法家思想，推行自己的政治理念。公元 645 年，孝德天皇在亲信的帮助下进行政治改革，废除大豪族垄断政权，学习唐朝律令制，在圣德太子已有的基础上进一步确立了中央集权的政治体制，史称"大化改新"。此次改革被认为是与明治维新并列的重要变革，标志着日本进入封建社会。公元 630—894 年，正式的遣

城市规划常用词汇的中日对应表　　　　　　　　　　　表5-1

日语	中文译名	含义
都市	城市	城市，都会，城邑。
城下町	城下町	明治维新之前，封建制度下围绕领主居住的城堡所形成的发达城区。
都市計画	城市规划	城市规划，对城市生活必需的交通、功能分区、住宅、卫生、治安、经济、行政等相关内容进行规划，以维护公民利益，维持社会安定的行为。
町造り（まちづくり）	社区营造	在社区层面上开展的城市环境、风貌营造和改善的活动，通常由社区居民或基层自治组织主导。
市街地	城区，建成区，城市化地区	住宅商业开发集中连片、几乎没有农林用地的地区。
市町村	市町村	日本三级行政体系中最基层的行政组织单位，相当于我国的县级单位，根据人口规模等被分别称为"市""町""村"。具体定义为： 市：人口5万以上，并且户数的六成集中在市中心区域，或者是有六成的人口从事该市的产业，此外还需具有该都道府县的条例中所规定的必要设施。2004年（平成16年）所制定的市町村合并特别条例中，允许人口3万人以上的人口集中地区实施市制； 町：需具备所在都道府县的条例中所规定的"町"的必备条件（如人口、必要的政府部门、各产业就业人口等），町要改制为市，或村要改制为市，需经都道府县议会决议通过，并向总务大臣申报； 村：在法律上并没有特别的必要条件规定，不具备成为市或者町的条件，自动成为村。
都道府県	都道府县	"市町村"的上级行政组织，相当于我国的省、直辖市和自治区。根据统计，习惯被分别称为"都""道""府""县"。
知事	知事	都道府县的首脑，类似我国的省、直辖市或自治区的行政长官。
道路敷地	道路用地	道路用地。
宅地	建设用地	可用于开发建设活动的用地，并非住宅用地。
土地区画整理	土地区划整理	对不规则的土地形态，按照规划进行整理，通过整理后土地单价的提高，在无偿提供一定的公共设施用地的同时，保持原土地所有者所拥有的财产价值。
市街地再開発	城市再开发、城市改造	根据相关法律，对城市建成区内老旧的木制建筑物较密集的地区进行土地的整合，建造耐火性能较高的公共建筑、公园、广场及街道等公共设施的行为。
事業	项目	在城市规划领域内，意为与城市规划相关的建设工程或建设项目。
区域区分	区域划分	其功能与区划类似，是对城市土地根据其用途、开发强度及形态等加以区分并对其中的开发建设实施管制的技术手段。
地域地区	地域地区	将城市规划区划分为城市化地区和城市化控制区的技术和管理手段。
規制緩和	放松管制	放宽规划限制，减少政府干涉。
景観観	景观风貌	城市景观风貌。

资料来源：根据相关资料作者自绘。

表5-2

日本的历史阶段划分

日本历史阶段划分

六个阶段	原始			古代				中世			近世	近代	现代
				大和时代									
具体分期	旧石器时代（前100000—前14000年）	绳文时代（前14000—前400年）	弥生时代（前400—250年）	古坟时代（250—538年）	飞鸟时代（538—710年）	奈良时代（710—794年）	平安时代（794—1185年）	镰仓时代（1185—1333年）	室町时代（1336—1573年）	安土桃山时代（1568—1603年）	江户时代（1603—1868年）	明治时代至"二战"失败（1868—1945年）	"二战"后至今（1945年至今）
事件			水稻种植普及	天皇出现	佛教传入，大化改新，学习唐朝	建都奈良	建都京都	幕府建立		各地大名混战	德川幕府闭关锁国，西方列强觊觎	明治维新，日本扩张	战后恢复，经济腾飞
对应中国时期	原始社会—夏商周—战国初期		战国—东汉	三国—南北朝	南北朝—唐初	唐初	唐中期—南宋	南宋—元朝	元末—明朝	明朝	明末—清朝	清末民国	中华人民共和国成立后
中日关系	公元238年，两国正式建立邦交			交流密切				元军征日	交流密切		官方交流少	战争	争议

资料来源：作者自绘。

115

唐使团共有 12 批，可以说是中国文化向日本传播的最重要途径。此外，鉴真和尚六次东渡日本，主持建造唐招提寺，将中国的医药知识、饮食及酿造技艺带到日本，被日本人民奉为医药始祖。平城京、平安京（今奈良和京都）的都城规划则是以唐代都城长安和洛阳为蓝本的。

2. 幕府时期

大化改新后的日本政局一直不稳定，天皇的权力被握有实权的贵族削弱。公元 743 年的《垦田永世私财法》改变了大化改新确立的公地公民制度，将新开垦的土地划为私人财产。但由于国家政府缺乏对私有财产的保护，强盗和海盗猖獗，农民不得不投靠有权有势的贵族，同时雇佣保镖来保护农田和财产，武士阶层迎来了崛起的契机。

武士逐渐聚集，形成大的武士团，走入日本政治中心，在不断的政治斗争中占据关键地位，最终依靠武力把持政局。1185 年，武士集团首领源赖朝被天皇封为征夷大将军，开启了镰仓幕府时代，至此，大化改新所确立的官僚体系形同虚设。幕府时代又有三个家族更替，分别经历了镰仓幕府、室町幕府和德川幕府三个时期。

中日交流方面，随着唐末农民起义的形势加剧，日本停止派出遣唐使，至宋代后，两国没有建立明确的外交关系，但南宋与日本的贸易非常频繁。南宋灭亡后，日本拒绝向元朝称臣，元世祖忽必烈两次征日未果。明太祖朱元璋立国后，两国官方恢复密切往来，但日本国内战乱频仍，大量武士成为海上流寇，对浙江、江苏、福建等地进行抢掠。清朝执政期间，中日两国都实行闭关锁国政策，官方交流甚少，但是民间通商繁荣依旧。

3. 近代日本

1840 年中英鸦片战争后，日本也开始面临西方列强的威胁。1853 年，美国东印度舰队司令佩里率领舰队驶入江户湾，宣称美国总统要求日本改变锁国政策，与美国缔结友好通商条约，并扬言一年后将再度来日，听取日方答复。继美国行动之后，俄国就日俄边界和通商问题向幕府施压。日本幕府上下陷入被枪炮威胁的恐慌，1854 年与美国签订《日美亲善条约》（又称《神奈川条约》），日本开放下田和函馆两个港口，供美舰补给用，美国在日本设立领事馆，享受最惠国待遇。英、俄、法、荷等国也纷纷与日本签订类似条约，日本成为西方诸国在东亚的战略据点。

4. 明治维新后的日本

幕府的无能与列强的欺凌激起了日本民众的强烈不满。日本国内有实力的萨摩藩、长州藩等开始逐渐实施藩政改革，培养出一批具有进步思想的改革派武士和政治家，逐渐形成了"尊王攘夷"的改革思想，致力于发展现代海军和军备。但因实力悬殊，在幕府与西方诸国的联合镇压下，"尊王攘夷"转变为"倒幕运动"。经过三年的军事对抗，倒幕派于 1868 年成功击败幕府将军的军队，完全肃清了幕府的力量，政权回到天皇手中，为明治维新打下了基础。虽然在日本宪法的规定中，天皇拥有无限权力，但实际上，无论是倒幕运动还是明治维新，主导者都是有实力的武士和资产阶级，天皇对于日本的意义更多在于宗教与政治的象征，真正掌握政府实权的，是围绕在天皇周围的内阁大臣（徐登明、吴晓临，1998）。

明治天皇在废除幕府制度之后，迁都江户，改称东京，在行政建制上为"东京府"，颁布"五条誓约"，明确新政府的执政纲领，并同时着手对日本政治经济进行改革。首先，强制实行"版籍奉还"（土地和人民的统治权由地方收归中央）、"废藩置县"（建立县制，由中央委派县级长官，削弱地方势力，增强中央集权）政策，将日本划分为 3 府 72 县，建立中央集权式的政治体制。1871 年，明治政府派出"岩仓遣欧美使节团"出访欧美各国。其政治目的是争取修改幕府时期日本与各国签订的不平等条约，但因各国态度强硬，使节团便将实地考察各国文化生活、政治制度及产业建设作为目标。使节团回国后，岩仓据实向天皇提交报告，主张全面学习西方，走向文明，发展产业。1871 年，明治政府提出使日本迅速走向现代化的三大方针："文明开化、殖产兴业、富国强兵"，开始自上而下的全面改革。

1912 年，日本明治天皇逝世，新天皇即位，年号为"大正"。1912—1926 年即为历史学家所说的"大正民主"时期。这一时期，日本经济迅速发展，社会民主也得到了推进。社会底层的人们不满居住条件的恶劣和战争、通货膨胀导致的经济崩溃，爆发了多次罢工和游行。1914 年，第一次世界大战爆发，日本与英国结盟，军工订单猛增，极大地刺激了日本军工产业的发展。德国因战争而减少了日化用品的输出，又为日本产品进入欧洲市场提供了条件。因此，第一次世界大战对欧洲诸国是一场灾难，但对日本来说无疑是一次机遇，为日本的进一步对外扩张打下了经济基础。1930 年，受到日本昭和政府"黄金解禁"政策和世界金融危机的影响，日本出现了"昭和恐慌"，经济和社会都出现了巨大的震荡[①]。在这一背景下，"占领满蒙"就被日本政府内部一部分官员当作解决恐慌的有效办法。1931 年，日本发动"九·一八事变"，占领中国东北。1937 年，卢沟桥事变，日本开始全面侵华。1941 年末，日本舰队偷袭美国设在夏威夷的珍珠港，美日正式宣战。1944 年开始，美国对日本本土展开空袭。到战争结束为止，东京遭受了 106 次空袭，受灾面积达到 195km²，区部的 28% 都被烧毁，房屋烧毁 71 万栋。1945 年，日本宣布投降。

---

① 黄金解禁，指的是以解除黄金输出禁令的方式，使通货与黄金能够自由兑换，黄金在国内、国际间自由流动。

5. 战后日本

第二次世界大战后，日本的经济发展分为五个阶段：1945—1955 年是战后恢复期；1955—1970 年被称为高度经济成长期；1971—1985 年被称为稳定经济成长期；1986—1989 年被称为泡沫经济形成期；1990 年以后是泡沫经济破灭期。

1945—1955 年是日本战后恢复的十年。战争结束后，日本的工业生产能力受到极大的损害，实际的生产水平只有 1930 年的 10%。战前的通货膨胀在战后被进一步激化，战争导致的劳动力短缺引发了粮食危机。因为空袭和火灾，城市地区的环境非常恶劣。为了恢复国内经济，日本采用倾斜生产方式，开发国内煤炭资源，供应钢铁行业发展，以钢铁行业的需求，刺激煤炭产业。美苏冷战开始之后，美国对日本经济的发展有较大的影响，其中最著名的就是"道奇计划"。在美国经济学家道奇的设计下，日本经济实现了稳步的恢复，管制经济体制转型成为自由市场经济体制，产业发展也开始与世界接轨。1950 年爆发的朝鲜战争为日本的经济发展提供了新的契机，虽然持续时间不长，但是却为日本带来了持续的繁荣。日本国民开始改变消费观念，国家内需成为拉动经济增长的主要原因之一。到 1953 年，日本的工业生产能力已经恢复到战前水平。

1955 年后，日本三大经济圈（以东京都为中心的首都圈，以大阪为中心的近畿圈以及以名古屋为中心的中部圈）逐渐形成。东京都市圈开始出现城市中心人口减少的情况。1964 年东京奥运会的举办又为日本带来了"奥运景气"。日本为了重新融入国际社会，在奥运场馆、城市交通等方面投入了大量的建设资金，并以此为契机建成了世界上第一条新干线。

进入 1960 年，日本工业化带来的环境问题开始出现，不少市民死于严重的环境污染，环境保护成为工业生产和城市发展所面对的重要问题。与此同时，日本产业结构从"厚重长大"逐渐向"轻薄短小"转换，信息产业和知识密集型产业比重上升。受石油危机的影响，日本 GDP 在 1974 年出现 1950 年后的首次下跌。

1985 年 9 月 22 日，世界五大经济强国（美国、日本、前联邦德国、英国和法国）在纽约广场饭店达成"广场协议"。当时，因美元汇率过高而造成大量贸易赤字，陷入困境的美国与其他四国发表共同声明，宣布介入汇率市场，此后，日元迅速升值。当时的汇率从 1 美元兑 240 日元左右上升到一年后的 1 美元兑 120 日元。由于汇率的剧烈变动，由美国国债组成的资产发生账面亏损，大量资金为了躲避汇率风险而进入日本国内市场。

1986—1991 年，是日本经历泡沫经济的时期。日元在国际市场上的升值使得日本国内企业出口受阻，政府采取了宽松的经济政策以补贴国内企业。加之其他原因，日本出现严重的土地投机交易，实体经济发展受到打击。到 1990 年，日本股市和地价大跌，泡沫经济破裂，产业发展低迷，被称为日本"失去的十年"。2000 年开始，日本经济开始缓慢恢复。

5.2 日本城市规划体系的演变

5.2.1 日本古代城市规划：1868 年之前

日本古代社会发展远远落后于中国（傅华，郭艳萍，1999），对外部输入的生产技术和文化依赖度很高。中国是古代日本的主要新文化来源，通过外交、民间等直接交流或经朝鲜半岛向日本输出经济、政治、文化等新要素。总的来说，古代日本的政治形态经历了从部落统治到中央集权，再到封建联盟的演变。在演变过程中，穿插了大量对中国统治制度的模仿，如律令制、租庸调制等。佛教寺院、都城规划等多模仿唐朝的长安和洛阳等。但在都城以外，日本各地大大小小的城池也形成了日本独特的城堡——城下町的城市格局[①]。

1. 都城建设：对中国古代都城建设模式的模仿

水稻种植和金属冶炼技术在公元前 2 世纪传入日本，提高了日本国内的生产力，部落统治形态逐渐出现。兼并斗争发展到公元 3 世纪，出现了《魏志》中记载的邪马台国（华晓惠，2007），都城的建立仿效汉唐制式（L. 贝纳沃罗，2000）。大和部落统一日本后，与中国建立了良好的交流关系，开始往中国派出遣隋使。唐代（618—907 年），中日交流达到顶峰。至大化改新后，日本自上而下皆向中国看齐，并于公元 694 年建成藤原京（原址位于今奈良附近），是第一个按照中国古代城市规划理论建设的日本都城。不仅建筑布局和城市功能分布与中国相似，藤原京还比照中国的里坊制度对街坊空间进行了条坊划分。由于土地面积不够宽广，难以适应越来越多的人口居住，公元 710 年元明天皇便迁都平城京（原址位于今奈良市西郊）。

平城京仍是仿照隋唐长安城建造而成，东西约 4.2km，南北约 4.7km，面积大约相当于长安城的四分之一。平城京之内建有大量佛教寺院，整个都城的选址依据、整体布局、里坊划分、寺院建筑风格、街道与绿化等无一不对唐长安城进行模仿（王维坤，1990）。此后，日本又因政治原因迁都两次，长冈京和平安京仍然是规划严整的"中国式"都城（表 5-3、图 5-1）。平安京即今京都古城，以右京模仿唐长安，以左京模仿东京洛阳。

---

① 租庸调制：唐朝前期实行的赋税制度，其基础是均田制。

日本主要历史都城的沿革　　　　　　　　　表5-3

名称	都城起止年代	年数	起讫天皇	天皇人数
藤原京	694—710 年	16	持统—元明	3
平城京	710—784 年	74	元明—桓武	8
长冈京	784—794 年	10	桓武	1
平安京 / 京都	794—1868 年	1075	桓武—明治	73
东京	1868—		明治—	4

资料来源：王晖.日本古代都城条坊制度的演变 [J]. 国际城市规划，2007.

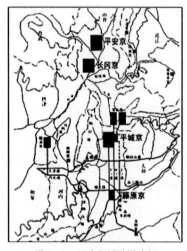

图 5-1　日本都城选址变迁
资料来源：王晖.日本古代都城条坊制度
的演变 [J]. 国际城市规划，2007.

从公元 7 世纪一直到明治维新，日本遵照中国古代建都模式建立都城，时间长达 1200 年之久（刘沛林，杨载田，1989）。日本对中国古代建都模式的模仿，由表及里地体现在都城布局、建筑风格以及这种模式背后的等级思想上。

2. 日本古城堡的建设

除模仿中国隋唐的都城之外，日本古代还形成了具有其独特风格的"城堡—城下町"的城市布局。这种城市布局是由日本历史上长期存在的地方分裂状态而催生的。公元 7 世纪末到 10 世纪，日本的城堡已经初具规模。进入中世时期（1185—1603 年）后，城堡的防御功能更加显著，特别是 15 世纪中叶至 16 世纪后期，日本进入战国时代，群雄并起，各地诸侯纷纷构筑防守坚固的城堡，作为其领地统治的中心和军事据点。进入江户时代（1603—1867 年），日本的城堡建设也进入了鼎盛阶段，全国各地林立着大小共 3000 多个城堡（淳于森泠，2000）。

日本的古城堡其实并不是真正意义上的"城"，居住在城堡中的只是该领地的诸侯，百姓、士农工商等各行业的人口散居在城堡的四周，形成了所谓的"城下町"。在城堡的中心地带，一般建有 5~7 层的天守阁，作为战时的瞭望塔和指挥部。以天守阁为中心的区域被称为"本丸"，是城主处理政务和其家族居住的场所。在"本丸"的外围，一般还建有"二之丸"（第二层围墙内区域）、"三之丸"（第三层围墙内区域）等城郭，形成了一个螺旋状的布局。城郭区域之间，均有石垣和城壁相隔，以阻挡外敌直接攻入（万振，2002）。

在城下町的区域内，又有不同人群聚集，或承担不同城市功能的各类区域。日本传统社会按照"士、农、工、商、秽多、非人"的分类，将全国人口分为六个等级[①]。相同阶级的居民集中居住，因此，在日本古代的城下町会有"商人町""秽多町"这样的区域。相同功能的建筑集中布局，也会形成不同的"町"。因此，"町"一词代表着以某种原因形成的城市型聚落形态，除指代分布在城下町内的不同功能区外，也用来表示其他一些因各种原因单独存在的城市型聚落。较常见的有阵屋町（陣屋町）、寺社町（寺社町）、门前町（門前町）、宿场町（宿場町）、港町（港町）等。阵屋町指的是该地区的行政中心和管理机构所在，同时也为武士阶层提供各种商业服务，仿照城堡建造，但规模和规格较低；寺社町指的是集中布置了寺庙或者神社的区域；而门前町则是指在有影响力的寺庙、神社门外形成了服务于来往游客或参拜者的商业设施集中地区；宿场町指的是以国道和驿站为中心发展出的具有旅馆、酒店性质的商业性区域；港町则是指海边、河流周围形成的聚居区域（建设省，1985；佐藤滋等，2002）[②]。

3. 与中国古代城市形态的差异

日本古代都城规划虽然源自中国，但其实际的城市建设与中国相异之处颇多。

第一，中国古代城市规划是传统社会格局的空间化，处处体现了等级森严的"礼"的秩序，都城功能的布局体现了最高权威对整个城市的统治，这种等级的思想蕴藏在都城建设的每个细节中。但流传到日本之后，日本更多地保留了最后的平面形式，对于形式背后蕴含的深层文化，体现出了等级制社会的秩序感，但在形而上的"礼制"层面则是缺失的。第二，日本在后来的城市建设中形成了独特的城堡防御体系，鼎盛时期，在全国范围内同时存在着 3000 多个城堡，这是日本诸侯纷争的历史所导致的。第三，日本古代都城，特别是古代京都的营造是中国古代城市规划思想与日本本土建材和植物的结合。宫殿、庭院、景观小品以及寺庙建筑的设计都体现出了日本独有的和风。

5.2.2 日本近代城市规划的发展

依据日本学者石田赖房的观点，日本近代城市规划体系的发展可以划分为 9 个时期（表 5-4）（石田赖房，2004）。而日本的一般历史与此也存在一定的对应关系。为便于与中法两国进行比较，可将日本自 1868 年以来的历史按照城市发展阶段大致划分为三大时期：城市化缓慢发展时期、城市化加速发展时期、城市化稳定发展期。

---

① 士指的是武士；秽多指的是从事屠宰业、皮革业的所谓贱业者；非人指的是乞丐、游民。这些人被排斥在士农工商四民等级之外，聚居在条件恶劣的指定区域，且身份职业世袭，严禁与平民通婚。

② 除参考文献外，还参考了 https：//ja.wikipedia.org/wiki/%E6%AD%B4%E5%8F%B2%E7%94%BA 的内容。

日本近代史和城市规划演变时期对应关系　　　　表5-4

一般史的划分	时代特征	城市化进程	城市规划体系的发展
明治时期（1868—1912 年）	工业化起步 文明开化	城市化缓慢发展时期	仿欧洲风城市改造期 （1868—1887 年）
大正时期（1912—1926 年）	民主进程加速	城市化加速发展时期	市区改正期（1880—1918 年）
昭和时期 "二战"之前（1926—1945 年）	工业化成熟，开始对外扩张		城市规划体系确立期 （1910—1935 年）
			战争下的城市规划期 （1931—1945 年）
昭和时期 战后经济恢复（1945—1954 年）	"二战"之后迅速恢复经济		战后复兴城市规划期 （1945—1954 年）
昭和时期 经济高速发展（1955—1985 年）	完成经济转型，形成三大都市圈		基本法缺位的城市开发期 （1955—1968 年）
		城市稳定发展时期	新城市规划法主导时期 （1968—1985 年）
昭和时期 泡沫经济（1985—1989 年）	广场协议，地产泡沫		反规划、泡沫经济期 （1982—1992 年）
平成时期（1989-2019 年） 从泡沫经济中缓慢恢复	1990 年代被称为 "失去的十年"		向市民主导、地方分权方向发展时期（1992—）

注：日本城市规划体系发展阶段采用日本城市规划历史学者石田赖房的九分法划分。

资料来源：依据《日本近代都市计画の展开 1868—2003》进行梳理分析而成。

1. 城市化缓慢发展时期：1868—1920 年

在这一阶段，日本城市规划经历了从无到有、从"试点"城市到全国普适的过程。1888 年的《东京市区改正条例》（東京市区改正条例）可以称为日本城市规划制度的萌芽，而 1919 年的全国立法《城市规划法》（都市计画法）则标志着日本城市规划制度的确立，创立了土地区划整理制度、"建筑线制度"及地域地区制度。

1）仿欧洲风城市改造期：1868—1887 年

这一时期指从明治维新到《东京市区改正条例》颁布前的 1887 年。刚刚实现政权体制剧变的日本迫切希望改变其在世界格局中的劣势地位，然而此时日本国力微弱，仍是一个生产力低下的农业国家，尚不能与西方国家进行平等对话。如同 1200 年前积极向唐朝学习一样，日本在学习外来先进文化方面具有一以贯之的决心和毅力。日本政府开始全面向西方国家学习，提出了"文明开化""殖产兴业""富国强兵"的三大原则。首都建设成为日本政府展现国力、提升国家形象的重要举措，目标是将东京建设成媲美巴黎的国际大都市。这一时期，日本的城市规划体制尚未建立，仅有一些国家主导、政治意味浓厚的规划项目。这些项目全部由欧洲工程师负责，从规划理念到物质形态实属舶来品，与日本的传统城市形态形成了巨大的反差。因为民众意识的落后和造价昂贵等因素，项目大都无法完全实现预期的效果，有的则成为一纸空图。

明治维新前夕，幕府所在地江户城是日本国内最繁华、最拥挤的城市。关于江户城的人口，有多种说法，一般以明治维新之前江户人口达到 100 万人的说法居多。根据日本学者内藤昌（1966）的推算，江户城在江户时代人口达到 130 万。江户城的土地按其居住人口构成又被划分为武家地（将军、武士等的居住生活用地）、寺社地（寺庙、神社用地）以及町人地（普通百姓的居住生活用地）。占江户城人口将近一半的普通市民，居住在狭窄的不足 2 成城市面积的町人地里，居住环境拥挤不堪，且因为住房全部是木结构的，因此火灾频发。此时，江户城的城市布局是：武家地环绕德川幕府的"天守阁"布置，町人地则沿海边和江户川沿岸蔓延。明治天皇废除幕府之后，决定迁都江户，将其改称东京。此后，东京作为日本首都，成为日本近代城市规划体系的发源地，也是学习西方文化、引进西方工业化国家城市规划技术的试验田。

当时，东京市城市状况极不乐观，房屋易燃、街道狭窄、传染病易发，与欧美发达城市相形见绌。岩仓使节团在考察欧美回国后的报告中，对巴黎改造之后的道路、下水道系统进行了详细描述，同时论述道：100 年前巴黎也面临今日东京的局促状况。这番彻底的变化使明治政府下定决心直接引进欧美的城市建设方法，对国内城市进行改造[①]。

1872 年，银座发生大火，烧毁 3000 多栋建筑。日本政府正迫切希望将东京建设成与西方国家首都相媲美的城市。因此，火灾之后仅仅 6 天就公示了银座砖石街的规划，规划将火灾中被毁的区域内的建筑全部改建成防火的砖石建筑。这项规划是日本近代历史上第一个政府主导的城市规划建设项目，由英国工程师托马斯·沃特斯（Thomas Waters）负责。砖石街设置了 4 种宽度的道路，并在日本首次采用了分离的人行道和马车道，以松树、樱桃树、枫树为行道树，并安装时兴的煤气路灯（图 5-2）。然而，由于当地居民的反对，建成建筑潮湿且漏雨，价格又非常昂贵等诸多原因，到 1877 年，银座砖石街的规划只完成了一部分。尽管如此，砖石街建成之后，仍然成为日本文明开化的象征，超过日本桥成为日本首屈一指的商业区，奠定了银座在东京黄金地段的地位。

1886 年，时任外务卿的井上馨牵头，德国建筑师 Hermann Ende 和 Wilhelm Boeckmann 在现在的日比谷公园附近编制了政府办公区规划（官厅集中计画），欲将所有的政府

---

① 详见：東京都都市計画局 . 東京の都市計画百年 [M]. 1990：4.

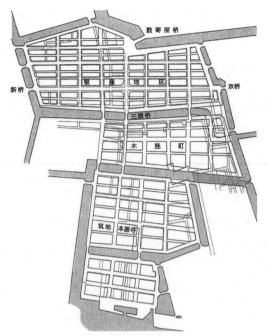

图 5-2　银座砖石街规划
资料来源：東京都都市計画局.
東京の都市計画百年 [M]. 1990：6.

图 5-3　官厅政府办公区集中规划
资料来源：東京都都市計画局.
東京の都市計画百年 [M]. 1990：11.

部门建筑集中布局（图 5-3）。规划选址在 1883 年建成的欧式建筑鹿鸣馆旁边，规模宏大，包含林荫大道、广场、公园、纪念碑等欧洲近代城市规划的诸多要素。但是随着明治政府对欧美各国 "条约改正交涉" 的失败，井上馨引咎辞职，市区改正计划成为内务省的核心工作，此规划也无疾而终。但石田赖房认为，即使没有这些外界的因素，该规划也可能遭受和银座砖石街一样的挫折，因为该规划并未考虑日本的城市结构、市民思想和社会经济状况，所以很可能无法实施（石田赖房，2003）。

　　2）市区改正期：1880—1918 年

　　江户时代留下的东京是一个高度低、密度高、拥挤而混乱的城市，与日本开始高速发展的经济需求极不匹配[①]。在这一阶段，东京知事等政府要员开始用公共权力建设基础设施、改善城市环境，核心目标是改变城市旧有面貌，防止火灾发生，保障公共卫生。1888 年颁布的《东京市区改正条例》，可以理解为当时的城市规划条例，全面

---

① 1868 年之后，东京都的行政建制和行政范围内经历了多次的调整，范围由江户城的 60km² 增加到现在的 2187km²。1871 年，明治政府废除藩制，同时废除旧的东京府，成立新的东京府，包括 15 区 6 郡。其范围基本扩大到了现在的 23 区。1888 年，明治政府颁布法律，在全国范围内施行市町村制。1889 年，东京府内 15 区被划定为东京市，与外围 6 郡合称东京府。1896 年，东多摩郡和南丰岛郡合称丰多摩郡，东京府由 15 区 5 郡构成。1893 年，因为水源争端问题，西多摩郡、南多摩郡、北多摩郡 3 个本由神奈川县管辖的区域划入东京府。至此，东京府的管辖范围即为今东京都的区域范围。

考虑了城市的上下水道、公路铁路等基础设施，奠定了东京城市化的基础。

1880 年，为了解决东京的拥挤和火灾隐患问题，东京府知事松田道之发表《东京中央市区划定问题》（東京中央市区確定之問題），即东京筑港规划。由于商界和政界对此问题存在争议，导致规划并未成型，但却成为东京市区改正条例出现的一个铺垫性工作。

1888 年的《东京市区改正条例》和次年的《东京市区改正土地建筑物处分规则》（東京市区改正土地建物処分規則）（简称《处分规则》）的颁布标志着日本近代城市规划制度的诞生。频发的大火、肆虐的传染病，铁路和马车在日本的广泛应用，使得旧的江户城越来越无法适应日本经济的发展。当时，日本东京府知事芳川显正认为必须对道路和铁路进行有计划地建设，于是在 1884 年向内务省提出方案。在此提案的基础上，1888 年，内务省设立了"东京市区改正委员会"，芳川显正担任委员长，由内阁大臣监督组建。这意味着中央政府开始行使东京规划的主导权，并通过了《东京市区改正条例》。在此条例颁布前后，共有四个市区改正规划方案，分别是 1884 年芳川显正提出的规划方案，次年为通过市区改正审议会的审查而再次提交的规划方案，1889 年市区改正委员会议定并得到内阁认可且已经公示的市区改正设计；1902 年东京市区改正委员会决议，次年公示的东京市区改正新设计。这四个规划方案被统称为东京市区改正规划，是第一个覆盖东京全域的规划，已经涉及用地确定、公示、土地利用限制等一个完整的城市规划的各个方面。《处分规则》规定了市区改正所涉土地的征用细则，对建筑物的新建、改建、扩建都加以限制，已经初步具备规划管制的思想（图 5-4）。

市区改正规划从 1888 年条例颁布，到 1919 年《城市规划法》（都市計画法）颁布之前，共实施 30 年。按实施重点可分为三个阶段：一是上水道建设期，主要内容是修建自来水厂，铺设给水管道；二是市区道路桥梁建设期，主要修建马车铁道和路面电车轨道；三是下水道建设期，将马车粪便和雨水分流排放。经过 30 年的建设，东京市基础设施实现了从封建农业社会中的城市到现代化城市的转变。除东京外，大阪、京都、神户等大城市也进行了市区改正，建设内容与东京大同小异。

市区改正规划的本质是城市基础设施的建设，这是近代城市规划最重要的内容之一，这一规划也奠定了日本城市规划体系的基础。

2. 城市化快速发展时期：1920—1975 年

1）城市规划体系确立期：1910—1935 年

在上一阶段日本逐渐学习了西方工业化国家城市建设技术的基础上，这一时期开始引入西方国家城市规划的思想、实施和管制理论。第一次世界大战前后，日本进入

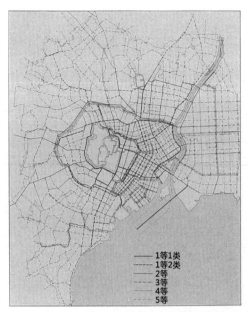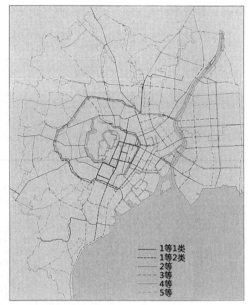

图 5-4　东京市区改正规划图

资料来源：東京都都市計画局. 東京の都市計画百年 [M].1990：12.

经济加速发展期，城市问题接踵而至，参考西方工业化国家的规划管制理论，先后颁布了《城市规划法》和《城市建筑物法》（市街地建築物法），引入了建筑线和区划等城市规划管制技术，初步形成了日本第一个现代化的城市规划体系。

明治维新以来，日本实施富国强兵政策，逐渐走上了近代化和资本主义道路。在甲午战争、日俄战争中都取得了胜利，进行海外殖民，发展为亚洲军事强国。同时，日本近代工业发展迅速，以第一次世界大战为契机，军需重工业取得了飞跃的进步，国民经济迅速提升。伴随着经济发展，日本城市人口迅速增加。从 1891 年到 1920 年的 30 年间，人口在 5 万 ~10 万之间的城市从 12 个增加到 31 个，人口 10 万人以上的城市从 6 个增加到 16 个。城市职能出现分工：浜松、八幡是工业城市，小樽、若松是港口城市，夕张、大牟田是煤炭城市，横须贺、吴是军事城市。东京、大阪已步入大城市的行列，进入 20 世纪后，人口骤增。1919 年，东京周边 82 个町村的人口较 20 年前增加了两倍。市区不断向郊区扩张，住宅与工业用地混杂，工人住房密集且环境恶劣。城市也缺乏相应的公共服务设施，形成了混乱无序的城市空间格局。

大城市扩张需要新规则指导，新发展起来的城市，需要进行土地整理、城市建设，道路、铁路、港口等基础设施也需要规划。此时，日本面临的问题不再是明治初年对江户时代城市的改造，而是要在全国范围内应对大规模的城市扩张，将城市规划手法制度化，建设优良社区。类似作为东京市区改正规划依据的《东京市区改正条例》这种法规已不能满足城市发展的各种需求。1918 年，内务省设立了城市规划调查委员会，1919 年，内务省公布了《城市规划法》和《城市化地区建筑物法》，即现行的《城市规划法》（都市計画法）和《建筑基准法》（建築基準法）的前身。城市规划法要求组成城市规划委员会，负责调查审议相关事务。委员会由地方知事担任主任，成员主要是地方议员以及学者，委员会需受到内务大臣的监督。

1919 年《城市规划法》主要内容是：①进一步确立了中央集权的城市规划行政体系；②将城市规划法的适用范围由特定的城市逐步扩大到所有的城市或城镇；③确立了城市规划区的概念；④创建了类似于区划（Zoning）的"地域地区"制度；⑤将城市规划的内容分为规划与规划实施项目；⑥创立了"土地区画整理"制度；⑦允许城市规划实施项目进行土地征用、征收特别税和创立受益者负担制度等（谭纵波，1999）。

1919 年的《城市规划法》引进了 3 项规划新技术，分别是：

（1）土地区划整理（即日文的"土地区画整理"）——借鉴德国的土地区划制度，将耕地整理的产权变更原则和相关技术手段运用于快速城市化时期的城市扩张，以解决道路、公园等基础设施用地以及土地所有者合理负担相关费用的问题。土地区划整理主要用于城市规划区域内尚未开发的土地，或者在城市基础设施及居住环境尚不完善的城市地区修建道路、公园等，相当于大规模开发的一种手段，类似于美国的"用地细分"（subdivision control）的手法。

（2）用地分区（用途地域）——借鉴源自德国后被北美城市普遍采用的区划（Zoning）制度，目的是按照商业、工业、住宅的土地用途分区，将存在"妨害"（妨害）的工厂、仓库、风俗地区等与居住区分离开。

（3）建筑线（建築線）——借鉴德国的道路红线制度，控制道路两侧建筑外沿的位置，规定不能在没有道路连接的土地上建造建筑，主要目的是抑制城市用地的无序蔓延及道路的狭窄拥堵。1919 年的城市规划体系也存在一定缺陷：首先，该体系完全建立在中央集权的国家政治体制下，以池田宏为代表的城市规划行政领导认为，城市规划应归属国家事务层面，因而弱化了地方政府对城市规划的决定权限。与城市规划相关的两部法律，其权力都集中在内务省。与欧美各国相比，1919 年《城市规划法》所形成的城市规划制度是高度中央集权的。其次，与《城市规划法》配套使用的《城市建筑物法》所规定的技术指标在全国采取了不考虑地域差别的一刀切方针，没有充分考虑到各地的具体情况，在实施的过程中引发了一系列的矛盾。

值得一提的是，这一时期欧美各国的城市规划技术被日本政府着力引进，对日本城市规划体系的形成产生了重要影响。1918 年，内务省城市规划科设立了全国城市规划从业者的学术组织——城市研究会，刊行杂志《城市公论》（都市公論），定期开展城市规划讲习会活动，介绍国外的城市规划思想，交流对国内外城市问题的学术观点。1922 年，时任东京府知事的后藤新平倡导建立东京市政调查会（東京市政調查会），刊行杂志《城市问题》，并针对各城市行政、规划相关问题出版书籍。东京市政调查会在其发表的市政调查资料中，大量介绍国外城市规划制度和技术。1925 年东京市政调查会出版《英国的城市规划法》（イギリスの都市計画法），详细介绍了英国 1909年的《住房及城市规划诸法》和 1919 年修订后的版本。1900 年萨克森颁布的《一般建筑法》第一次实现了城市规划的系统化，得到各国高度评价，这一法律中的道路线、建筑线等技术方法在 1923 年被帝都复兴院翻译介绍到日本。1925 年，东京市政调查会又出版了其他刊物来介绍美国纽约的区划条例。霍华德的田园城市规划思想也被引入了日本，作为日本农村改造可以参考的经验被详细地加以介绍。次年，东京市政调查会又介绍了莱切沃斯（Letchworth）等英国田园城市的建设情况。日本从 1920 年代起，每年都会派代表参加由国际住房与规划协会和国际城乡规划及田园城市协会举办的国际城市规划会议，与欧美各国城市规划师进行直接交流，收集信息并进行实地考察。1924 年在阿姆斯特丹举行的国际城市规划会议以大城市圈规划为主题，这次会议对日本的区域规划、城市规划产生了非常重大的影响。

2）战争中的城市规划期：1931—1945 年

这段时期是日本城市规划的中断时期，并非因为这一阶段没有进行城市规划，或者《城市规划法》被废止，而是因为这一阶段的城市规划出于军国主义扩张的目的或对天皇地位的追捧，对军事建设的狂热，城市规划管制几乎没有实现。但在这一时期，西方国家的区域规划理论开始影响东京地区的区域规划。

1923 年，东京地区发生了里氏 7.9 级地震，即关东大地震。地震及其引发的火灾摧毁了东京自江户时代以来一直保持的城市格局。被大火烧毁的面积达到 3465hm^2，城市建成区范围的 44% 都被烧毁[①]。地震后，新任内务大臣后藤新平公布了震灾复兴规划，相关建设项目从 1923 年持续到 1930 年。按照震灾复兴规划对街道、河流、公园、土地一级开发、防火建筑等投入费用达到 4.68 亿日元，对此后东京的发展产生了重要影响，加速了东京城市建设用地向郊区的蔓延，并进一步引发了日本大城市过度扩张的问题。在这一问题上，日本城市规划界受到了 1924 年在阿姆斯特丹召开的国际城市规划会议的巨大影响。当时的国际城市乡村规划·田园城市协会确定了有关大都市圈规划的 7 个原则：

---

① 数据来源：東京都都市計画局. 東京の都市計画百年 [M]. 1990：24.

（1）限制膨胀；

（2）建设卫星城分散人口；

（3）围绕市区建设绿带；

（4）解决机动车交通问题；

（5）大都市圈区域规划的必要性；

（6）应对情况变化有弹性的区域规划；

（7）土地利用规划制度的确立。

其中，绿带和卫星城成为日本大都市圈区域规划的原型。1940年大东京区域规划的模式图与德国规划师Paul Wolf在此次会议上所展示的大都市结构模型图十分相似。此外，东京于1939年和1943年分别制定了东京绿地规划（東京緑地計画）和东京防空空地及空地地带规划（東京防空空地及び空地帯計画），规划一方面顺应国际潮流，在大城市内营建绿色隔离带，另一方面满足了战时防空疏散的需求。大东京区域规划的外环道路串联了东京周边的军事基地，环状铁路兼具运行火车炮的功能。

除以上规划，这一时期还出现了战争特需型规划。如受到德国纳粹思想影响的"大东亚共荣圈"国土规划，将当时的日本列岛和日本占领下的朝鲜、中国台湾纳入"中央规划"，将中国大陆纳入"日满支规划"；还有为军事城市相模原所做的城市规划，为赞美天皇而做的"神都城市规划"等。当时全国通行的《城市建筑物法》也为战争需要开辟了特例。

3）战后复兴城市规划期：1945—1954年

这一时期，城市规划的核心是战后复兴规划和城市规划制度改革的酝酿。日本在全国范围内编制了《战灾地区复兴规划基本方针》（戦災地復興計画基本方針）。当该规划在各地区实施受阻后，又颁布了《修订战灾复兴城市规划的方针》（戦災復興都市計画の再検討に関する基本方針），缩减了正在实施的战后复兴规划。

"二战"期间，日本的工业生产遭受重创，城市道路和住宅也因为空袭而受到严重破坏。回顾日本近代城市规划历史，火灾、地震等灾难都成了日本城市规划发展的重要契机。此次战争后，城市一片狼藉，却成为城市规划师大展身手的机会。

1945年，日本政府公布了《战灾地区复兴规划基本方针》，内容包括：

（1）复兴规划的区域；

（2）复兴规划的目标；

（3）土地利用规划；

（4）主要设施；

（5）土地整理；

（6）疏散场地布局；

（7）建筑；

（8）项目的实施；

（9）复兴建设的费用等。

该规划的基本目标是抑制超大城市，复兴地方中小城市。规划着意限制大城市地区及周边的工厂、大学等的建设，鼓励地方城市发展农业、工业等。此方针发布后，各地方城市制定了复兴规划。该方针对土地利用、道路、公园等设施制定了较高标准。许多著名建筑师、规划师如丹下健三等都参与了战后复兴规划的制定。

东京市制定的《东京战灾复兴规划》（東京の戦災復興計画）较为理想，但实施率非常低（图5-5）。此规划提出将东京区部的人口抑制在350万人以下，在距离东京都心区域（千代田区、中央区、港区为都心三区）40~50km的范围内形成十几个人口10万人左右的卫星城，外围形成10个人口20万人的外围城市，在100km的范围内，卫星城市和外围城市以及都心区域一起，容纳400万人。规划保留了"二战"期间"防空空地规划"中的空地地带——面积约19km²的绿带，接近整个城市建成区面积的34%。日本学术界对田园城市和大伦敦规划非常推崇，但是土地私有制度和政府

图 5-5　东京都战灾复兴城市规划区部土地利用图
资料来源：東京都都市計画局. 東京の都市計画百年 [M].1990：50.

干预市场的能力有限，地主阶层和地方政府的利益与此规划意图相违背，因此绿带实施效果不佳。

自1949年开始，日本国内通货膨胀严重，中央财政吃紧，实施4年的战灾复兴规划面临资金不足的局面。美军占领当局认为，复兴规划与日本战败国的身份不相符合，保留基本的道路修复建设即可。1949年，内阁通过了《修订战灾复兴城市规划的方针》（戦災復興都市計画の再検討に関する基本方針），大幅缩减了原规划的内容。除东京外，全国复兴规划的平均实施率为61.2%，而东京的实施率则只有6.9%，实际上，只有新宿、池袋、涩谷、大冢等站前地区的规划得到实施，其他地区均被终止。在这种情形下，朝鲜战争为日本带来了战争特需的经济拉动力，东京迎来了建设高潮，市区建设了大量写字楼。1949年住宅金融公库设立，在大城市郊外开始进行大批量的住宅建设。建设活动并没有受到太多城市规划的引导，导致当时城市建设颇为混乱。此后，日本土地价格急剧上升，城市规划管制愈发困难。

"二战"结束后，在美国的直接干预之下，日本修订了宪法，对全国的政治体制进行去军国主义和民主化的改革。1947年，具有深远意义的《地方自治法》（地方自治法）颁布，城市规划制度面临同样的改革。改革的核心内容有三：

（1）城市规划权限从中央转移到地方；

（2）城市规划决策引入公众参与；

（3）强化对土地利用强度的控制。

但是改革内容引起了较大的震动，出现了激烈反对的声音。建设省认为，城市规划权力向地方政府移交将导致城市规划丧失统一性与综合性。最终改革未能进行，为未来高速城市开发期的混乱埋下了祸根。

4）基本法缺位的城市开发期：1955—1968年

这一时期，日本将高速经济发展与缩小地区差异作为国家战略，在完成资本快速积累的同时，城市问题开始显现。自1955年开始，日本走出战后阴影，迎来了经济高速增长期。1954年，依据《国土综合开发法》（国土総合開発法），日本经济审议厅制定了《综合开发构想》（総合開発構想），以1965年为规划目标年，提出实现所有劳动力人口的完全就业，并就日本的工业设施、港口、铁路和陆路交通、住房等各方面制定长期规划，被称为日本历史上第一个"综合规划"。1960年，池田内阁制定了《国民收入倍增计划》（国民所得倍増計画），到1970年规划目标年时，日本已经超额50%完成了规划目标，国民总产值年均增长率达到11.6%。以东京、大阪、名古屋为中心的太平洋工业带形成，但日本国土发展的不均衡性凸显。尽管日本政府在1962年第一个《全国综合开发规划》（全国総合開発計画）中刻意强调均衡地区差异，建设太平洋工业带以外的新兴产业城市，但接下来的四次全国综合开发规划都没能缓解人口和资本向东京等大城市集中的趋势。高速经济增长不仅为日本积累了大量资本，也带来了诸多问题，如大气污染、水污染，近郊农业地区遭受城市扩张侵蚀，快速建设导致低劣城市空间出现，机动车数量激增带来交通事故高发等。

日本有些学者对这一时期仍延续 1919 年《城市规划法》持否定态度。城市规划历史学者石田赖房认为，日本经济高速发展时期，1919 年《城市规划法》已经落后于时代，完全不能起到城市规划母法的作用。这是造成这一时期开发混乱的根本原因。石田赖房认为：① 1919 年《城市规划法》确立的城市规划的决定权依然在中央政府手中，城市规划不是地方事务，而是国家事务，这一点与欧美各国完全不同；②在城市规划决策的过程中，市民完全没有参与权，只能服从既定规划；③土地利用规划相关的制度不完善，用地划分的制度还保持着战前的水平；④建筑线制度取消，对郊外土地区划整理等手法完全没有了影响；⑤城市规划的资金来源减少，原本应由规划受益者提供的资金逐渐不再征收，地方政府进行城市规划的财政基础变得极为薄弱[1]。

纵观这十余年间日本城市规划的发展历程，可以总结出以下几个特点：

（1）虽然没有作为基本法的城市规划法，但为了满足高速增长的国民经济需求，日本制定了许多针对城市开发项目、城市土地利用和道路建设的相关法律。如 1954 年的《土地区划整理法》（土地区画整理法）、1960 年的《住宅地区改良法》（住宅地区改良法）、1961 年的《城市改造法》（市街地改造法），这些法律在某种程度上弥补了基本法缺位的不足，是以保障城市开发与经济增长为目的的。

（2）城市规划建设参与主体多样化。这一时期出现了大量的公团、公社等城市规划开发主体，如日本住宅公团（1955 年）、日本道路公团（1956 年），是在国家层面建立起来的为在全国范围内进行开发的国家资本团体。首都高速道路公团（1959 年）、阪神高速道路公团（1962 年）及大阪企业局（1960 年）和新宿副都心开发公社（1960 年）是在地方政府层面开展政府主导开发活动的机构。除此之外，民间资本也大量参与了城市开发，建设住宅和商业建筑，从 1961 年到 1965 年，民间住宅占总住宅存量的 48.8%，其中 79.3% 由民间资本建设[2]。

（3）新型城市空间的出现。经济高速发展以来，城市不仅向郊外横向发展，建成区内部也不断进行改造。伴随着建筑技术的成熟，建筑高度不断增加，城市在纵向空间上也有突破。日本第一栋超高层建筑——霞关大厦就是《建筑基准法》在 1961 年

---

[1]　石田赖房《日本近代都市計画の展開 1868—2003》p204
[2]　石田赖房《日本近代都市計画の展開 1868—2003》p238

和 1963 年两次修订之后，在新的特定街区制度和容积率地区制度之下出现的。随着城市改造经验的积累，日本城市改造的手法也日趋成熟，步行商业街、地下街、高架步行系统等都成了综合开发的要素。

（4）以三大城市圈为首的区域规划兴起。1960 年代，以东京为核心的首都圈、以大阪为核心的近畿圈和以名古屋为核心的中部圈形成了东海道大城市群。在这一时期，日本出现了跨越都道府县范围的大城市圈规划，以统领、协调三大城市圈内部的人口、产业、文化、信息等。同一时期欧洲的大伦敦规划对日本的大城市圈规划产生了较大影响，特别是第一次首都圈规划，基本沿袭了大伦敦规划的理念。

（5）城市规划专业人员的增加与成长。高度经济增长时期，城市规划业务增加，出现了专门的城市规划咨询机构。大学的研究室以及城市规划学会、协会等学术团体大量参与城市规划、综合开发规划等规划的编制。1957 年，日本设立了技术人员资格考试。1959 年，城市规划协会、日本建筑家协会等四个团体联合制定了《居住区规划设计业务及报酬规章》（团地計画設計業務及び 報酬基準），城市规划行业逐步规范起来。

（6）城市问题显现。经济高速增长的同时似乎总是伴随着城市问题的出现，日本也不例外。大量郊区农田受到城市扩张的侵蚀，机动车交通带来了空气、噪声污染和交通拥堵，高层建筑物对低层住宅造成了日照妨害，涌入东京的大量劳动力蜗居在山手线周边狭窄破旧的木制公寓里，直到现在都是城市中的火灾高危地带。

3. 城市化稳定发展时期：1975 年至今

1）新城市规划法主导时期：1968—1985 年

1968 年，经过十余年的高速经济发展，日本城市建设矛盾日益凸显，城市规划制度迎来转型。"二战"结束后，产业和人口迅速向大城市地区集中，城市及周边区域的土地利用状况混乱，土地价格一路走高。如上一节所述，公团组织和民间资本都进入了城市建设领域，造成建设水平参差不齐。这一方面助长了大城市向郊区蔓延的趋势，另一方面使得城市内部土地建设密度、容积率高企，形成了高耸逼仄的城市空间。对城市无序开发和城市问题不满的日本市民掀起了轰轰烈烈的市民运动。市民运动类型主要有：①反对未告知居民就通过决议的土地区划整理，居民要求撤回此类未经自己认可的规划；②抵制妨碍居民日照权的无秩序高层住宅建设；③为保护历史景观、自然环境发起的运动；④要求改善居住环境，增建学校、医院、商店等有欠账的服务设施。

为了应对这些问题，1968 年新的《城市规划法》（都市計画法）颁布，1970 年《建筑基准法》修订，两者形成了新城市规划体系的基础。新的城市规划体系主要有以下变化：

（1）城市规划行政的决定权由中央政府转移至都道府县和市町村两级地方政府；

（2）在城市规划方案的编制及审定过程中增加了市民参与程序；

（3）将城市规划区划分为城市化地区和城市化控制区，并增加了与之配套的开发许可制度；

（4）将控制土地利用分类的用途地域制度进行了细化，并广泛采用容积率作为控制指标。

新的城市规划体系在实际实施过程中，仍存在一定问题。城市规划方案的说明会、听证会并没有强制化，因此，日本各地的公众参与情况参差不齐；规划许可制度规定 $0.1hm^2$ 为许可制适用下限，导致了大量钻空子的"迷你开发"；土地利用分类细化之后的容积率规定普遍过高，高于同时期欧美地区的同类规定，而1970年《建筑基准法》中新增的综合设计制度实际上也鼓励高密度、高容积率的开发。因此，新的城市规划体系并没有如期望的那样有效遏制城市的扩张，反而进一步加剧了城市建成区中开发的碎片化和高密度的状况。

1980年，《城市规划法》和《建筑基准法》再次修订，增设"地区规划"（地区計画）作为法定规划内容。地区规划是城市规划中的详细规划，可以根据实际情况对道路、公园等地区设施进行详细设计，并依据市町村制定的条例对土地利用实施较地域地区制更为严格的控制。编制、决定地区规划的事权属于作为基层地方政府的市町村，由于涉及居民的切身利益，因此规划编制过程中的公共参与也更重要（谭纵波，2008）。

新《城市规划法》和《建筑基准法》确定的城市规划体系，体现了日本城市规划的现代化转型，顺应了时代发展潮流和社会经济变革的进步，是自下而上的民主运动诉求与自上而下整治城市形态的愿望的结合。但无法弥补的是，城市规划体系的转型滞后于经济发展十余年，错过了控制城市无序发展的最佳时期。值得注意的是，日本仍然保留着学习西方工业化国家规划技术的习惯，城市规划方案的说明会和听证会是参考英国的公众听证（public inquiry），开发许可制度则是参考英国的规划许可制度（planning permission），地区规划制度则来自对德国的"B-Plan"和瑞典的"Stadts Plan"的效仿。

2）反规划、泡沫经济期：1982—1992年

1980—2000年，日本经济经历了过山车般的剧烈震荡。"二战"后日本政府对经济发展一直采取较强的管制手段进行引导。如各种公共团体的设立，都是政府干预市场的体现。自1971年以来，日本经济发展增速有所降低，结束了1965—1970年间的经济高速增长。1973年和1979年的两次石油危机对日本制造业产生了严重的负面影响。此时，大洋彼岸的美国里根政府和英国撒切尔政权开始进行放松管制的行政调整，凯

恩斯主义政策被抛弃，大量国有企业被私有化，以拉动本国经济增长。

在全球经济环境变动的影响下，日本开始放宽政府管制，给予民营经济更大的自由度，以增加中小企业的活力。1983年，建设省向首相中曾根康弘上交了《基于放松管制的促进城市开发方针》（規制の緩和等による都市開発の促進方針），提出了促进城市开发方针的三个部分，分别是：①放宽城市规划和建筑控制以促进城市再开发；②盘活国有土地，推进城市开发；③放宽限制以促进住宅用地开发 ①。报告的核心在于推进城市基础设施建设和住宅建设，将民间投资引入城市住宅开发建设领域。

从日本城市规划体系发展的历程来看，"放松管制"与1968年《城市规划法》加强土地控制的趋势相反，城市规划领域承受着来自政治界和经济界的巨大压力。政党领袖、政府首相、产业协会都希望减少城市规划对开发建设的限制，自民党首脑二阶堂进发表讲话，提出要取消城市化控制区，但这种反规划倾向遭到了日本城市规划界的反对。放松管制减少了国家运营的一些项目，将国有土地廉价出售，利润被部分私营企业侵吞。城市建设被"放松管制"后，东京都土地价格迅速上涨，投机性的土地交易横行，对普通市民的正常生活造成了巨大影响。放松管制对城市建设管制的放松，可以说是造成此后日本泡沫经济出现的一个重要原因。

1985年"广场协议"达成后，日元迅速升值。日本政府为了补贴因此而受损的出口产业实行了宽松的金融政策，市场上产生了过剩的流动资金，在低利率背景下刺激了投机性投资行为的爆发，造成日本地价高涨，办公楼建设大量过剩，最终导致泡沫经济的形成和破裂。1985—1991年间，土地价格的虚高和日元在国际市场购买力的增强，使日本的民族自信心极度膨胀，认为日本时代即将到来。日本企业进军海外，三菱集团在纽约买下洛克菲勒中心14栋办公楼，日本国内的豪车消费进入高潮。但1991年后日本土地价格开始下跌，大批以土地抵押发放贷款的银行宣告破产，金融业受到沉重打击。经历土地价格飞涨之后，1989年日本颁布《土地基本法》（土地基本法），确立了日本土地开发的基本原则，填补了土地领域基本法的空白。1992年，《城市规划法》再次修订，进一步将城市规划权限移交地方政府，并在市町村规划层面引入了总体规划。地方分权和公众参与是这一时期日本城市规划总的发展趋势。

3）向市民主导、地方分权方向发展时期：1992年至今

1990—2000年被称为日本历史上失去的十年，日本进入漫长的经济发展停滞期。经济泡沫的破裂对日本经济造成严重打击，不仅大银行和地产公司纷纷破产，制造业也元气大伤，政局出现波动。总结来看，日本面临的主要问题如下：

---

① 详见石田赖房《日本近代都市計画の展開 1868–2003》，272.

（1）土地价格持续下降

在泡沫经济中供给过剩的土地和办公楼因实业发展滞后而无人问津。为了促进地价回升和土地流动，日本政府重新采取新自由主义的经济政策，重提"放松管制"，希望能够重新振兴民间资本主导的城市开发。

（2）步入老龄化社会，人口减少，失业人口增加，社会犯罪增加

日本人口出生率从 1970 年代开始就不断下降，新生儿的减少让日本社会的老龄化更加严重。1997 年，日本引入了老年人、残障者的福利看护制度，在建筑与城市设计细节上注重残障人群使用的便利。经济衰退背景下的失业人口增加，使日本不得不降低社会福利待遇，加大税收，减少医疗保障。互联网技术的进步诱使新型犯罪增加，原本安全的学校、公园、车站等地点开始出现恶性犯罪，市政设施的规划设计成为市民关注的对象。

（3）环境问题

日本民众环境意识不断提高，反对重污染工业的市民运动在日本全国各地展开。与此同时，日本受到全球性能源危机的牵连，因此，在城市和农村规划中提出发展低能耗的城市建设目标。

（4）地方分权的大趋势

1992 年通过对城市规划基本法律的调整，增加了市町村等地方政府的规划事权。1999 年日本国会通过了名为《关于为推进地方分权构建相关法律体系的法律》（地域の自主性及び自立性を高めるための改革の推進を図るための関係法律の整備に関する法律），简称《地方分权法》，对城市规划相关法律在内的 475 部法律作出调整。此次调整将城市规划确定为地方政府工作，基本脱离了中央政府的管理。这次调整被认为是日本整体由快速发展的"城市化社会"向成熟的"城市型社会"过渡的标志。

为应对以上问题，日本在这一阶段的城市规划动向可以总结为：放松管制、城市再生、地方分权和公众参与。

（1）放松管制

1990 年代，《建筑基准法》数次修订，更新了容积率计算方法，减少了计入容积率的建筑面积，实际上放宽了对开发强度的限制。《城市规划法》在地区规划中增加了诸如城市景观诱导型地区规划和不同用途容积率型地区规划，放松了对容积率的管制。

（2）城市复兴

2001 年小泉纯一郎内阁设立城市再生部，负责实施"城市复兴"，对抗通货紧缩、老龄化社会和其他经济衰退问题。2002 年国会通过《城市再生特别措施法》（都市再生特别措置法），简称《城市再生法》，设置了城市再生紧急建设地区（都市再生紧急

整备地域），以此类地区为据点，通过城市开发推进紧迫而重要的市区建设。城市再生紧急建设地区内的"城市更新特别地区"（都市再生特别地区），是《城市规划法》规定的地域地区中的一种，被指定为特别地区后，可以重新制定土地利用规划，放松管制。但这些地区由中央政府政令指定，与城市规划体系中地方分权的趋势相左。

（3）地方分权

尽管日本中央政府在经济不景气的情况下重新开始干预城市建设，但日本城市规划的大趋向仍然是地方分权，集中表现在《地方分权法》颁布后对《城市规划法》的修订中，主要内容为：①大部分情况下，中央政府不再直接干预地方政府的城市规划，市町村具有决定权的城市规划内容由约 60% 增加至 75%；②上级政府对城市规划的批准一改之前的"批准"，变成"协商后同意"，且"同意"的内容限定在下级政府之间需要协商或需要符合上级政府规划的范围内；③地方政府可以在法律规定范围内，对某些地方性较强的城市规划内容以地方条例的形式做出选择，但是不得降低标准或简化程序；④市町村城市规划审议会被指定为法定机构（谭纵波，2008）。尽管在实施过程中尚存缺陷，但仍然是城市规划体系迈向地方分权的一大步。

（4）公众参与

随着日本步入"城市型社会"，居民参与城市规划决策的意识非常强烈，事权下放至作为基层地方政府的市町村后，公众参与越来越具有可行性。1992 年修订的《城市规划法》规定："区市町村级政府在确定本地区城市规划的基本方针之前，必须以召开听证会等形式，采取必要措施听取征求市民的意见。"规划制定后，法律规定："区市町村在确定了基本方针之后必须立即向社会公布，并通知都道府县知事。"（王郁，2006）

4）小结

古代的日本城市规划并未形成完整的体系。都城建设单纯从城市整体布局的空间形态、建筑单体造型、木构建筑技艺等方面模仿中国古代城市，而其他城池则形成了一套顺应自然条件、便于管理、易于防守、简单明了的建设准则。

近代日本开始学习西方工业化国家的城市规划制度，从最初的城市形态及建筑单体造型的简单模仿，到城市基础设施建设及开发行为的管制，逐步确立起自己的城市规划体系。1919 年颁布的《城市规划法》标志着日本城市规划体系的出现，但这一阶段的规划技术尚不成熟，在技术、管理和法律三方面都存在不少缺陷，技术手段还不够丰富，用途地域的划分也相对简单。城市规划的事权均由中央掌控，地方政府没有掌握城市规划的主导权，管理流程也相对简单；城市规划相关的法律仅有两部核心法律，配套法律较少，例如有关土地区划整理的详细立法直至 1954 年才颁布。1968 年新的《城市规划法》配合《建筑基准法》所确立的城市规划体系，在上一阶段的基础上作出了大量的改进，极大地丰富了城市规划的技术手段，规范了城市规划管理流程，并逐步形成了完善的法律法规体系。进入 21 世纪后，伴随着政府行政管理体制由中央集权进一步转向地方分权，绝大部分的城市规划决策权已移交至都道府县和市町村两级地方政府。城市规划基本上成了地方性事务。

5.3　日本现行城市规划体系的特征

本节将从城市规划立法、管理和技术三个方面对日本城市规划体系进行论述。为便于理解，本书以东京都涩谷区为例，向读者展示日本的城市规划立法、技术和管理体系在实际操作中的应用①。

5.3.1　城市规划立法体系

1. 立法体系概述

《城市规划法》及其相关法规构成了日本现行城市规划的法规体系，主要由三大部分组成：

（1）与国土规划和区域规划相关的法律；

（2）土地利用、税收等方面的法律；

（3）作为《城市规划法》所涉及内容的延伸或细化的法律（图 5-6）。

《城市规划法》作为编制与实施城市规划的依据，在规划对象空间层次上与国土及区域规划法规内容竖向衔接。《城市规划法》对城市规划范围内城市化地区与城市化控制区的土地利用实施规划与控制，与其他非城市土地利用的相关法规，如《农用土地法》《森林法》等横向协调。另一方面，《城市规划法》作为城市规划的母法不可能将所有涉及城市开发建设的行为准则统统纳入，所以围绕《城市规划法》还必须有众多相关法规将城市规划的内容延伸或细化。这些法律法规可大致分为 2 类：一类基本上是《城市规划法》所涉及内容的延伸和细化，例如《土地区划整理法》《城市再开发法》等；另一类除包含《城市规划法》内容的延伸和细化或相关内容外，还具有各自的对象和内容，例如《建筑基准法》，或超越《城市规划法》的空间层次，例如《道路法》等。

2. 城市规划相关法规

日本城市规划相关法规众多，本研究选取了一些较有特色的法律进行详细论述。

---

① 在日本中央政府—都道府县—市町村三级行政体系里，东京都内 23 个特别行政区，与市町村是级别相同的基层地方行政区。涩谷区设立于 1932 年，由涩谷町、千驮谷町和代代幡町合并而成，面积 15.11km²。涩谷区商业繁华，是东京的交通枢纽和 7 个副都心之一，著名的表参道、明治神宫等旅游景点也在涩谷区。

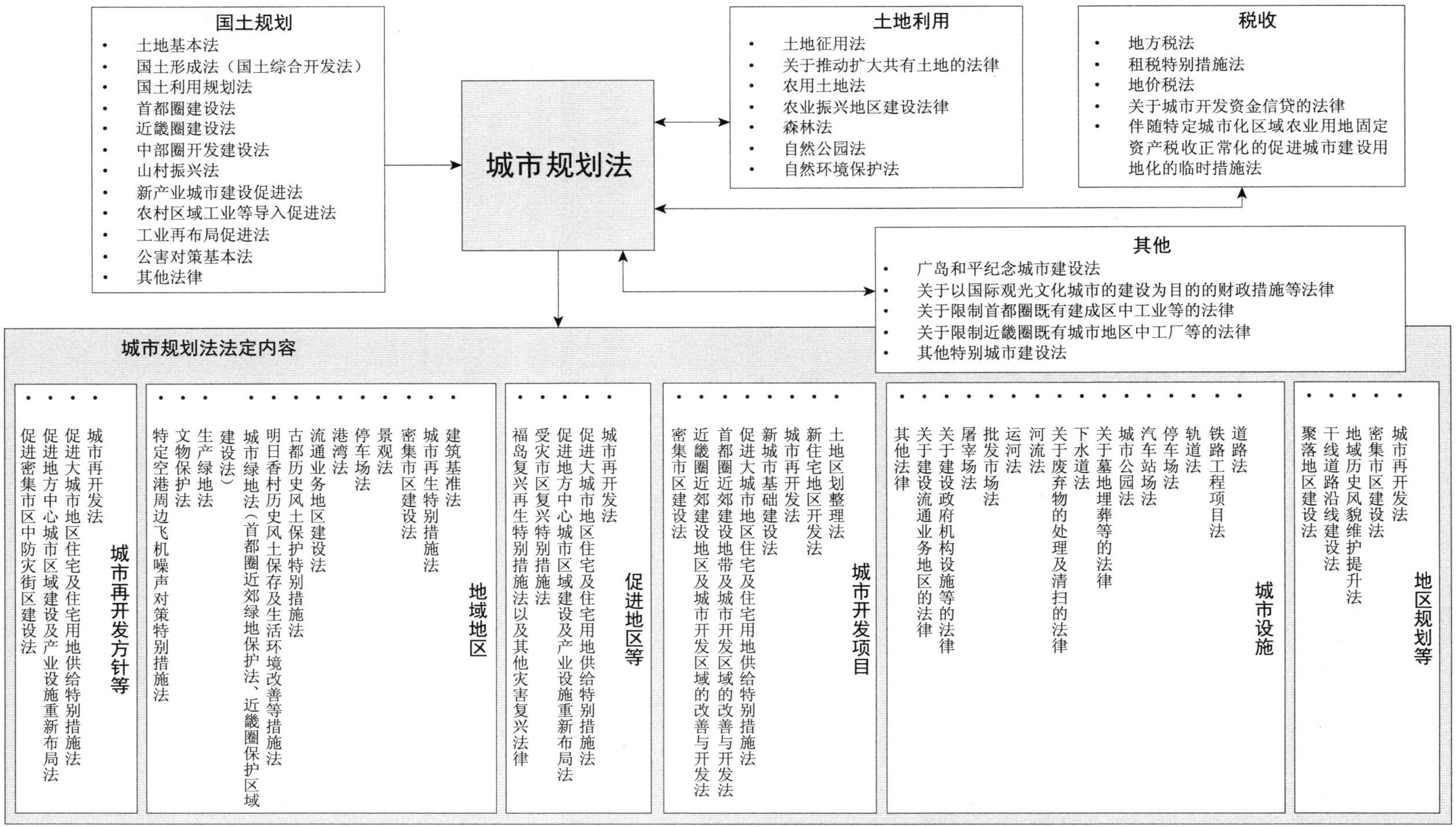

国土规划
土地基本法
国土形成法（国土综合开发法）
国土利用规划法
首都圈建设法
近畿圈建设法
中部圈开发建设法
山村振兴法
新产业城市建设促进法
农村区域工业等导入促进法
工业再布局促进法
公害对策基本法
其他法律
城市规划法
土地利用
土地征用法
关于推动扩大共有土地的法律
农用土地法
农业振兴地区建设法律
森林法
自然公园法
自然环境保护法
税收
地方税法
租税特别措施法
地价税法
关于城市开发资金信贷的法律
伴随特定城市化区域农业用地固定资产税收正常化的促进城市建设用地化的临时措施法
其他
广岛和平纪念城市建设法
关于以国际观光文化城市的建设为目的的财政措施等法律
关于限制首都圈既有建成区中工业等的法律
关于限制近畿圈既有城市地区中工厂等的法律
其他特别城市建设法
城市规划法法定内容
城市再开发方针等
城市再开发法
促进大城市地区住宅及住宅用地供给特别措施法
促进地方中心城市区域建设及产业设施重新布局法
促进密集市区中防灾街区建设法
地域地区
建筑基准法
城市再生特别措施法
密集市区建设法
景观法
停车场法
港湾法
流通业务地区建设法
古都历史风土保护特别措施法
明日香村历史风土保存及生活环境改善等措施法
城市绿地法（首都圈近郊绿地保护法、近畿圈保护区域建设法）
生产绿地法
文物保护法
特定空港周边飞机噪声对策特别措施法
促进地区等
城市再开发法
促进大城市地区住宅及住宅用地供给特别措施法
促进地方中心城市区域建设及产业设施重新布局法
受灾市区复兴特别措施法
福岛复兴再生特别措施法以及其他灾害复兴法律
城市开发项目
土地区划整理法
新住宅地区开发法
城市再开发法
新城市基础建设法
促进大城市地区住宅及住宅用地供给特别措施法
首都圈近郊建设地带及城市开发区域的改善与开发法
近畿圈近郊建设地区及城市开发区域的改善与开发法
密集市区建设法
城市设施
道路法
铁路工程项目法
轨道法
停车场法
汽车站场法
城市公园法
关于墓地埋葬等的法律
下水道法
关于废弃物的处理及清扫的法律
河流法
运河法
批发市场法
屠宰场法
关于建设政府机构设施等的法律
关于建设流通业务地区的法律
其他法律
地区规划等
城市再开发法
密集市区建设法
地域历史风貌维护提升法
干线道路沿线建设法
聚落地区建设法

图 5–6　日本城市规划相关法规体系

资料来源：根据建设省都市局都市计画课监修《逐条问答都市计画法の运用（第 2 次改订版）》株式会社ぎょうせい（1991）修改。

1)《土地区划整理法》

《土地区划整理法》(土地区画整理法),初次颁布于1954年,最新修订于2016年。该法律是《城市规划法》重要的延伸法律之一,是城市开发项目中"土地区划整理"项目的法律依据。土地区划整理技术最早源于德国,在日本的城市开发中经历了长时间的实践,形成了一套成熟的技术。

2)《新住宅地区开发法》

《新住宅地区开发法》(新住宅市街地开発法),初次颁布于1963年,最新修订于2006年。该法律是城市开发项目中"新住宅地区开发"项目的法律依据,也是日本高速城市化时期大规模住宅建设中采用的项目模式之一。

3)《大规模零售商业设施选址法》

《大规模零售商业设施选址法》(大规模小売店舗立地法,简称"大店法"),初次颁布于1998年,最新修订于2000年。日本社会通常认为小规模商业聚集有利于维持该区域的社会活力,而大规模的商业设施,如百货商场、大型超市等,则会对原有的城市氛围造成一定程度的破坏。因此,该法律的主要目的是限制大规模商业设施在城市中的选址,要求大规模商业设施选址需与传统商业街有一定距离,并对开设该类店铺的运营方提出配套设施及运营方法等要求,以促进国民经济和地方社会的健全发展,提高国民生活水平。

4)《关于激活中心城区的法律》

《关于激活中心城区的法律》(中心市街地の活性化に関する法律,简称"中心市街地活性化法")初次颁布于1998年,最新修订于2015年。随着日本的城市日益呈现出郊区化的趋势,中心城区开始出现空心化状况。为了提高中心城区的城市功能,促进经济发展,该法律提出了激活中心城区的概念,创立了由市町村一级政府编制相关基本规划提交内阁总理大臣进行认定的制度,并设置了相应的激活中心城区部门。该法律与2007年新修订的《城市规划法》以及上文提到的《大规模零售商业设施选址法》并称为"社区营造三法"(まちづくり3法)。

5)《城市绿地法》

《城市绿地法》(都市绿地法)初次颁布于1973年,最新修订于2011年。为了防止城市用地的无序蔓延、公害和灾害,改善居民生活环境,在城市规划中,可以依据《城市绿地法》划定"绿地保护地域"作为"地域地区"的一种来限制其中的建设活动。

6)《生产绿地法》

《生产绿地法》(生産绿地法)初次颁布于1974年,最新修订于2011年。为了防止公害、灾害，协调农业和城市环境，有计划地保护城市规划区内的农田，可以依据《生产绿地法》划定"生产绿地地区"作为城市规划的"地域地区"的一种来限制其中的建设活动。

7)《景观法》

《景观法》(景観法)初次颁布于2004年，最新修订于2015年。《景观法》是地方政府制定景观风貌规划(景観計画)的依据。在景观风貌规划划定的地区内，一切建筑物的新建、增建、改建等对外观有任何变更的建设活动，都必须向地方行政长官申报建设详情。地方政府可以通过景观规划确定"景观风貌地区"内建筑物的形态、色彩、高度、用地面积等指标。如果该建筑物被认为不符合景观风貌规划的要求，地方政府有权强制改变其建筑设计。

8)《文物保护法》与《古都保护法》

《文物保护法》(文化財保護法)初次颁布于1950年，最新修订于2014年。《古都保护法》(古都における歴史的風土の保存に関する特別措置法)初次颁布于1966年，最新修订于2011年。《文物保护法》是指定"传统建筑物群保护地区"的依据；《古都保护法》是指定"历史风貌保护区域"的依据。在被指定的地区中，建设行为会受到更加严格的控制，使建筑物的形态、色彩以及相关联的土地、树木的风貌得到有效保护。

9)《停车场法》

《停车场法》(駐車場法)初次颁布于1957年，最新修订于2011年，是城市规划中规划停车场，划定"停车场建设地区"的依据。

10)《港湾法》

《港湾法》(港湾法)初次颁布于1950年，最新修订于2016年，是划定"临港地区"的依据。在该地区中，可以不按照城市规划的用地分区来管制建筑活动，而是按照个别条例实施特殊的建筑用途限制。

11)《物流地区建设法》

《物流地区建设法》(流通業務市街地の整備に関する法律)初次颁布于1966年，最新修订于2011年，是划定"物流地区"的依据。该地区范围内只能建设货车停车场、批发市场和仓库等与物流相关的设施。

12)《受灾城区复兴特别措施法》

《受灾城区复兴特别措施法》(被災市街地復興特別措置法)初次颁布于1995年，最新修订于2011年，是划定"推进受灾城市复兴地区"的依据。其目标是为受灾城市中的某些地区的复兴而制定长期建设规划。

13）《国土形成规划法》

《国土形成规划法》（国土形成计画法），即原《国土综合开发法》（国土形成计画法），初次颁布于1950年，2005年改为现在的名称，最新修订于2012年。依据该法律编制的"国土形成规划"是基于国土自然条件，综合经济、社会、文化等要素制定的有关国土利用、开发和保护的综合性、基本性规划。1950年日本就颁布了《国土综合开发法》，但并没有随即制定完整的"全国综合开发规划"，而是先制定了以开发为目的的"特别区域综合开发规划"。1962年以后，日本政府共制定了五次"全国综合开发计划"，简称"一全综"至"五全综"，并据此实施国土综合开发。"五全综"期满后，国土开发的工作基本完成。2005年《国土综合开发法》修订，更名为《国土形成规划法》，提出了可持续发展的目标。为了实现地方城市的自立发展、提升国际竞争力以及保护生态环境，新的国土规划体系改变了以往开发导向的模式，采用了更适用于城市化后期阶段的政策。

3.地方性城市规划条例——以东京都涩谷区为例

在国家层面制定的全国性城市规划法体系之外，各地方政府还可以依据《地方自治法》颁布基于自身实际情况的地方性条例。例如东京都涩谷区涉及规划的条例，如表5-5所示。

东京都涩谷区地方条例 表5-5

	条例	对接的上位规划
涩谷区	《涩谷区城市规划审议会条例》	《城市规划法》第十九条 《地方自治法》第一百八十四条
	《涩谷区城市规划审议会条例实施规则》	《城市规划法》第十九条 《地方自治法》第一百八十四条
	《涩谷区社区营造审议会条例》	《城市规划法》第十九条 《地方自治法》第一百八十四条
	《涩谷区社区营造审议会条例实施规则》	《城市规划法》第十九条 《地方自治法》第一百八十四条
	《涩谷区土地利用调整条例》	《地方自治法》第七十四条
	《涩谷区一居室住宅楼等建筑物居住环境整备条例》	《地方自治法》第七十四条
	《中高层建筑物纠纷预防及调整条例》	《地方自治法》第七十四条
	《涩谷区集合住宅停车设施附置纲要》	《地方自治法》第七十四条
	《涩谷区建筑物防火储水槽设置纲要》	《地方自治法》第七十四条
	《抑制雨水流出设施设置指导纲要》	《地方自治法》第七十四条
	《特定商业设施的立地调整相关条例》	《地方自治法》第七十四条
社区层面	涩谷区内共有五个社区营造协议会，各有一份社区营造规则	《地方自治法》第一百八十四条

5.3.2　城市规划技术体系

日本城市规划严格遵循"先立法，后规划"的原则，城市规划体系的核心内容主要体现在两部法律——《城市规划法》和与其配套的《建筑基准法》之中。在《城市规划法》的框架之下，针对具体规划内容，则有相应的单独法律进一步规范相关的详细内容。如前文提到的《土地区划整理法》和《景观法》等，二者分别是《城市规划法》所列城市开发项目中的"土地区划整理"项目的单独法律以及《城市规划法》所列地域地区中的"景观风貌地区"相关的单独法律。在《城市规划法》《国土形成规划法》以及《地方自治法》等所确立的大框架之下，日本城市规划的具体内容又可以分为三大类：城市综合规划、法定城市规划及社区营造规划（图5-7）。

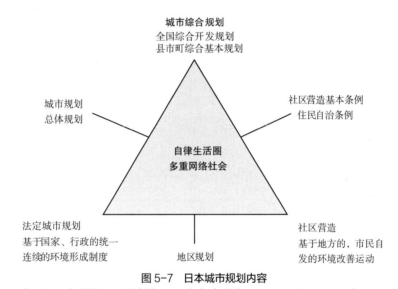

图 5-7　日本城市规划内容

资料来源：伊藤雅春，小林郁雄，澤田雅浩. 都市計画とまちづくりがわかる本 . 2011.

1.《地方自治法》中的综合规划内容

1969 年，经过修订的《地方自治法》规定地方政府可根据各自的实际情况制定城市发展的综合方针，具体类型包括：约 10 年规划期以内的基本构想、政府行政运营的基本理念和方向；为期 5 年的基本规划、阐明基本构想的具体实施策略；3 年期的实施计划、落实实施的具体项目等①。除此之外，地方政府需要依据《城市规划法》和《建筑基准法》的规定，完善具体的规划内容。虽然依据《地方自治法》编制的地方

① 资料来源:《东京都市町村综合规划运营调查研究报告》（2013 年）http : //www.tama-100.or.jp/cmsfiles/contents/0000000/275/h25sougoukeikakuzennpezi.pdf#search='%E7%B7%8F%E5%90%88%E8%A8%88%E7%94%BB++%E5%9C%B0%E6%96%B9%E8%87%AA%E6%B2%BB%E6%B3%95'

规划在严格意义上并不算是城市规划，但由于其中涉及地方经济社会发展目标以及包括空间要素在内的实施手段，所以，通常将这一类的规划看作与城市规划密切相关的城市综合性规划。

以东京都涩谷区为例，涩谷区依据《地方自治法》制定了基本构想、基本规划和实施规划。为了应对急剧变化的社会经济形势，针对常住人口的减少、社区机能的低下以及少子化、老龄化的加剧，涩谷区在1994年制定了《涩谷区基本构想审议会条例》，并设立了涩谷区基本构想审议会，对涩谷区的基本构想和长期规划策略进行探讨。两年后，涩谷区公布了综合规划基本构想的内容。2013年制定了基于基本构想的综合规划。其内容将基本规划的各项方针以项目的方式予以落实，确定正在进行的项目是否继续或扩充。地区规划、社区营造、景观风貌规划的一些关键项目都会体现在其中（表5-6）。

东京都涩谷区综合规划内容概要一览　　　　　　　　　　表5-6

涩谷：充满创意的生活文化城市——自然、文化与和平的社区		
安心健康的生活社区	开展创造性活动的社区	支持各类活动，与地球环境相协调的社区
1 保障快捷舒适的都心居住 ·推进住宅供给 ·支持安定居住 ·引导土地利用、建筑物利用向安定居住方向发展	1 形成多彩社区的文化 ·历史与文化的传承 ·新文化的创造	1 塑造城市的"绿洲" ·保护自然环境和绿地 ·设立与地球环境相协调的社会体系 ·形成优质的城市景观 ·整备安心生活的环境
2 建立相互支持的福利社会 ·完善生活支援服务 ·推进区民的自立和社会参与 ·形成家族、地区社会的支持 ·形成男女共同参与的社会	2 创造个性闪耀的学习 ·完善教育，整备环境 ·振兴贯彻一生的学习、运动、娱乐活动 ·活化地区学习活动	2 为多样化生活和活动提供支持的安全、快捷、舒适的基础设施 ·推进合理的土地利用 ·整备交通基础设施 ·整备快捷舒适的步行空间 ·推进高抗灾能力的社区营造
3 保持和增进身心健康 ·保持增进健康 ·完善地区保健制度 ·完善医疗体制 ·统筹保健、医疗、福利	3 振兴地区产业 ·复兴中小企业 ·建设新产业的环境 ·提升勤劳生活的环境 ·培养自立的消费者	3 深化新价值产生的交流 ·强化基于地区的交流与融合 ·促进和其他地区的交流 ·完善信息系统和服务

资料来源：涩谷区政府网站 http://www.city.shibuya.tokyo.jp/kusei/koso/

2.《城市规划法》确立的法定城市规划的基本内容

《城市规划法》详细规定了法定城市规划的基本内容，由以下11项构成：

（1）城市规划区的建设、开发和保护方针（都市計画区域の整備、开发及び保全の方针）；

（2）区域划分（区域区分）；

（3）城市再开发方针等（都市再开发方针等）；

（4）地域地区（地域地区）；

（5）促进区域（促進区域）；

（6）促进闲置土地转换利用地区（遊休土地転換利用促進地区）；

（7）推进受灾城市复兴地区（被災市街地復興推進地域）；

（8）城市设施（都市施設）；

（9）城市开发项目（市街地開発事業）；

（10）城市开发项目等预定区域（市街地開発事業等予定区域）；

（11）地区规划等（地区計画等）。

1）城市规划区的建设、开发和保护方针

城市规划区的建设、开发和保护方针（以下简称"建开保方针"）与我国的总体规划类似，都道府县及市町村两级政府均有编制"建开保方针"的权力和义务。"建开保方针"的主要职能是确定城市规划的基本理念、战略和未来发展方向，明确划分城市化地区及城市化控制区的原则，并针对土地利用、城市设施等相关的城市规划内容制定战略性方针。因为"建开保方针"所起到的作用相当于城市总体规划，因此也被称为"总体规划"，分为城市规划区总体规划与市町村总体规划两类。

以东京都涩谷区为例，涩谷区的总体规划制定于 2000 年，至今仍在规划期内，总体规划的内容比较宏观，承接了基本构想，并整合了其他专项法定规划的内容，对各地区的社区营造给出了具体的方针（图 5-8）。

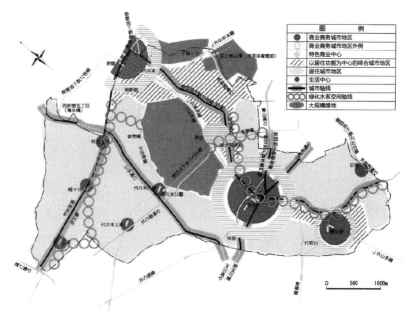

图 5-8 涩谷区总体规划图

资料来源：涩谷区政府网站 http://www.city.shibuya.tokyo.jp/kusei/plans/pdf/keikaku_mgaiyo.pdf

2）区域划分

区域划分是指将城市规划区划分为"城市化地区"，即满足一定人口密度、人口数量、建筑密度要求的城市地区，或者10年内会优先城市化的地区以及"城市化控制地区"，即开发和建设受到限制的地区。在日本又被简称为"划线制度"。一般来说，优良的农耕地、自然风景区、灾害频发区以及从城市化角度来看不适宜发展成城市地区的区域都会被划分为"城市化控制地区"。区域划分的目的是根据城市规划区内未来的人口和产业发展预期，协调产业活动和居住环境，确保国土空间的合理利用，执行有效率的公共投资。具体地说，就是配合"开发许可制度"控制城市化地区的规模和城市化控制地区内的开发项目。2000年之前，所有城市都需要进行区域划分。但随着城市化趋于稳定，从2000年起，除了中央政府指定的大城市以外，由都道府县自主决定是否进行区域划分。

3）城市再开发方针等

该项内容是针对城市再开发制定的长期综合性规划，相比城市规划区的建设、开发和保护方针而言，更为具体。城市再开发方针等包括四种类型：

（1）城市再开发方针。指针对市区范围内有必要进行再开发区域的规划方针，具体内容根据《城市再开发法》（都市再開発法）确定。

（2）住宅用地的开发建设方针。具体内容根据《关于促进大城市地区住宅及住宅用地供给的特别措施法》（大都市地域における住宅及び住宅地の供給の促進に関する特別措置法）制定。

（3）商务基地地区的开发建设方针。具体内容根据《促进地方重点城市建设及产业设施再布局相关的法律》（地方拠点都市地域の整備及び産業業務施設の再配置の促進に関する法律）制定。

（4）防灾街区建设方针。具体内容根据《促进高密度市区中防灾街区建设的相关法律》（密集市街地における防災街区の整備の促進に関する法律）制定。

这四项方针各有法律依托，相应的法律规定了实施方针的情况和条件，具体内容类似我国的专项规划。

4）地域地区

地域地区一词是"地域、地区、街区"的统称，其功能与区划类似，是为了防止土地利用用途和强度的混乱无序，避免出现日照、通风、噪声、交通等问题而通过限制建筑物的用途、高度、容积率、后退距离等控制和诱导城市土地利用的制度。其内容与我国规划体系中的控制性详细规划有一定相似之处，但更接近于美国的区划制度。地域地区中有20个分类（表5-7）。其中，用途地域的12种类型对城市化地区进行了

地域地区的具体分类 表5-7

类别	名称		设置目的	实施控制的依据法规
用途	用地分区（用途地域）	第1种低层居住专用地域	低层住宅专用地区	《建筑基准法》
		第2种低层居住专用地域	允许小规模独立式商店的低层住宅专用地区	
		第1种中高层居住专用地域	中高层住宅专用地区	
		第2种中高层居住专用地域	允许大规模为住宅服务设施建设的中高层住宅地区	
		第1种居住地域	限制大规模商业、商务设施，但允许一定程度混合土地利用的住宅地区	
		第2种居住地域	允许大规模商业、商务设施和一定程度混合土地利用的住宅地区	
		准居住地域	允许大规模商业、商务设施和汽车设施存在的住宅地区	
		近邻商业地域	为附近住宅区提供服务的商业、商务地区	
		商业地域	便于商业、商务活动的地区	
		准工业地域	无环境影响的工业区	
		工业地域	工业区	
		工业专用地域	工业专属地区	
特别用途地区	中高层居住专用地区		低层为商业、商务设施，中高层为住宅的地区	《建筑基准法》地方政府条例
	商业专用地区		限制低层住宅及工厂的大型商业、商务、服务设施地区	
	特别工业地区		分为防止污染型与保护地方产业型	
	文教地区		维护学校、研究所、图书馆、美术馆等设施周围环境的地区	
	零售商店地区		限制商业地区中色情营业场所的地区	
	商务办公地区		行政机构、大型企业总部所在地区	
	卫生福利地区		保护医疗设施、运动设施及福利设施周围环境的地区	
	娱乐、游乐地区		将特定娱乐服务设施限定在一定范围内的地区	
	旅游地区		将自然资源与住宿设施相分离的地区	
	特别业务地区		集中某一类型的业务，并限制其他种类业务的地区	
	研究开发地区		研究设施集中、限制有碍研究开发活动的建筑的地区	
	其他特别用途地区		除以上各项外的其他特别用途地区	
形态	特定用途限制地区		对建筑物及其他构筑物的用途及面积进行限制的地区	《建筑基准法》
	特例容积率适用地区		在神社、寺庙所在区域进行容积率活用的地区	
	高层居住诱导地区		鼓励建设高层住宅的地区	
	高度地区		限定建筑物最高高度（维持日照等）和最低高度（形成防火带）的地区	

续表

类别	名称	设置目的	实施控制的依据法规
形态	高度利用地区	推进城市土地的高效利用，保护城市开敞空间的地区	《建筑基准法》
	特定街区	推进建成区中开敞空间建设的地区	
	居住控制地区	限制居住用途的地区	《建筑基准法》《城市更新特别措施法》
	特定用途诱导地区	通过容积率等的鼓励促进特定设施建设的区域	
	城市更新特别地区	为促进城市更新而对土地的开发强度及建筑空间形态进行细致规定的地区	
防火防灾	防火地域	防止商业区中火灾危险较高地段发生火灾的地区	《建筑基准法》
	准防火地域	提高城市中心区防火能力的地区	
	特定防灾街区建设地区	城市规划区内，处于防火地域或准防火地域内，老旧木构造建筑密集且缺乏必要的防灾措施的地区，将依据相关法律进行防灾设施建设	《建筑基准法》《促进高密度市区中防灾街区建设的相关法律》
景观绿化保护	景观风貌地区	为保持城市景观对建筑物实施一定控制的地区	《建筑基准法》《景观风貌法》
	风貌地区	保护高级住宅区、别墅区、自然景观、公园附近等自然景观的地区	《建筑基准法》都道府县条例
	历史风貌特别保护地区	保护古都及其周围自然环境的地区	《关于古都历史风貌保护的特别措施法》
	历史风貌保护地区（第1、2种）	保护明日香村历史风貌的地区	《关于明日香村历史风貌保护及生活环境改善等的措施法》
	绿地保护地区	对大规模绿地限制土地利用指标的地区	《城市绿地保护法》
	特别绿地保护地区	对树林、草地、滨水地区等良好的自然状态实施冻结性保护的地区	《城市绿地保护法》
	绿化地区	对占地面积达一定规模的建筑物的新建和改建，要求绿化达到一定比例以上的地区	《城市绿地保护法》
	生产绿地地区（第1、2种）	将城市化地区内的农业用地保留用作开敞空间及公共设施备用地的地区	《生产绿地法》
	传统建筑群保护地区	保护传统历史街区的地区	《文物保护法》市町村条例
特殊功能	飞机噪声防止地区	防止机场噪声的影响，推动土地合理利用的地区	《机场建设法》
	飞机噪声防止特别地区	同上	

续表

类别	名称	设置目的	实施控制的依据法规
特殊功能	临港地区	限制与港湾功能无关的建筑,促进港湾功能发展的地区	《港湾法》地方政府条例
	流通业务地区	禁止妨碍流通业务的设施,引导卡车货运中心、铁路货站、批发市场、仓库等建设的地区	《关于建设流通业务地区的法律》
	停车场建设地区	建设停车场,保障正常道路使用、交通畅通的地区	《停车场法》

资料来源:建设省监修,都市行政研究会编集《日本の都市(平成10年度版)》(第一法规出版株式会社,1999);伊藤滋监修,(财)日本经济研究所、日本开发银行都市研究会编《都市开发 その理论と实际》(株式会社ぎょうせい,1990);高木任之《イラストレーション都市计画法》(2012);都市计画教育研究会编《都市计画教科书(第3版)》(株式会社章国社,2001)等。

全覆盖,其他地域地区制则在此基础上作为叠加分区进行不同目的的规定。

用途地域中的12种分类,对应《建筑基准法》中的具体规定,对建筑物的容积率、建筑密度、外墙后退距离以及建筑物的高度、后退红线等进行了详细规定。

以东京都涩谷区为例,涩谷区全域已被各类地域地区所覆盖(图5-9)。如有修订的必要,必须经城市规划审议会认可,然后由区议会审议通过。例如涩谷区现在设置了四个高度利用地区,分别是:代官山地区,神宫前地区,笹塚站南口地区,千驮谷

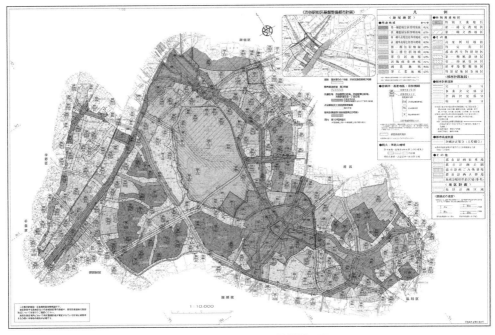

图5-9 东京都涩谷区地域地区图

资料来源:涩谷区政府网站 http://www.city.shibuya.tokyo.jp/kurashi/machi/pdf/2014toshikeikakuzu.pdf

五丁目北地区。以代官山地区为例，该地区面积约 2.2hm²，容积率上限为 4.5，下限为 2；建筑密度不得超过 50%；建筑面积不得低于 200m²，墙壁位置在距道路红线 5.5~15m 之间（设用立体人行通道时不受此限）。

5）促进区域

促进区域是 1975 年伴随《城市再开发法》的修订和《关于促进大城市地区住宅及住宅用地供给的特别措施法》的颁布而新设立的规划制度。相对于被称为"消极的土地利用控制"手法的地域地区，促进区域增加了土地所有者在一定期限内实现预定土地利用的义务以及义务未履行时的措施。因此，被称为"积极的土地利用控制"。促进区域又可分为四种类型：

（1）城市改造促进区域（市街地再開発促進区域）；

（2）土地区划整理促进区域（土地区画整理促進区域）；

（3）住宅街区建设促进区域（住宅街区整備促進区域）；

（4）重点商务区建设土地区划整理促进区域（拠点業務市街地整備土地区画整理促進区域）。

6）促进闲置土地转换利用地区

设定"促进闲置土地转换利用地区"的目的是促进城市化地区或 10 年内会优先进行城市化的地区内大规模闲置土地的合理有效利用。闲置土地的判定要满足很多条件，包括：必须位于城市化地区内，同时，面积要在 5000m² 以上，而且在过去相当长一段时间里空置，且妨碍周围地区的发展，对其利用能够促进城市机能的发展。被认定为促进闲置土地转换利用地区的土地，其所有者必须尽可能迅速地将土地作为城市建设用地充分利用起来（即"活用"）。

7）推进受灾城市复兴地区

指定"推进受灾城市复兴地区"的目的是帮助在大型灾害中受到严重损害的街区迅速恢复健全的城市功能。其指定标准主要有三个方面：①该地区在大型火灾、地震等灾害之后，大部分建筑物遭到损毁；②从公共设施的建设及土地利用的方向来看，有演变成环境不良地区的可能；③有必要实施紧急的土地区划整理和城市改造。

8）城市设施

相对于对土地利用实施控制的地域地区，城市设施是通过积极的城市基础设施和公共服务设施的建设，达到城市规划目的的主要手段。1919 年《城市规划法》没有规定城市设施的具体范围，而现行《城市规划法》列举了可以通过城市规划确定的城市设施。这些设施大致可以分成三类，即：①道路、公园、排水等城市基础设施；②学校、医院、市场等社会性公共服务设施；③一定规模以上的住宅、政府机构或物流设施等。

城市设施规划可以保障城市基础设施建设先行并引导城市用地的发展，同时通过对设施用地范围内建设活动的控制以及利用土地征收政策，确保城市基础设施、公共服务设施建设的顺畅、可行。

9）城市开发项目

通常，政府的职能是通过土地利用规划实施对开发活动的控制，由政府组织实施的城市建设项目仅限于上述城市设施。但在特别需要按规划形成良好城市环境的地区，特别是需要在较短时期内完成时，政府也可以亲自组织或参与组织实施城市开发项目。这些项目包括：

（1）土地区划整理项目。由政府征收土地进行类似我国的土地一级开发。

（2）新住宅用地开发项目。

（3）工业园区建设项目。

（4）城市再开发项目，或称"城市改造项目"，即在已城市化的地区中，对城市建设用地和公共设施进行再开发，又分为第一种城市再开发项目和第二种城市再开发项目。两种项目的主要区别在于：前者对项目范围内的土地和建筑物不进行征收，而通过调整改造前后建筑物所有权的比例，并出让部分建筑面积来实现开发项目整体开发资金的平衡；后者则对项目范围内土地和建筑物全部进行征收。东京都涩谷区共有5个城市再开发项目，分别是：代官山地区第一种城市再开发项目、神宫前四丁目地区第一种城市再开发项目、道玄坂一丁目站前地区第一种城市再开发项目、千驮谷五丁目北地区第一种城市再开发项目以及涩谷站樱丘口地区第一种城市再开发项目。

（5）新城基础设施建设项目。通过征收土地和土地区划整理的方法，对人口5万人以上的新城的用地和基础设施进行建设的项目。

（6）住宅街区建设项目。除进行土地区划整理之外，将地权与公共住宅的基地进行置换，完成住宅建设。

（7）防灾街区建设项目。主要内容是拆除老化建筑，建设具有防灾性能的公共设施。

城市开发项目由各个相关法律明确手续、权利迁移方式、实施主体等。东京多摩新城的开发就是利用了"新住宅用地开发项目"规划制度；港北新城利用了"土地区划整理项目"规划制度，六本木Hills则利用了"城市再开发项目"规划制度。

10）城市开发项目等预定地区

"城市开发项目等预定地区"是为了顺利实施城市开发项目而设立的。以城市开发项目策划初期确定的项目实施范围为界，对该范围内的其他建设活动具有较强的限制和约束力。城市开发预定区域分为6种：

（1）新住宅用地开发项目的预定地区；

（2）工业园区建设项目的预定地区；

（3）新城基础设施建设的预定地区；

（4）面积在 20hm² 以上的整体住宅用地的预定地区；

（5）政府办公建筑园区的预定地区；

（6）交通业务园区的预定地区。

11）地区规划等

"地区规划"是1980年修改《城市规划法》时新增的内容，后逐步扩展为包括"住宅高度利用地区规划""再开发地区规划"在内的6种不同类型的地区规划（表5-3）。地区规划主要通过对对象地区内的地区设施（主要供地区内使用的道路、小公园等）、以建筑利用为主的土地利用状况（用途、建筑密度、地块面积等）进行规划，达到针对城市局部地区实际情况实施详细规划的目的。根据不同种类的地区规划，在不违反城市整体规划意图的前提下，地区规划可适度严格或放宽地域地区制中所确定的土地利用控制指标。地区规划是日本法定城市规划中唯一一个以城市局部地区为对象的，即相当于详细规划的综合性规划手法。

地区规划等有5类：包括：①地区规划（地区計画）；②防灾街区建设地区规划（防灾街区整备地区計画）；③历史风貌保护提升地区规划（歴史的風致維持向上地区計画）；④干线道路沿线地区规划（沿道地区計画）；⑤农村聚落地区规划（集落地区計画）。

此外，伴随着地区规划种类的逐渐丰富，出现了与各种地区规划相配合的规划手段。例如：针对不同的用途采用不同的容积率指标；根据地区公共设施的建设水平设置不同的容积率指标；在规划范围内重新统一分配容积率值；促进街道景观形成；允许与建筑物在同一水平投影范围内的立体道路；对地下空间的综合规划利用等。

以东京都涩谷区为例，目前涩谷区内共有18个地区规划区域，其中包含一个防灾街区建设地区规划。以表参道地区为例，表参道是日本具有代表性的繁华商业街，街道两侧均为高档商店，并直通文化遗产——明治神宫。该规划制定的核心目的就是维持表参道地区的风貌（表5-8，图5-10）。从表参道地区规划的具体规定可以看出，地区规划对规划范围内的建筑形态、色彩甚至城市设施的细节都有较严格的控制。

3.《建筑基准法》的规划作用

日本法定城市规划对土地利用的控制是通过基于建筑法规的建筑审批制度实现的。反之，城市规划也为建筑审批提供了规划条件上的依据，即由城市规划负责划定各种不同类型的土地利用的范围，由建筑法规通过建筑审批制度，实现详细的指标控制等来落实各个范围中的规划意图。从1919年的《城市规划法》与《城市建筑物法》

表5-8

东京都涩谷区表参道地区的地区规划详细内容一览表

	土地利用方针	地区设施的整备方针	建筑物的整备方针
区域整备、规划和保护的方针	表参道沿路限制不合理的土地利用，调和商业基地的发展与居住环境。在建筑物的低层，导入店铺和饮食店等集客设施，形成充满魅力的商业空间	旧涩谷川被暗渠化之后形成的道路，成为突发灾害时的主要避难道路，沿路形成了独特的商业空间。表参道至表参苑两大街连通的原一本大街，作为商店街，形成安全舒通的步行者空间	为了形成健全的土地利用格局和有魅力的社区，对建筑物的用途加以限制，限制建筑物墙壁的位置。为了确保道路的安全性和必要性充足的空间，保证充足的道路幅面，旧涩谷川的沿路，为了形成宽松的空间和良好的街道景观，墙壁后退处设置工作物。保护榉树作为行道树形成的一体化良好城市景观，对建筑物的形态、设计、色彩、高度进行限制，考虑对环境的影响，建筑应节省能源

地区建设规划

建筑物用途的限制	墙面的位置限制	墙面后退区域放置的工作物的限制	建筑物高度的控制	建筑物的形态、色彩及其他设计的限制
建筑物用途的限制——不可以有的：风俗类用途 工厂类用途（为自家经营的食品制造业店铺除外）仓库类用途 面对表参道的建筑物的一层及地下至不至、不能经营饮食店、展厅等商业设施之外的用途。由区长批准的建筑物用途不受约束	规划图A中的道路，两侧建筑的墙壁或柱子的位置以及面向道路高度超过2m的门或围墙，必须保持如下距离以上。地面下的部分以及区长认可的占地形状可以不受限制。道路（了）：距离道路中心线3m 道路（イ）：距离道路境界线50cm 道路（ウ）：距离道路境界线1m	规划图A显示的道路（イ）、道路（ウ）两侧的墙壁后退的区域内，不能设置门、围墙、停车或自行车的设施以及自动贩卖机、植物盆栽等妨碍行人者通行的工作物。但是，道路（イ）的两侧可以沿路放置绿化植物或花栏	建筑物（包含工作物）的高度最高不超过30m，除地下室外，层数最多8层，但区长为促进城市机能更新、确保健全都市环境而认可的建筑可以不受限制。电梯搭楼、装饰塔、瞭望塔、窗等其他类似建筑物的屋顶部分的水平投影面积，共计不超过该建筑物建筑面积的1/8时，如果该部分高度不超过4m，则不计入建筑物高度内	建筑物的形态、设计、色彩等，必须充分考虑城市景观。面向表参道的建筑物，其一层必须设置展窗。屋外的广告牌等，不得有损美观及周边环境。屋顶不得设置广告塔

资料来源：涩谷区政府网站 https://www.city.shibuya.tokyo.jp/kurashi/machi/pdf/omotesando_tikukeikaku2.pdf

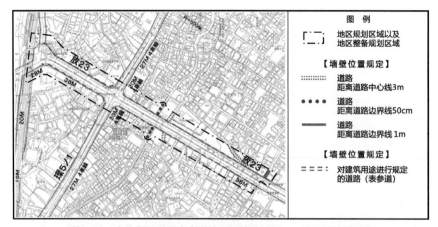

图 5-10　东京都涩谷区表参道地区的地区规划——地区设施规划图
资料来源：涩谷区政府网站 https：//www.city.shibuya.tokyo.jp/kurashi/machi/pdf/omotesando_tikukeikaku2.pdf

到现行的《城市规划法》（1968 年颁布，最新修订于 2016 年）与《建筑基准法》（1950 年颁布，最新修订于 2016 年），城市规划法规与建筑法规一直保持着这种相互依存、相互配合的关系。

现行《建筑基准法》于 1950 年颁布，并在之后的实施过程中有过多次较大的改动。现行《建筑基准法》由 7 章共 107 条组成（不包括附加条款）。其中，第 2 章"建筑物用地、结构及建筑设备"主要对建筑物单体的安全、卫生等作出规定；第 3 章"城市规划区内的建筑物用地、结构及建筑设备"主要对城市中建筑物群体的环境、卫生和安全等作出规定，因此该章节内容又被称为"建筑群规定"（集团规定），与城市规划相关的即是这部分内容。

现行《建筑基准法》中的"建筑群规定"主要对建筑物以及建筑物用地在以下方面作出限制性规定：

（1）建筑用地与道路的关系。建设项目的每个地块必须与一定标准以上的道路相接壤。

（2）建筑物用途的限制。详细列出对应城市规划中"用途地域"的 12 种用地中各自限制建设的建筑物种类。

（3）对建筑物位置、形态的限制。包括：道路红线、后退红线、建筑密度、容积率、高度、道路斜线等。

（4）建筑物构造上的限制。在城市规划划定的防火地域及准防火地域中的建筑必须采用耐火构造等。

由此可以看出，某个具体建筑物的用途、形态等是根据其所在地段的地域地区制的区划和地块形状以及与周边道路和其他地块的关系具体确定的（谭纵波，2000）。

4. 城市规划技术的进展

1) 社区营造制度

传统上的近现代城市规划，无论是中央政府主导还是以地方政府为主，均可认为是一种"自上而下"的规划。与此相对应地，市民自发的改善自我生存环境的诉求以及为此所付出的努力则可以看作一种"自下而上"的"规划"愿望。这种规划与政府主导的强制性城市规划不同，目标与秩序的建立更多地依赖市民之间的相互理解、协作和自律。因此又被看作一种社区规划建设的"草根运动"。社区营造即是这类草根运动的一种，它包含以下几个方面的含义：①以与市民日常生活密切相关的地区（社区）和问题为对象；②以小幅度的改革、改良为目的，通常并不伴随重大创新和大规模改造；③参与的主体是多元化的，采用的方式以沟通、协商为主；④活动是长时间的、持续的而不是短期行为；⑤不同地区、不同团体所关注的问题和目标是多样化和地方化的（日本建筑学会，2004）。

社区营造（まちづくり）运动产生于20世纪70年代。当时，日本经济高速增长所带来的环境污染、城市密度过高等负面影响开始显现，以"自治会""町内会""社区协议会"等为代表的市民组织开始进行有组织的反对运动。这种运动后来向改善生活环境、振兴地区活力、保护历史文化景观等更加积极主动的方向发展。这些被称为第一代社区营造的活动在1980年中期之后，开始进一步向更多方向发展，同时更加注重对地区特色的运用和创新，在减灾、居住环境综合整治、地区景观设计、地区福祉建设、环境保护与可持续发展等方面进行了大量的实践。这些实践活动已取得大量成果，被称为第二代社区营造。1990年代中期以后，这些目标相对单一的社区营造运动开始向着目标综合化以及与政府开展广泛合作的方向发展。社区营造的组织形式趋于形成地方自治组织。地方政府也通过颁布社区营造条例等形式将社区营造活动制度化（日本建筑学会，2004）。由此可以看出：市民自治，并在社区规划与建设方面拥有更多的发言权、发挥更大的作用是城市规划分权的另一个大的趋势（谭纵波，2008）。

以涩谷区为例。目前涩谷区已通过的社区营造方针有两个，分别是神宫前地区和笹塚一丁目至三丁目地区。还有3个正在讨论中，分别是公园大道—宇田川周边地区、樱丘地区以及本町二丁目至六丁目的防止火势蔓延社区营造。以笹塚一丁目至三丁目地区为例，该方针承接涩谷区的基本规划和总体规划，阐述了笹塚地区的现状难题，提出要建设安心、快捷、舒适、可持续居住的社区。具体为消除现有的大量狭窄道路，建设主要生活道路，确保足够的公共空间，强化社区的防灾防震性能，建设便利的住宅、商业和办公空间，提升站点周边设施的集约化利用，形成以徒步和公共交通为核心的生活圈（图5-11）。

图 5-11　东京都涩谷区笹塚地区社区营造土地利用方针图
资料来源：https://www.city.shibuya.tokyo.jp/kurashi/machi/pdf/sasazuka123.pdf

2)《城市更新特别措施法》带来的变化

日本在 20 世纪最后 10 年保持着极为缓慢的经济增长。进入新世纪后又经历了信息化、全球化、少子化和老龄化的社会经济局势变化，大城市面临着衰退的局面。2002 年日本政府内阁推动出台《城市更新特别措施法》（都市再生特别措置法，简称《城市更新法》），以推动城市功能的进一步升级发展，提升城市居住环境。根据这一法律，《城市规划法》也作出了相应的修订，在地域地区中增加了"城市更新特别地区"（都市再生特别地区）和"城市更新紧急建设地区"（都市再生紧急整备地域）两种类型，对这些地区的容积率、建筑高度、建筑规模等进行更为灵活、细致的控制，以实现具有较高自由度的土地有效利用，促进城市的复兴。

以东京都涩谷区为例，为了激活地区活力，更新城市机能，涩谷区根据《城市更新特别措施法》和《城市规划法》，划定了四个都市再生特别地区，分别是涩谷二丁目 21 地区、涩谷站地区、涩谷三丁目 21 地区和樱丘町 1 地区。城市规划详细规定了这 4 个地区中各个街区容积率的上下限、建筑密度的上限和建筑物面积的下限，并对建筑的高度和墙壁位置也作出了规定。

3）《激活中心城区法》的作用

进入 1990 年代后，日本针对全国不同地区的城市郊区化、中心城区衰退和空洞化的局面，于 1998 年通过了《激活中心城区法》（中心市街地の活性化に関する法律）。这部法律也是被称为"社区营造三法"的三部法律之一。依据该法律的规定，市町村一级的地方政府可以制定"激活中心城区基本规划"，经内阁总理大臣认可后即可生效。同时，在中央政府内阁设置称为"激活中心城区本部"的机构，负责制定激活中心城区基本规划的总体方针和原则，对申请认可的激活中心城区基本规划进行讨论，并推进规划的实施等工作。制定该规划的市町村则应成立激活中心城区协议会，对编制该规划提出意见。一般情况下，一个地方政府只能对一个地区编制"激活中心城区基本规划"，如需编制两个地区，则需向内阁进行申请。

4）"景观绿三法"与城市规划

长期以来，日本的城市化、工业化快速发展，城市人口不断膨胀，城市发展以经济效益优先，城市景观风貌得不到重视，城市整体形象欠佳。随着日本市民对城市生活环境要求的日益提高，日本政府也制定了"观光立国"的战略。2004 年日本颁布了《景观法》（景観法）、《关于健全实施景观法的相关法律的法律》（景観法の施行に伴う関係法律の整備等に関する法律）、《城市绿地保护法》（都市緑地保全法）三部法律，通称"景观绿三法"。其中，与城市规划关系最为密切的是《景观法》。为呼应《景观法》，《城市规划法》在地域地区中新增了"景观风貌地区"。

《景观法》明确了"景观"作为"国民共同资产"的法律地位，对景观风貌地区内的建筑物的形态、外观、高度、墙面位置和建筑占地面积的最低限度等都作出了详细规定。

以东京都涩谷区为例，涩谷区全域被划定为景观风貌规划区域。景观风貌规划将涩谷区划分为"景观形成特定地区"和"一般地区"。涩谷区共有 4 个景观形成特定地区，分别是表参道沿路地区、代官山—旧山手大道沿路地区、新宿御苑周边地区和涩谷站中心地区。涩谷区内还有 1 个景观形成特定地区候补地区，即青山大道沿路地区（图 5-12）。

景观风貌规划对景观形成特定地区中的建筑物和绿化作出了较严格的规定。由于表参道地区同时是地区规划的一个片区，因此景观形成特定地区的规定与地区规划类似，但是对建筑物和基础设施的要求更加细致严格。

5）城市规划提案制度

2002 年，《城市规划法》修订，增设了"城市规划提案制度"。这一制度一改城市规划只能由政府主导编制的传统，允许一定规模以上地区中的土地所有者（超过总人

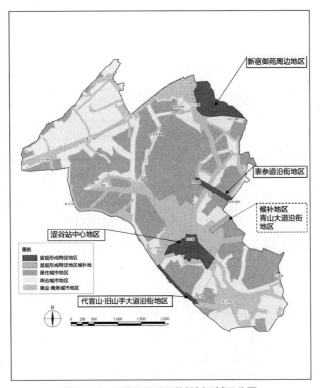

图 5-12　涩谷区景观风貌规划区域区分图
资料来源：涩谷区政府网站 https：//www.city.shibuya.tokyo.jp/kurashi/machi/pdf/keikankeikaku04.pdf

数的 2/3 时）或非营利团体向地方政府提出关于城市规划方案的建议。地方政府经过城市规划审议会的审议后决定采纳与否（谭纵波，2008）。城市规划提案制度是社区营造制度的重要支撑，这一新举措显示出日本城市规划制度不但公众参与的程度将会越来越高，公众参与也更具实质性意义。

5. 小结

日本的法定城市规划技术体系的内容概要如图 5-13 所示。

对地方政府而言，带有强制性的规划手段仅存在于《城市规划法》中。从本节的论述中可以看出，日本的城市规划技术体系是一个弹性系统，在保证维持底线的开发限制和设施建设标准不会被随意修改的前提下，中央政府可以根据经济、社会的发展趋势，为完成特定目的，通过包括修订法律在内的立法等手段，对城市规划技术工具的内容作出调整。

5.3.3　城市规划的管理体系

日本的城市规划管理体系伴随着近现代城市规划体系的建立而发展完善，在不同时期具有不同的特征。同时，城市规划的决定权或者说城市规划的主导权的归属问题一直是城市规划制度中的争论焦点。

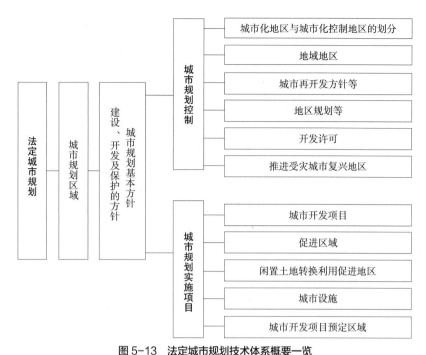

图 5-13　法定城市规划技术体系概要一览
资料来源：根据日本城市规划教育研究会《城市规划教科书》第三版（2001）改绘。

1. 1968 年《城市规划法》颁布前的城市规划管理体系

1919 年《城市规划法》颁布之前，日本城市规划的主要内容是依据《东京市区改正条例》的城市基础设施建设规划和模仿西式城市风格的建设项目设计。该条例第一条规定：市区改正设计以及年度进展计划由设在内务省的"东京市区改正委员会"审议决定。第二条规定：市区改正设计由内务大臣审议决定的方案需通过内阁的认可，由东京府知事公布。因此可以看出：当时城市规划的决定权限主要集中在中央政府的手中。

1919 年《城市规划法》及《城市建筑物法》的出现标志着全国统一的城市规划、建设管理制度以及城市规划管理体系的正式确立。城市规划的决定权由代表国家的中央政府掌握。具体来说，城市规划、城市规划实施项目及其年度计划需经由城市规划委员会审议，由内务大臣决定，并获内阁认可。其中，"城市规划委员会"又分成城市规划中央委员会和城市规划地方委员会，具体的城市规划方案审议由城市所在都道府县一级的"地方委员会"负责。地方委员会由地方政府的长官、国家官员、学者以及都道府县议员、市议员、市长等地方代表组成。城市规划地方委员会在内务大臣的监督下，对内务大臣提出的城市规划方案进行审议。而实际上这些城市规划方案是由设在内务省的城市规划地方委员会办公室职员所编制的[①]。所以，事实上，当时城市规

---

① 石田赖房. 日本近代都市计画の百年 [M]. 自治体研究社，1987：114–115，123–124.

划的编制与审定主要操纵在内务省官员的手中，是名副其实的中央集权型城市规划管理体制。同时，1919年《城市建筑物法》也将原来各地不同的建筑条例变为全国统一的法律法规体系。

在中央政府中，作为独立的城市规划主管部门，内务省大臣官房城市规划科成立于1918年。在此之前，负责东京市区改正相关事务的是内务省大臣官房地理科。城市规划科作为同时设立的城市规划调查委员会的办公室，主要从事有关城市规划法规制度的调查等工作，设有一名科长和八名职员。另外，1919年《城市规划法》颁布后，在有城市规划编制任务的都道府县中设有专门审议城市规划方案的城市规划地方委员会及其作为常设机构的办公室。办公室的职员虽然在各个地方政府机构内负责编制各地方的城市规划方案，但其隶属身份却是内务省的职员。其总人数到1934年时达到323人，其中包括技术人员238人。

由此可以看出：日本在20世纪初最初建立起的城市规划管理体系完全掌握在中央政府的手中。另外，同期的建筑管理权限则属于中央及地方政府中的警察机构。

2. 1968年《城市规划法》确立的城市规划管理体系

在经历了1923年关东大地震、第二次世界大战和战后复兴之后，1950年《建筑基准法》问世，取代了1919年《城市建筑物法》。但是，该法律中与城市规划相关的"建筑群规定"的内容大部分承袭了旧法，同时作为城市规划母法的新城市规划法也迟迟未能颁布。1968年新城市规划法终于登场，同时，修订后的1970年《建筑基准法》中的"建筑群规定"也有了较大改变。

1968年《城市规划法》的主要变化体现在：

（1）城市规划管理的权限由中央政府转移至都道府县和市町村地方政府；

（2）增加了城市规划方案编制及审定过程中市民参与的程序；

（3）将城市规划区划分为城市化地区和城市化控制区，并增加了与之相关联的开发许可制度；

（4）增加、细化了确定及限制城市土地利用的"用途地域"的种类，并广泛采用容积率作为控制指标。

第二次世界大战后的日本政体由君主立宪制改为更为民主的三权分立制度。1947年颁布的《地方自治法》赋予了地方政府较大的自主权。当时，较为理想的方案是将城市规划管理的权限全面下放给市町村一级的地方政府。同时将建筑审批管理的权限由中央或地方政府中的警察部门合并至市町村一级的城市规划主管部门。但由于中央政府机构之间的权力之争等原因，即使在战后20多年制定的新城市规划法中，城市规划管理的地方自治仍显得不够完善。

简而言之，1968 年《城市规划法》和修改后的 1970 年《建筑基准法》构成了日本战后至今城市规划法律体系的起点和基础。基于该立法体系的城市规划管理体系的重点已由中央政府转向以市町村一级政府为代表的地方政府。

3. 城市规划管理体系的内涵

1）城市规划管理的职能

如前所述，日本的现代行政主要包括两个方面，即伴随强制手段的对社会秩序的维护和向市民提供最低的生活保障。反映在城市规划与建设方面，表现为城市规划的控制职能与城市基础设施建设、城市开发等建设职能。前者主要通过对大量偶发非特定建设活动，如工业、民用建筑的新建、改建、扩建等进行控制，达到城市整体的有序发展，同时保障这些建设活动不对城市基础设施等重大项目的建设形成新的障碍；而后者则是通过政府的直接投资对城市活动必不可少的基础设施，如道路桥梁、公园绿地等进行建设，同时配合重点地段的成片开发建设，达到促进城市经济发展、提高市民生活质量的目的。

由于城市规划管理包括强制性内容，所以其编制、审定和实施必须严格遵守得到大多数民众认可的程序。通常对这些行为的规定都以法律法规的形式体现出来[①]。

如前所述，日本现行的城市规划相关法律法规体系主要包括三个部分，即：①由《城市规划法》《建筑基准法》及其相关法规所组成的核心法规；②由《土地区划整理法》《道路法》等所组成的相关法规；③《国土利用规划法》等区域性相关法规。其中《城市规划法》与《建筑基准法》中"建筑群规定"部分的内容构成了城市规划的法律依据基本框架。在这一基本框架下的城市规划内容、决定主体和决定程序构成了城市规划管理或称城市规划依法行政的具体内涵。

2）城市规划管理职能的体现方式

城市规划管理职能除规划建设职能外，其规划控制主要体现在城市规划编制审批过程和实施城市规划的过程中。对于前者，在上一节中已有相关论述，在此不再赘述；对于后者，则主要体现在代表政府的城市规划主管部门对大量一般开发建设活动，按照既定城市规划进行的审批行为中。

城市规划一经确定，对其范围内的开发建设活动具有法律上的约束力。这种约束力按其性质被分为积极约束和消极约束。前者通过对大量私有土地中的开发建设活动实施公共法意义上的控制，以达到实施城市规划的目的，即通常所说的对开发建设活动的审批。后者则通过对城市设施用地、城市规划实施项目地区以及城市规划实施项

---

① 文中有关描述均基于 1968 年《城市规划法》的相关条文，不再一一注出。

目预定区域中的建设活动、土地交易进行控制，保障这些用地将来易于变为公有土地或公共设施用地。

城市规划管理部门对建设开发活动的审批主要包括：

（1）针对土地开发活动中土地形态、性质变更的开发许可。其审批权除某些例外，一般属于都道府县知事或政令指定城市的市长或都道府县知事授权的市町村行政长官。

（2）针对各种地域地区内建设活动中的建筑用途、形态的建筑审批。根据 1950 年《建筑基准法》，其审批权属于市町村的建设管理部门。

（3）针对城市规划实施项目促进区中的开发建设活动的审批。其审批权除某些例外，属于都道府县知事。

（4）针对地区规划范围内开发建设活动的劝告。在地区规划范围内的开发建设必须事先向所在市町村长提交有关设计内容的报告。如果市町村长认为该设计与地区规划内容不符，可提出修改设计的劝告。但该劝告不具法律上的强制性约束力。

由此可以看出，在开发建设审批中，以单体建筑为主的大量的日常性建设活动以及与城市局部地区规划有关的开发建设，其审批权归市町村。而较大规模的土地开发以及与城市重要地段的开发建设相关的审批权归都道府县。

4. 日本的城市规划行政机构

日本的行政管理机构分中央政府、都道府县和市町村三级。三级政府中均设有相应的城市规划管理部门。

1）中央政府

在中央政府中，国土交通省是城市规划的主管部门。国土交通省下辖综合政策局、国土政策局、土地与建设经济局、城市局、水管理和国土保护局、道路局、住宅局、铁道局、机动车局、海事局、港湾局、航空局、北海道局、政策统括官、国际综合局和办公厅（大臣官房）以及研究所、国土地理院等外围单位和 5 个地方支局，其中与城市规划关系最密切的是城市局和住宅局。城市局下设总务、城市政策、城市安全、城市规划推进、城市规划、城市建设、道路交通设施、公园绿地及景观 8 个部门。住宅局则有总务、住宅政策、住宅综合营建、安心居住推进、住宅生产、建筑指导、城市建筑 7 个部门。由于在日本现行的城市规划管理体制中，中央政府基本不再具有具体规划的决定权，所以国土交通省主要负责制定与城市规划相关的政策、组织相关法律法规草案和修订的起草工作，并通过颁布省令和通知等，对相关法律法规进行详细的界定和解释。另外，国土交通省也利用中央政府所掌握的财政预算，采用补助金等形式积极引导和推动各地方城市的城市规划与建设活动。

2）地方政府

在地方政府中，都道府县和市町村在城市规划法所赋予的职能范围内行使各自的行政管理权。由于各个地方政府的管辖范围、人口规模以及所在地区的发展状况、经济水平和面临的问题不同，负责城市规划工作的部门的名称、隶属关系和内部结构也各有不同。但总体上城市规划相关部门大致分为三个部分：①负责组织城市规划编制、修改工作的城市规划部门；②负责对单体建筑进行审批的建筑审批部门；③直接从事城市基础设施建设和实施城市开发的建设部门。具体规划决定者及其决定内容如表5-9所示。

城市规划决定者及其决定内容一览表　　　　　　　　表5-9

规划决定者	规划内容类别	详细内容	法律法规依据
市町村	除都道府县知事、国土交通大臣决定规划之外的所有规划		《城市规划法》第15条
都道府县知事	城市规划区域的整备、开发和保护的方针	全部	同上
	城市化区及城市化控制区	全部	同上
	城市再开发方针相关的城市规划	全部	同上
	城市再生相关的地域地区（符合《城市再生特别措施法》规定的）	城市再生特别地区；居住控制地区；特定用途限制地区	同上
	临港地区、绿地保护地区等	临港地区（国际战略港湾、国际据点港湾）；绿地保护地区（地区范围达到2市町村以上）；特别绿地保护地区（首都圈及近畿圈范围内）	同上
	从区域角度设置的地域地区	风致地区（面积10hm² 以上，仅限于地区范围达到2市町村以上）；特别绿地保护地区（首都圈及近畿圈范围外，面积10hm² 以上，仅限于地区范围达到2市町村以上）	《城市规划法施行令》第9条第2款
	骨干城市设施	一般国道、都道府县道及其他道路的汽车专用道；汽车高速铁路；国土交通大臣管理的及地方管理的机场；面积10hm² 以上的，国家及都道府县建设的公园、绿地、广场、墓地；供水；排水分区跨越2个以上市町村的公共下水道以及流域下水道；1级、2级河川及运河；成组的政府办公设施；交通业务园区	同上

规划决定者	规划内容类别	详细内容	法律法规依据
都道府县知事	城市化地区开发项目	大规模的土地区划整理、城市化地区再开发项目、住宅区整备项目及防灾街区整备项目	《城市规划法》第15条
	城市化地区开发项目预定区	超过1市町村区域的城市设施及预定区域	
国土交通大臣	有关横跨2个以上都道府县行政区划的城市规划区	原由都道府县知事决定的全部内容	同上

资料来源：作者根据"谭纵波《日本的城市规划法规体系》（2000），高木任之《イラストレーション都市計画法》（2012）"编绘。

都道府县一级政府以东京都为例，与城市规划和建设相关的行政管理部门有城市规划局、建设局、港湾局、交通局、供水局、下水局等。其中，城市规划局负责组织编制城市的基本规划、土地利用规划、住宅政策、城市建设规划，并负责建筑审批工作；建设局负责都道、桥梁的建设管理，河流、公园绿地的建设；港湾局主要负责东京港的营建、临海城市副中心的开发等。市町村一级政府以涩谷区为例，涩谷区在区长、副区长之下，有两个部门直接与城市规划相关：一是城市营建部，下辖城市规划科、社区营造科、涩谷站周边营建科、建筑科等；另一个是土木清扫部，其中的道路科和绿地、水面及公园科涉及城市基础设施，也与城市规划相关。

3）城市规划审议会等

城市规划审议会虽然不属政府中的常设机构，但在城市规划的编制审定及实施过程中，各级城市规划审议会、开发审查会及建筑审查会都起着举足轻重的作用。其中，设在建设省内的城市规划中央审议会由建设大臣任命的20人以内的委员以及临时委员、专门委员所组成。除部分专门委员可由行政管理机构的职员出任外，其余均为学者，大多数是高等院校的教授。城市规划中央审议会主要负责就城市规划的重要问题进行调查研究和审议，向建设大臣提供咨询以及向有关行政管理机构提出建议等。1968年《城市规划法》实施以来至1987年间，共向建设大臣提交咨询报告26份。

城市规划地方审议会设在各个都道府县，由15~35人的委员和临时委员、专门委员组成。委员由学者、相关行政管理机构的职员、市町村长的代表、都道府县及市町村议会议员所组成，由都道府县知事任命。城市规划地方审议会负责就都道府县知事的咨询事项开展调查、审议工作，并可以向有关行政管理机构提出建议。具体来说，都道府县知事决定的城市规划均需通过该审议会的审议。同时，都道府县知事对市町村制定的城市规划表示同意之前，其内容也必须经过该审议会的审议。

另外，虽然《城市规划法》尚未提供法律依据，但根据《地方自治法》的规定，在市町村一级行政管理机构中也可设立城市规划市町村审议会，负责对市町村以及都道府县决定的城市规划内容提出审议意见。以涩谷区为例，根据 2000 年通过的《涩谷区城市规划审议会条例》，涩谷区的城市规划审议会常设人员不超过 19 人，其中学者 7 人，区议会议员 6 人，区内居民 4 人，区相关行政管理机构的工作人员 2 人以内。在调查审议特殊事项时，可以增设若干临时委员。调查专业事项时，可以增设若干专业委员。

此外，设在都道府县的与开发许可相关的开发审查会以及分别设在都道府县和市町村的与建筑审批相关的建筑审查会也在城市规划的实施中发挥着重要的作用。

5.4　日本城市规划体系的演变规律

5.4.1　城市规划的起源与城市规划权力的扩张

1. 规划权力的产生：弱国政治的主观需求

"在近代之前，城市规划并没有从传统的建筑学和城市设计中独立出来。城市空间形态的形成更多依赖于少数人的好恶（例如皇权或宗教）或在范围相对狭小的社区中形成的规则（例如宗教、行会等）。近代工业革命所带来的城市功能复杂化和城市规模的快速扩张，在较短时期内将城市空间无序蔓延的弊病充分暴露。以公共干预为手段、社会管理为本质的近代城市规划应运而生。"（谭纵波，2008）与西方国家的城市规划略有不同，日本的近代城市规划制度源于中央集权的国家政治结构和全球殖民时期因落后而产生的恐惧和自卑意识。明治维新后，新政府的一系列改革措施无一不指向税收、军事和政治图景的中央集权。天皇在此前长达千年的幕府时期被将军和地方大名架空，但在国家安全面临西方列强的威胁时得以重回权力中心。推翻幕府后，日本面对的是外国势力的虎视眈眈和本国经济的百废待兴。中央集权的政治结构在这种国内外环境下无疑是最好的选择。正因为如此，城市规划也同样被赋予了格外鲜明的政治色彩。

白幡洋三郎（2014）认为，日本的城市改造，与其说是以日本城市所面临的实际问题为出发点，倒不如说是日本瞩目于西方国家城市的优点，并努力弥补双方的差距。这是一种"欠缺"意识，也就是说，认为日本城市缺少了很多要素，同时也使日本普遍产生了一种"落后"意识。这一描述深刻地总结了日本近代城市规划制度萌发的动机。日本政府对东京的第一项改造就是一项"政治形象工程"。无论是政府办公区集中规划，还是银座砖石街规划，都不是近代意义上真正的城市规划项目，而是政治导向的街区改造，甚至还带有一丝殖民地的意味。但是，这些项目却无形中赋予了日本中央政府一种开展城市规划的权力，即按照政治意愿塑造城市空间和城市风貌的权力。国家领袖希望通过零星的城市风貌改造向西方展示日本文明开化的决心，以达到平等对话的政治目的。因此，这些项目也在客观上实现了帮助日本接受和学习西方工业化国家的城市规划以及建造技术的结果。

2. 城市规划权力的确立与扩张：始于经济现代化的客观需要

美国日本历史学者安德鲁·戈登（2008）指出："日本现代史另一个特征便是国家强有力的角色，政府一直要求掌握社会及经济发展过程所产生的混乱，社会阶级关系以至两性关系均包括在内。政府的行动有时会触发意想不到的结果，其重要性亦不容忽视。"城市规划制度的第一个法律文件——《东京市区改正条例》既是出于建设首都的政治需求，也是日本政府应对经济发展相应问题的手段。在几个政治导向的形象工程之后，东京传统的城市结构越来越难以承受近代的产业发展和人口集聚。因此，中央政府主导了市区改正规划，改进了东京的给水排水系统和道路系统，是一次城市基础设施的改造。同时，中央政府也尝试通过《东京市区改正条例》对建筑形态进行粗浅的控制。至此，近代城市规划制度的雏形已初步具备。在1919年《城市规划法》所建立的城市规划体系中，城市规划的权力被明确确立，并得以扩张，可以对土地开发与否以及开发强度进行控制，并将城市规划权力的范围由首都扩大至全国。在这一体系中，城市规划带有明显的中央集权特征。城市规划是一种自上而下的公共介入，其目标是保障工业化带来的城市化进入有序状态，并反过来促进工业化的顺利进行。其中，中央政府的决策权限比重较大，地方政府的角色并不显著。1919年《城市规划法》第3条规定，城市规划、城市规划实施项目以及城市规划年度实施计划必须经城市规划委员会审议，由内务大臣决定，并报道内阁批准（谭纵波，2008）。城市规划委员会是城市规划权力的直接行使机构，但在该委员会的人员构成中，一半来自地方政府和议会，另一半则是来自中央政府的官员及学者，并且城市规划委员会处于内务大臣的督导之下，城市规划方案的编制工作也由该委员会中隶属于内务省的中央官员直接负责。

3. 城市规划权力主体的变化：政治体制及经济增长带来的转变

第二次世界大战结束前，日本已成为高度中央集权的国家。城市规划与政治、经济一并被军部控制。"二战"结束后，日本接受了美国占领当局的民主化改造。为防止日本军国主义死灰复燃，美国占领当局采取了削弱中央政府权力的策略，通过《地方自治法》将事权分散给地方政府。与之相应，城市规划也酝酿了一次改革，但因为各方阻力未能成功。这次改革直到1968年才得以实现，而此时日本已经维持了长达10年的高速经济增长。政治和经济结构的变化是促使城市规划转型的根本原因。城市规划的决定权更多地被划分给了地方政府，并在规划决策过程中增加了公众参与的环节。

新的城市规划体系将城市规划的决策主体转移至地方，但中央政府仍然通过发行债券、财政补贴等方式保留了一定的发言权。以促进经济发展为目标的城市规划技术也毁誉参半。以"综合设计制度"为例，该制度类似美国的容积率奖励制度，如果开发商能够为城市提供额外的公共空间，就可以获得一定的容积率补偿。这一制度虽然为城市增加了一些公共空间，但也导致了城市开发建设密度的提高。

4.城市规划的地方分权与公众参与：成熟于经济增长稳定期

1999年的《地方分权法》是日本国家政治权力进一步分散的标志。反映在城市规划领域，就是《城市规划法》的修订将城市规划的事权进一步下放到地方政府。城市规划基本上成为地方政府的自治事务，中央政府不再干预。以东京都为例，法定城市规划的决策权，70%都归属于市町村一级的区政府。只有涉及历史保护、各种污染妨害、跨越大片区域的重大基础设施等内容才由都道府县决定。此外，特别重要的城市规划事项还需要经过代表中央政府的建设大臣的同意（表5-10）。

东京都各项城市规划内容的决策权一览　　　　　　　　　　表5-10

城市规划类型		东京都决策		区市町村决策	
		带◎项需要征得内务大臣同意		与知事协议或得到知事同意	
		东京都23区区部·多摩部	岛部	区部决策	各岛
城市规划区的建设、开发及保护的方针		◎	◎		
区域划分		◎	◎		
城市再开发方针等	城市再开发的方针	○	○		
	住宅用地的开发建设方针	○	○		
	商务基地市区的开发建设方针	○	○		
	防灾街区建设方针	○	○		
区划（地域地区）	用地区分			○	○
	特别用途地区			○	○
	特别用途限制地区			○	○
	特例容积率适用地区			○	○
	高层居住诱导地区			○	○
	高度地区、高度利用地区			○	○
	特定街区			○（超过1hm^2）	○
	城市更新特别地区	◎	◎		
	居住控制地区			○	○
	特定用途诱导地区			○	○

续表

城市规划类型			东京都决策		区市町村决策	
			带◎项需要征得内务大臣同意		与知事协议或得到知事同意	
			东京都23区区部·多摩部	岛部	区部决策	各岛
区划（地域地区）	防火地区、准防火地区			○		○
	特定防灾街区建设地区			○		○
	景观风貌地区			○		○
	风貌地区		○（10hm² 以上且跨越 2 个区市町村以上）	○		○
	停车场建设地区			○		○
	临港地区		◎国际战略港湾及国际基地港湾	○重要港湾以外		○重要港湾以外
			○重要港湾			
	历史风貌特别保护地区		◎	◎		
	历史风貌保护地区（第 1 种、第 2 种）		◎	◎		
	绿地保护地区		○（跨越 2 个区市町村以上）	○		○
	特别绿地保护地区		○（10hm² 以上且跨越 2 个区市町村以上）	○		○
	绿化地区			○		○
	（近郊绿地特别保护地区）		◎			
	流通业务地区		○	○		
	生产绿地地区（第 1 种、第 2 种）			○		○
	传统建筑群保护地区			○		○
	飞机噪声防止地区		○	○		
	飞机噪声防止特别地区		○	○		
促进区域	城市改造促进区域			○		○
	土地区划整理促进区域			○		○
	住宅用地开发促进区域			○		○
	重点商务商业区建设土地区划整理促进区域			○		
促进闲置土地转换利用地区				○		○
推进受灾城市复兴地区				○		○
城市设施	道路	高速国道、一般国道	◎	◎		
		都道府县道	○	○		
		区市町村道、其他		○		○

续表

城市规划类型			东京都决策 带◎项需要征得内务大臣同意		区市町村决策 与知事协议或得到知事同意		
			东京都23区区部·多摩部	岛部		区部决策	各岛
城市设施	道路	机动车专用道路 首都高速道路	◎	◎			
		机动车专用道路 上述以外	○	○			
	城市高速铁路		◎	◎			
	轨道（除城市高速铁路外）				○		○
	停车场				○		○
	机动车站点	一般机动车站点			○		○
		其他机动车站点			○		○
	机场	《机场法》第4条第1项第2号机场	◎	◎			
		《机场法》第5条第1项地方管理机场	○	○			
		上述以外机场			○		○
	公园绿地	由中央政府设置并且规模在10hm²以上	◎	◎			
		由都道府县设置并且规模在10hm²以上	○	○			
		上述以外			○		○
	广场墓园	由中央政府及都道府县设置且规模在10hm²以上	○	○			
		上述以外			○		○
	其他公共空地、运动场				○		○
	给水道	给水道用水专用	○	○			
		上述以外			○	○	○
	电力、燃气供给设施				○	○	○
	下水道	流域下水道	○				
		公共下水道	○跨越2个区市町村以上		○	○	○
	污染物处理厂、垃圾焚烧厂、垃圾处理场				○		○
	工业废弃物处理设施		○	○			
	上述以外设施				○		○

续表

城市规划类型			东京都决策 带◎项需要征得内务大臣同意		区市町村决策 与知事协议或得到知事同意		
			东京都23区区部·多摩部	岛部		区部决策	各岛
城市设施	河流	1级河流	◎	◎			
		2级河流、运河	○	○			
		备用河流、水路			○		○
	大学、高等专门学校				○		○
	上述以外学校				○		○
	图书馆、研究设施、教育文化设施				○		○
	医院、保育所、医疗设施、社会福利设施				○		○
	市场、牧场				○	○	○
	火葬场				○		○
	整体住宅用地设施				○		○
	整体政府办公建筑设施		◎	◎			
	流通业务园区		○	○			
	津波防灾基地用地形成设施				○		○
	复兴更新基地用地形成设施				○		○
	复兴基地用地形成设施				○		○
	电力通信设施				○		○
	防风、防火、防水、防雪、防砂设施				○		○
	防潮设施				○		○
城市开发项目	土地区划整理项目		○（超过50hm²且由中央政府或都道府县实施）		○		○
	新住宅用地开发项目		○	○			
	工业园区建设项目		○	○			
	城市再开发项目		○（超过3hm²且由中央政府或都道府县实施）		○		○
	新城基础设施建设		○	○			
	住宅街区建设项目		○（超过20hm²且由中央政府或都道府县实施）		○		○
	防灾街区建设项目		○（超过3hm²且由中央政府或都道府县实施）		○		○
城市开发项目等预定地区	新住宅用地开发项目的预定地区		○	○			
	工业园区建设项目的预定地区		○	○			
	新城基础设施建设的预定地区		○	○			

续表

城市规划类型		东京都决策 带◎项需要征得内务大臣同意		区市町村决策 与知事协议或得到知事同意	
		东京都23区区部·多摩部	岛部	区部决策	各岛
城市开发项目等预定地区	面积在20hm²以上的整体住宅用地的预定地区		○		○
	政府办公建筑园区的预定地区	◎	◎		
	交通业务园区的预定地区	○	○		
地区规划等	地区规划			○	○
	（再开发等促进区相关）			○（超过 3hm²）	○
	（开发建设促进区相关）			○	○
	防灾街区建设地区规划			○	○
	干线道路沿线地区规划 （干线道路沿线再开发等促进区相关）			○ ○（超过 3hm²）	○ ○
	历史风貌保护提升地区规划			○	○
	农村聚居地区规划			○	○

资料来源：根据以下资料翻译整理：http://www.toshiseibi.metro.tokyo.jp/keikaku/data/seido_3_01.pdf#search='%E9%83%BD%E5%B8%82%E8%A8%88%E7%94%BB%E6%B1%BA%E5%AE%9A%E5%8C%BA%E5%88%86%E4%B8%80%E8%A6%A7%E8%A1%A8[1]

　　"作为行政管理手段的城市规划，其事权存在着国家与地方政府之间，不同层级的地方政府之间以及政府与民间之间的三种关系。"（谭纵波，2008）在日本城市规划进行地方分权后，国家与地方政府之间、不同层级的地方政府之间是一种什么样的关系？尽管大部分城市规划由地方政府决定，但地方政府决定的规划内容不得低于法律规定的标准。为了尽可能满足不同地区的不同需求，城市规划技术体系设计了多种不同的规划类型，供地方政府选择。也就是说，虽然地方政府实际拥有大部分的城市规划权力，但是必须在中央政府制定的法律法规框架下才具有自由选择的权力。在跨越多个地方政府的区域性城市规划项目中，由都道府县负责协调各地方政府之间的关系；在一些涉及地区形象或具有重大意义的项目中，则由都道府县政府直接负责推进。这意味着上一级的地方政府不会干涉下一级地方政府日常的城市规划事务，但又能够在大型项目中对地方政府施加影响或施以援手。

　　1980年代，日本逐渐形成了社区营造制度。该制度如今在日本各市町村等地方政府的城市建设中扮演着越来越重要的角色。在社区营造的具体实施过程中，基层政府和市民是最主要的参与者和决策者。这正是日本规划走向地方分权的一个典型表现。

5.4.2 城市规划技术关注点的转变

1. 城市规划任务：从非建设用地的城市化到建成区的更新改造

1919 年《城市规划法》建立起的城市规划体系，从采用的城市规划技术来看，主要目的是为新的土地开发需求设计一个运转良好的基础设施建设策略。最具有代表性的城市规划技术就是土地区划整理。早在 1899 年，日本明治政府就颁布了《耕地整理法》，用以兴建农业设施，提高农业效率。此后，逐渐成为城市化过程中农业用地转为城市建设用地时所依据的法律。土地区划整理技术源自德国，其精髓在于将边界不规则、所有权凌乱的土地梳理整合成规整的地块，并建设道路和公园等城市基础设施，满足城市建设用地扩张对规划技术与制度的需求。

"二战"结束后，日本大量海外军民返乡，国内城市状况恶劣，住宅存量严重不足。为了迅速恢复城市功能，填补住宅缺口，日本政府制定了"城市再开发三法"，即 1960 年《住宅地区改良法》（住宅地区改良法）、1961 年《城市改造法》（市街地改造法）以及 1961 年《防火建筑街区建设法》（防災建築街区造成法）[①]。随着战后经济的不断复苏，为适应现代化的商业需求，日本又相继制定实施了 1962 年《商店街振兴合作法》（商店街振興組合法）和 1967 年《中小企业振兴事业团法》（中小企業振興事業団法）等，更新改造了商业街、站前广场等城市中心商业区。此外，日本还陆续修订颁布了 1956 年《首都圈建设法》（首都圈整備法）、1963 年《近畿圈建设法》（近畿圈整備法）、1966 年《中部圈建设法》（中部圈開発整備法）、1966 年《住宅建设规划法》（住宅建設計画法）以及 1969 年《城市再开发法》（都市再開発法）等城市更新改造的相关法令。1970 年，以世界万国博览会在大阪举办为契机，日本进入了经济成长的巅峰时期。此时，办公大楼、大型商场、百货公司等大规模兴建。随着经济的快速发展和城市更新项目的不断推进，日本的城市更新从早期的拆除贫民窟、兴建商业街逐渐过渡到对历史街区的维护、保护和复兴等方面（白韵溪等，2014）。2000 年，日本又通过了《城市更新特别措施法》（都市再生特別措置法），针对城市中心区功能衰退日趋严重的情况，改善中心城区的建成环境。

2. 城市规划目标：从限制私权利转为追求建成环境质量

第二次世界大战前，日本将全部注意力放在增加国家财富和增强军事实力上，着力发展工业和军事，几乎没有考虑到改善生存环境和提供任何形式的社会福利保障（Fukutake.T，1982）。日本学者福武直的这一观点虽然有些绝对，但也反映了日本社会福利发展的一般趋势。在城市规划领域中也基本如此。在 1919 年《城市规划法》建

---

① 1960 年《住宅地区改良法》与 1961 年《城市改造法》在 1969 年合并为《城市再开发法》（都市再開発法）。

立的城市规划体系中，建筑线、土地区划整理、用途地域等技术手段的重点分别是防止房屋建设妨碍公共道路、将非城市用地转化为城市建设用地和控制不同功能城市用地的建设强度。这些城市规划技术侧重于限制土地所有者及开发商的私权利，以"守底线"为核心思想。"二战"结束后，日本城市面临着百废待兴的局面，随着经济逐步复苏，城市建设量激增。城市居民要求改善居住环境，维护自然景观和历史遗产的呼声也越来越高。1960年前后，日本先后通过了"城市再开发三法"，城市规划的重点逐渐转向了积极改善城市建成环境。依据1980年新增加的地区规划制度，可以对街区或地块进行详细设计，并对土地利用实施比地域地区更严格的控制，增强了城市规划引导和控制城市建设的能力。

进入20世纪90年代，日本国内对经济高速发展阶段的城市建设进行了深刻反思，认为"二战"后，住宅及厂房等建筑物忽视了整体的和谐、美观和对传统形式的传承，缺乏与街景、自然景观的调和，也丧失了地域特色。建筑和城市的营造并不是为了营造良好的景观风貌和环境，而是在不违反《城市规划法》和《建筑基准法》的前提下尽可能地体现其经济价值。伴随着市民对居住环境质量的重视程度的不断提高，民间形成的呼声反过来推动了国家层面的立法活动。2004年国会通过《景观法》，据此编制的景观风貌规划成为继城市规划后进一步引导城市景观风貌的形成，控制城市建设风格的重要规划。

5.4.3 如何评价日本的城市规划体系

1. 目的对应手法型的城市规划体系

日本的城市规划体系是一种典型的目的对应手法型的城市规划体系。从日本城市规划制度的发展历史中不难发现，该体系之下城市规划内容的酝酿、设计、丰富和转型，都带有非常浓厚的实用主义色彩。换言之，每一个新技术手段的出现，或者说每一次对原有制度的调整，必然是为了解决城市发展现实中所遇到的新问题。当某一社会问题暴露得越加明显，社会舆论就会对政府的既有城市规划体系形成压力，进而影响政府，促进新的立法或者修订法案，例如应对环境污染问题、日照问题以及地价高涨等问题时。日本的城市化起步晚于西方国家，其城市规划体系的形成也因此极大地参考和吸收了西方国家的相应技术手段和管理方法。这种做法有利有弊。其优点在于能够有针对性地解决现实问题，而缺点则是会导致城市规划体系整体的系统性、逻辑性不强，产生了一个相对庞杂的规划手法"群组"，在不同的技术手段之间，存在着彼此依靠、相互援引的关系。如果城市规划是解决城市问题、营造良好人居环境的有力工具，那么，在日本，城市规划体系则像是一个在不断增添各类附件和补充材料的庞杂的工具书。

2. 控制与开发相辅相成的城市规划体系

日本的城市规划技术手段可以按其目的划分为两个类型：一类是对土地开发的用途、强度和形态实施控制；另一类则是引导城市建设。但这两类又并非泾渭分明，而是相互配合，在某些城市规划手法中甚至是合二为一的。在控制型手法中，地域地区（区划）是最具有代表性的，而建设型手法中，城市基础设施建设、快速城市建设时期常见的土地区划整理等城市开发项目以及当前为了振兴城市所推进的设立城市再生特别措施区可以作为典型代表。前者对城市土地开发的用途、高度和强度都有细致的规定；而后者则类似于我国的修建性详细规划，但对建筑的风貌、开发的强度规定更为仔细。在城市开发项目中，对土地利用强度的控制与对建设的引导结果基本上是合二为一的。由此，对社会资本进行的大量非特定偶发建设活动实施控制，对构成城市骨架的基础设施和城市重点地区进行直接投资建设就构成了日本城市规划体系的两大支柱。

3. 以立法为基础的城市规划体系

日本的城市规划管理和城市规划技术手段均以法律为基础。这既是日本国家整体依法治国在城市规划领域的体现，也是日本城市规划制度的关键。立法活动在城市规划中的重要性主要体现在以下三个方面：

首先，作为一个目的对应手法型的规划体系，每一次对规划体系的调整都是以城市规划相关法律的修订或新的立法作为开端的。任何城市规划的内容以及对城市规划的修改都必须经过法定程序才能生效。同时，由于日本采用了大陆法系，与城市规划相关的各种法律、法规、规章等纵向上层层嵌套，横向上广泛联系，构成了一个立体、庞杂的法律法规体系。

其次，法律法规对于涉及城市规划管理的各级政府、各个部门以及利益相关方的相应的权力和职责都进行了事无巨细的规定，甚至连城市规划委员会的成员构成都有详细的说明。这一方面使得政府行为有法可依，真正做到了政府机构"法无授权不可行"的理想法治状态，另一方面也避免了上下级政府之间、同级政府不同部门之间以及政府和社会之间的职责不清。

最后，无论是对上还是对下，对城市管理者还是生活在其中的市民，以法定城市规划为核心的城市规划体系能够维持其相对公开透明的特征，使利益相关的各方保持信息对等的状态。这在很大程度上避免了城市建设中浑水摸鱼或者中饱私囊的现象，使城市规划不至于沦为谋取非法私利的工具，同时亦能保持自身的严肃性和权威性。

第6章 法国城市规划体系的演变与特征

6.1 法国概况

6.1.1 发展历史

法国位于欧洲西部，西接大西洋，南临地中海，北向北海和拉芒什海峡，与比利时、卢森堡、德国、瑞士、意大利、摩纳哥、安道尔和西班牙接壤，与英国隔英吉利海峡而望，具有陆海两方面的开放性，与北欧、美洲、非洲具有紧密联系，成为欧洲大陆各国通向这三个地区的天然通道。法国版图轮廓呈六边形，国土面积约 55 万 km²，拥有 4 处位于其他大洲、太平洋和大西洋的海外领地，共计 12 万 km²[①]。

法兰西民族成分复杂，在历史上先后融合了凯尔特人、地中海希腊人、罗马人、匈奴人、斯堪的纳维亚人、日耳曼人、法兰克人、阿拉伯人等众多民族。根据一般历史的划分方式，法国的历史发展可大致分为远古、中古、近古、近代和现代五个阶段。

1. 远古阶段

大约 180 万年前，法国即有人类生存的迹象。公元前 2000 年初，当地的人类发展进入金属时代。公元前 8 世纪起，产生于近东和中东草原的凯尔特移民开始进入法国地区，他们依靠森严的军事铁器文化，各自占领大量分支部落的领地，称为高卢地区，构成今日法国国土框架的雏形。

2. 中古阶段

从公元前 125 年开始，罗马帝国屡次入侵并逐步占领法国南部地中海沿岸，于公元前 57 年攻占高卢全境，法国从此进入高卢—罗马时代。在罗马帝国统治时期，伴随贸易发展，其财富逐渐西移，高卢地区得以迅速发展，并且趋于罗马化，尤其在南部地区。语言上，罗马推行拉丁语，使拉丁语成为高卢的官方语言，后在中世纪演化为罗曼语；宗教上，基督教于公元 2 世纪传入高卢，并在罗马帝国的扶植下，从公元 4 世纪开始成为高卢地区的唯一宗教。

---

① 法国本土及海外领土（含大区行政区划 2017）详细地图请参见 http://www.cartesfrance.fr/cartes/geographie/fond-carte-nouvelles-regions.jpg.

公元 476 年西罗马帝国灭亡，多个民族入侵高卢，在此建立各自的领地，其中，罗马人退居西北，勃艮第人入侵东南，西哥特人占领阿基坦及其周边地区，法兰克人则占据了北部和中部地区。公元 496 年，法兰克王国的克洛维一世受洗皈依罗马天主教，将原有的官方语言日耳曼语改为拉丁语，将原有的法律习惯与罗马法融合使用；得益于罗马教会的强大支持，法兰克王国逐渐强大，克洛维一世在公元 508 年将巴黎确定为墨洛温王朝的首都。自此，法国的政治和文化中心北移，逐渐摆脱南部的影响，直到 9 世纪查理曼大帝时期达到鼎盛。

查理曼大帝死后，法兰克帝国分裂，他的三个孙子根据公元 843 年的《凡尔登条约》，分别占领了莱茵河以西操罗马语的地区（即西法兰克王国）、莱茵河以东操日耳曼语的地区（即东法兰克王国）以及二者之间狭长的洛林地区和意大利北部地区（即日耳曼帝国），其中，西法兰克王国被认为是现代法国的前身。

3. 近古阶段

西法兰克王国于公元 987 年进入卡佩王朝，定都巴黎，法国开始了长达 4 个世纪的稳定发展。在此期间，贵族采邑成为封建地主的世袭领地，封主与封臣、领主与农民的地位和剥削关系逐渐确立；基于等级森严的贵族、神官、平民的分级制度，法国的王权统治越发稳定，首都巴黎也得以迅速发展，成为西方最大的城市，直至 19 世纪被伦敦所取代。1190 年，腓力二世自立"法兰西国王"，首次使用"法兰西"作为国名，并沿用至今。

1328 年，卡佩王朝被瓦卢瓦王朝所取代，直至 16 世纪末亨利四世开启波旁王朝的统治。在此期间，为了争夺王位，英法两国于 1337—1453 年爆发百年战争，其时又有黑死病肆虐，大大削弱了法兰西王国的国力，导致王权一度衰落，直至 15 世纪初才逐渐得以恢复和加强。此后，路易十一完成了法兰西王国的国土统一，弗朗索瓦一世建立了君主专制，法国由此成为中央集权和君主专制国家。这一时期，资本主义开始萌芽，市民阶层迅速崛起，文化繁荣在文艺复兴时期达到高峰，首都巴黎不仅保持了欧洲最大城市的地位，同时成了欧洲的文化和教育中心。

17 世纪初至 18 世纪末，随着新航线的开通，法兰西王国通过航海开拓，在中北美和东南亚地区建立诸多海外殖民地，给国家带来巨大财富。法兰西王国的国力日渐强盛，在欧洲的影响力也日益增加。尤其在路易十四统治时期，一系列削弱地方权势和贵族权力的措施使得王权进一步集中和巩固，一系列重商主义的政策极大地促进了资本主义工商业的发展，一系列对外争霸战争也在不断扩大国土疆域。至此，法兰西王国的国力达到顶峰，成为欧洲头号强国和第一人口大国，在政治、经济和文化领域举足轻重，法语也成为欧洲上层社会首要推崇的语言以及在外交、科学和文学领域最为通用的语言，首都巴黎也成了欧洲城市建设的典范。及至路易十五时期，虽然法兰西王国的经济仍有所发展，但专制王权却开始遭到威胁并日趋衰落。作为第三等级代表的市民阶层对关卡制度、行会条例和不公平的征税表示不满，对贵族和教士的特权强烈反对，促生了启蒙运动，他们抨击教会王权，强调自由平等，宣扬理性主义，传播科学思想，这动摇了君主专制的思想根基，并最终导致反对君主制度的法国大革命的爆发。

4. 近代阶段

1789 年，法国大革命爆发，推翻了近千年的封建君主制度，标志着法国迈入近代时期，向着建立共和制和民主制国家，开始了长达一个世纪的反复斗争。1792 年，法兰西第一共和国成立，迈出了废除君主、建立共和的第一步。此后国内暴动和国外干涉不断，共和国得以艰难存活，直至 1804 年拿破仑称帝，建立法兰西第一帝国。得益于拿破仑出色的军事才能，他所带领的法国军队一路高歌猛进，攻占了欧洲的广阔领土，在改写欧洲政治地图的同时，也把法国的改革和理念带到了其他国家。此后，法国先后经历了 1814 年的波旁王朝复辟和 1830 年的七月王朝当政，1848 年二月革命之后建立法兰西第二共和国，由拿破仑三世担任总统，重启改革，推行普选。1852 年，拿破仑三世称帝，建立法兰西第二帝国。此后，为寻求国际地位的提升，法国多次参与战争，直至 1870 年普法战争战败，拿破仑三世黯然下台，法国建立第三共和国，在挫败了代表无产阶级政权的巴黎公社之后，建立起了比较稳定的共和政权，并于 1875 年正式颁布共和国宪法。

在整个 19 世纪以及 20 世纪初，法国通过参与欧洲列强在全球范围的殖民地争夺，掠取了幅员辽阔的殖民领地，建立起了遍布非洲、美洲和亚洲各地的殖民帝国，规模仅次于大英帝国。这个时期，也是法国工业化的起步和快速发展时期，运河开通和铁路建设极大地方便了货物和人流的运输，推动了整个国家的城市化发展，以首都巴黎为代表的法国城市也先后开始了城市建设的现代化进程，其中尤以拿破仑三世执政期间的奥斯曼巴黎改造工程著称。

5. 现代阶段

20 世纪来临之际，得益于国内和国际局势的稳定，法国进入所谓的"美好时代"，经济长足发展，科技文化日臻繁荣。1914 年第一次世界大战爆发，法国作为协约国成员参战，为此付出惨重代价。虽然战争取得胜利，但战后经济困难、政局不稳，内阁频繁更替，共和政府面临危机，直至 1939 年第二次世界大战爆发后，法国本土于 1940 年被纳粹德国攻陷，第三共和国走向灭亡。此后，德国将法国划分为北部的军事管辖区和南部的自由区，并在南部设立"维希政权"傀儡政府；与此同时，戴高乐将军领导的自由法国运动继续抵抗，并在英国建立了被称为"自由法国"的流亡政府。

1945年战争结束，戴高乐组建成立法兰西第四共和国，实施新的宪法，法国社会经济发展开始进入为期30年的"光辉时期"，成为世界上最发达的经济体之一。1958年阿尔及利亚战争爆发，时任总统戴高乐宣布废除旧宪法，推行新宪法，成立法兰西第五共和国，亦即今日之法兰西共和国。

6.1.2 基本制度

1. 政治体制

法国具有悠久的中央集权传统，这一特征可以追溯到古代封建王朝时期。1789年法国大革命之前，法国是欧洲最典型的高度中央集权的封建国家，一切权力归王权。法国大革命之后，雅各宾党人专政集权，拿破仑把集权推向了顶点。第五共和国成立之后，实行半总统制（又称双首长制和混合制）单一制共和政体至今，兼具总统制和议会共和制的特点，但赋予总统更多权力，可谓是对中央集权传统的继承。

法国拥有总统和总理两位领袖。总统是国家的元首和武装部队的统帅，自2000年起，任期由曾经的7年改为5年，由普选直接产生，最多可连任两次。总统有权任免总理和批准总理提名的部长，主持内阁会议、最高国防会议和国防委员会，解散议会，不经议会将某些重要法案直接提交公民投票表决，以及在非常时期根据形势决定采取必要措施等。总理是国家的政府首脑，由国民议会席次过半的党派（或联盟）组成的联合政府推举而出，由总统任命；总理有权任命政府内阁其他成员，并且领导政府运作、保证法律实施；政府在总理的领导下，决定并主管国家政策，并向议会负责。

法国的议会由国民议会和参议院组成，拥有制定法律、监督政府、通过预算、批准宣战等权力。其中，国民议会是国家最高立法机构，设577个议席，每名议员代表一个选区，采用两轮多数直接投票制，由选民直接选举产生，任期5年。参议院被认为是地方势力在议会内的代表，设348个议席，议员由地方议会提名后选举产生，任期6年，且从2008年起每3年重新选举一半的议员。如果某议题出现两院意见相左的情况，国民议会拥有最后的裁决权。

2. 行政建制与行政体制

1) 行政建制

法国现行行政体系划分为国家（Etat）、大区（Région）、省（Département）和市镇（Commune）四个层级，其中大区、省和市镇被称为地方领土单位。根据2016年1月开始实行的最新行政区划，法国本土共有13个大区、96个省和35756个市镇，另有5个海外大区、5个海外省和129个海外市镇[①]。市镇和省的建制早在18世纪末法国

---

① 法国现行行政区划：省与市镇地图请参见：http://www.cartesfrance.fr/cartes/geographie/fond-carte-departements-communes.jpg

大革命时期即已确立，期间虽历经变革，但一直延续至今，拥有广泛和深厚的社会基础；大区建制则是为了适应国家社会经济的发展变化，创建于1960年代的行政体制改革，直至1980年代实施地方分权政策以后，才在全国范围内真正设立。

2）行政体制

法国现行的1958年宪法赋予国家强大的行政权力，同时赋予地方领土单位由选举产生议会的自由管理权力，中央层面和地方层面的双重行政体制并行。中央政府及其派出机构和地方政府各自拥有不同的行政职权，"中央—地方"体系内的各级政府行动遵循地方政府自主管理、任何地方政府无权干涉另一地方政府、地方政府财政自治和中央政府事后监督等原则（图6-1）。

在中央层面，共和国的总统、总理及政府管理机构共同组成中央政府，主要负责处理国家事务，实施国家行政管理。同时，中央政府分别向大区和省级地方派出国家

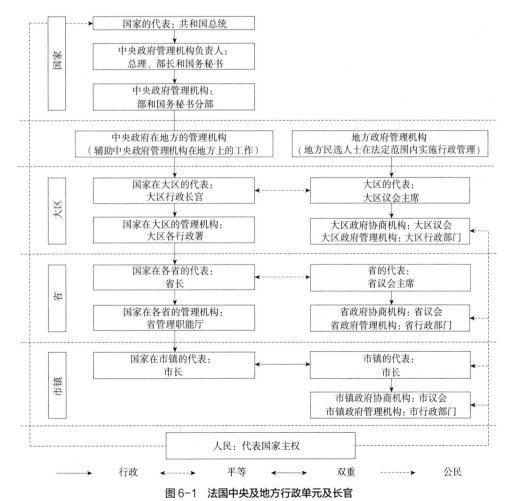

图6-1 法国中央及地方行政单元及长官

资料来源：刘健. 法国城市规划管理体制概况 [J]. 国际城市规划，2004，19（5）：1-6.

代表和管理机构，负责辅助中央政府管理机构在地方上的行政管理工作。其中，中央政府向大区和省级地方派出的机构分别与大区行政长官和省长平行办公，并分别向中央政府负责，中央政府派出机构对地方政府的行政决定实行事后（à postériori）审核。在市镇一级领土单位，尽管中央政府没有设立专门的派出机构，但是市长作为市镇行政首脑，被赋予了双重身份——他既是地方选举产生的市镇行政长官，又是国家在市镇领土上的代表，从而保证了中央权力可以从大区到市镇贯穿于各级地方的行政管理工作中，这便是法国式中央集权的体现。

在地方层面，大区、省和市镇三级地方作为与国家相对应的地方领土单位，各自拥有相对于中央权力不同的地方自主权。由地方选举产生的地方行政首脑、协议机构和政府管理机构共同组成各级地方政府，负责在法定范围内依法实施地方行政管理。其中协议机构为决策机构，负责制定地方政策；政府管理机构为执行机构，负责执行协议机构的决定。

中央政府在地方的派出机构与地方政府之间的行政职权划分也非常明确。以省级地方举例，省长（préfet）作为国家权威在省级地方的唯一持有人，代表总理和政府管理机构的每一位官员，主要负责管辖中央政府派驻省级地方的管理机构，负责对省级领土单位的行政监督。省议会议长作为省级地方的代表和行政首脑，主要负责筹备和执行议会磋商、领导省内各个行政部门、管理省内财产、行使财产保管权、管理省内道路交通等。双方均不得行使属于对方的权力，也不得行使属于市长的权力。

由此，中央政府的派出机构和各级地方政府在各自不同的职权范围内共同管理地方事务，形成了互相独立的双重行政管理体制。这种双重体制，一方面可以确保中央政府实施集中统一的行政管理，维护国家的整体利益；另一方面，又可以保证各级地方在中央集权的前提下发挥地方的积极性，维护地方的局部利益，从而在各个层面上促进国家整体利益与地方局部利益的协调与统一。

3）行政职能

1981年社会党上台执政，并于1982年3月2日颁布《关于市镇、省和大区的权利和自由法案》（Loi n°82-213 du 2 mars 1982 relative aux droits et libertés des communes, des départements et des régions），法国开始了把中央政府的权力向地方政府转移的所谓"地方分权"改革。目前，大区、省和市镇三级地方政府均遵循地方政府自主管理、任何地方政府无权干涉另一地方政府、地方政府财政自治和中央政府事后监督等原则，在各自的行政辖区内部分或完全拥有自治权力，相互之间形成了明确的事权划分（表6-1）。地方政府自治权力的具体内容随其行政等级的变化而有所不同，行政等级越低的地方政府往往拥有越大的地方自治权力，而行政级别越高的地方政府则往往发挥更大的区域协调作用。其中，市长一方面作为国家在市镇地方的代表，主要负责管理户籍以及在国家检察官的领导之下管理司法警察事务，同时履行宣传法律法规、拟定选举名单等国家行政职能；另一方面作为市镇地方的代表，主要负责组织市镇议会讨论、提议和执行预算、保护以及管理市镇遗产、发放建设许可证、管理公共卫生事务、领导市镇行政部门等。相比之下，省和大区两级领土单位只能在某些领域享有有限的自主权，主要职能是在市镇或各省之间发挥协调作用，维护各自层面的利益。其中，省的职权主要涉及卫生和社会行动、农村公共服务设施、省内公路和投资等；大区则主要负责国土整治、经济发展、职业培训、中学建设和办学开支等。

法国各级地方政府的行政职能事权划分　　　　　　　　表6-1

	主要职责	具体内容
大区政府	教育与职业培训	建设和维护高中，招聘和管理非教学职员，制定和实施有关面向青年人和成年人提供学徒与职业培训的政策
	经济发展	制定和分配向企业的经济支持计划，协调该领域的地方政府共同行动和市镇之间的合作，编制《大区经济发展计划》
	空间规划	编制《国土开发与可持续发展大区计划》，作为大区空间发展的基本导则，草拟和签署中央政府与大区政府之间的协议，作为计划期内的大区开发建设计划，组织区域轨道交通等
	文化（管理博物馆和遗产名胜）、保健、体育、住宅、高等教育等方面的广泛权力	
省政府	保健与福利	关照老人、残疾人和儿童，介入弱势群体的社会和职业问题
	基础设施与交通	维护与建设部分道路（包括省道和部分国道），组织非城市交通运输（如学校班车），开发和运营商用和渔用码头
	教育事业	建设和维护中学，招聘和管理非教学职员
	经济发展	向中小企业、手工业以及农民等提供帮助，但部分行动需遵循大区政府的协调
	环境事务	保护和管理受到威胁的自然名胜，开发利用水域
	共同资助文化和旅游活动	
	向市镇，特别是位于乡村地区的市镇，提供补助，用于道路养护、卫生维护、电气化、基础设施建设、环境保护和土地开发等	
市镇政府	城市规划	编制城市规划文件，发放城市规划许可
	社会服务	管理托儿所、日间看护中心、老年公寓以及作为对省提供的社会服务的补充，面向困难阶层提供医疗补助等服务
	市政服务	养护市镇道路，收集垃圾，保持卫生
	交通服务	组织城市交通，建设、开发和管理游船码头
	经济服务	开发工业区，并在特定条件下面向企业提供补助
	教育事业	发展教育，维护学校（主要指小学），管理和聘用非教学职员
	文化事业	建设和管理图书馆、音乐学校、博物馆等

资料来源：刘健等《世界城市空间发展研究报告》（未公开发表）（2014）

4）城市规划行政机构

在城市规划领域，由于中央政府是由每一届选出的总统指定总理组建的，每一届政府对国家事务的部门划分和相应的机构设置都不同，城市规划相关的事权界定也不尽相同，因此通过历届政府部门划分可以判断城市规划面临的主要问题。2014年组建的中央政府，与城市规划相关的部门是"住房、乡村与国土平等部"（Le Ministère du Logement，de l'Egaliré des Territoires et de la Ruralité）以及"生态、能源与可持续发展部"（Le Ministère de l'Écologie，du Développement durable et de l'Énergie）。

各级地方政府中，与城市规划事权相关的行政机构名称各不相同。在大区和省的层面，城市规划一般属于大区或省装备局。市镇地方政府的城市规划行政主管部门的组织结构也因市镇规模不同而有所变化：当市镇人口规模为2万~3万人时，一般在技术服务总局下设城市规划处，负责该市镇的城市规划管理工作；当市镇人口规模大于3万人时，一般在城市发展总局下设若干城市规划部门，例如规划研究处、规划整治处、土地法规处等，分别负责该市镇的城市规划管理工作。

3. 立法、执法与法律体系

法国的法律体系为大陆法系，属于成文法。

在立法方面，法国中央集权的强制性模式特征明显，立法权主要由中央行使，但在一定的法定条件下，地方对其管辖范围内的事务亦享有立法权。议会是立法主体，即法律草案需通过议会表决方具法律地位。立法程序一般包括草案的提出、审议、表决、颁布四个阶段。法律草案的创议权，即针对某项内容提议立法并提出立法内容基本框架的权力，属于总理和议会议员，即总理亦有权代表政府提出法律草案。议会两院对法律草案的审议和表决是立法程序的核心，在审议和表决过程中，议会两院可针对法律草案提出各自的意见。

在执法方面，法国设有普通法院和行政法院以及为了处理二者之间有可能产生的冲突所设置的"冲突法院"（cour de conflits）。行政法院的主要作用是保证公民在与国家行政部门之间出现冲突时能得到必要的法律保障。

在法律体系方面，按照位阶顺序，法国的国家法律渊源包括宪法性文件、法律性文件（包括法典和法案）、行政法规性文件（表6-2）。其中，法律性文件采取法案（loi）与法典（code）相结合的方式。"法案"是根据当前发展的现实需要，针对某一主题或目标而出台的法律文件。法典作为对有关某一主题的所有法律法规的汇总和整合，通常分为法案和法规（règlement）两个部分。法规中又包括法令（décret）和政令（arrêté）等不同级别的法规，有的法典还包括附件（annexe）部分。法案部分是指以国家法律为依据形成的法律条文，内容主要是对相关主题的总体原则和基本规定，法规部分是指以国家行政院颁布的法令为依据形成的法律条文，内容多为相关的标准、规范、做法等。

通常，当一部新的法案出台后，其中具体内容会被纳入相关的法典之中，从而使原有的法典得到必要的修改、补充和完善。一方面，法典的存在确保了有关某一主题的法律法规体系的相对完整；另一方面，法案的制定确保了法律法规体系的建设能够适应现实的发展变化，由此促成整个法律体系的动态发展。

法国的法律渊源 表6-2

法律渊源分类	法律文件分类
宪法性文件	1946 年 10 月 27 日宪法前言
	1958 年 10 月 4 日宪法
	环境宪章
	共和国法律认可的基本原则和具有宪法价值的原则和宗旨等
法律性文件	法典
	法案
行政法规性文件	法令：政府通过议会授权在一定期限内以法令的形式制定属于法律保留范围内容的法规
	共和国总统令或总理令
	中央政府部委条例
	省长、市长或地方议会颁布的地方条例

资料来源：根据王树义，周迪《论法国环境立法模式的新发展》（2015），作者修订。

6.1.3 社会经济

经济上，法国属于发达国家，2015 年国内生产总值达 2.18 万亿欧元，人均国内生产总值为 32733 欧元，无论按同年购买力平价指数计算，还是按名义 GDP 计算，均居世界前列。在产业结构中，三产占据绝对优势，三次产业的比例分别为 1.68%、19.43% 和 78.89%（2014 年数据）。就业结构也反映出同样的特点，在 2950 万就业人口中，三次产业的比例分别为 2.7%、20.5% 和 76.8%。其主要工业部门包括机械制造、化工制品、汽车制造、航空工程、船舶制造、电器产品、服装加工、日常消费品等；其核电生产能力、石油和石油加工技术居世界第二位，钢铁工业、纺织业位于世界第六位；同时，法国还是欧盟最大的农业生产国，粮食产量占全欧洲粮食产量的三分之一，农副产品出口居世界首位。

在土地资源方面，法国拥有森林面积约 1530 万 hm^2，森林覆盖率为 28.2%，耕地面积约 5491.9 万 hm^2，且农业用地的 96% 为家庭所有。

在人口方面,法国相对其他发达国家而言,拥有较高的人口出生率和自然增长率;2015 年底,人口总量为 6660 万,居欧洲第 3、全球第 20 位。若以家庭总财富计算,法国是欧洲最富有的国家,在全球也名列前茅;法国国民享有高质量的生活品质,在教育、预期寿命、民主自由、人类发展等各方面均有出色表现,特别是医疗研发与应用水平长期占据世界首位。此外,法国作为联合国常任理事国和欧盟创始国,在世界政治领域也占据重要一席。

6.1.4　文化源流

基于远古时期的凯尔特文明和高卢农牧贸易文明,法国在中古时期吸收了古希腊和古罗马文明,从公元 4 世纪开始深受基督教文明的影响,之后又吸收了日耳曼部落的文化因素,它们互相渗透和相互影响,于中世纪形成了较为成熟和完备的法兰西文明,其中既有古希腊和古罗马的文化渊源,又有基督教的使命意识和中世纪的骑士精神,17 世纪以后又加入了启蒙主义的理性思想和法国大革命的平等、自由、博爱的理念。法国民众普遍具有浓厚的爱国主义精神和宽容的世界主义情怀。

6.2　法国近现代城市规划体系的演变

6.2.1　1848 年之前的城市发展

1. 中古以来的城市建设

法国真正意义上的城市建设始于高卢—罗马时期。罗马人统治期间,在法国各地建起了大大小小为数众多的罗马城池,成为军事要塞或贸易集中之地。中世纪,得益于农业生产的极大发展以及由此带来的贸易繁荣,法国的城镇数量显著增加,但单个城镇的规模发展十分缓慢,基本处于自发发展的状态,城市空间由城墙环绕,以教堂为中心,街巷狭窄曲折,房屋低矮密集,首都巴黎也不例外(图 6-2)。文艺复兴时期,科学技术的不断进步和统治阶级的政治意愿成为城市空间发展的重要推动力,有计划的道路、桥梁、水渠等基础设施建设和大规模的城市建设项目开始出现。例如出于军事防御和政治统治的需求,法国在 1453—1678 年间建成了一百多个设防城市,这些设防城市常常根据文艺复兴思潮的完美城市设想,被设计成带有城墙的几何平面形式,通过美学的形式表达国家集权统治的意志(图 6-3)。再如在首都巴黎,为了展示专制君主的权威与财富、满足王室贵族的生活需求以及提高新兴市民阶层的生活情趣,从城市广场、公园绿地到景观大道,从宫殿宅邸、公共设施到城市街区,不同功能、不同形式、不同尺度的城市建设项目不断涌现。国王既是这些项目的决策者,也是这些项目的管理者。具体的规划设计和建设实施则由其身边的技术官员专门负责,其中包括亨利四世时期的叙利公爵(Maximilien de Béthune,Duc de Sully)以及路易十四时期的柯尔贝尔（Jean-Baptiste Colbert）和沃邦（Sébastien Le Prestre de Vauban）。他们召集并带领具有地理、工程和美学知识的技术人员完成测量、设计和建设。这些设计遵循古典主义的美学原则，并执行严格的建设管理规定，造就了新的城市空间秩序，塑造了新的城市景观风貌。

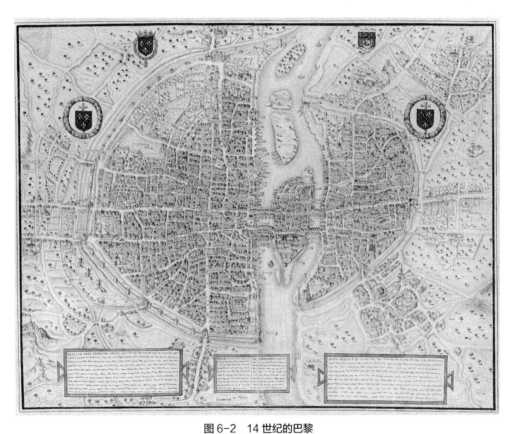

图6-2　14世纪的巴黎

资料来源：Antoine Picon，Jean-Paul Robert. Le Dessus des Cartes：Un Atlas Parisien.

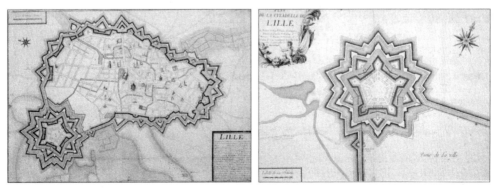

图6-3　17世纪的里尔

资料来源：ALVERGNE C，MUSSO P.L'Amenagement du Territoire en Images[M]. La documentation Francaise，2009.

2. 近代开启城市现代化进程

1）时代背景

以 1789 年的大革命作为标志，法国开始了近代历史。1789 年法国大革命爆发，在国家和社会层面，为法国建立新的秩序和新的制度创造了条件。它一方面摧毁了君主专制统治，另一方面也传播了自由民主的进步思想，大革命期间颁布的纲领性文件《人权宣言》以及拿破仑帝国时期颁布的《民法典》（后改名为《拿破仑法典》），为近代法国的政治价值和社会建设提供了全新的内容，也奠定了法国开启现代社会治理的基础。

拿破仑执政期间，竭力维护资本主义制度，积极推动资本主义经济发展；除了连续颁布三个旨在维护资产阶级私有财产权的重要法典，即 1804 年的《民法典》、1807 年的《商法典》和 1810 年的《刑法典》之外，还实行了一系列具体的经济政策，大力扶植工商业发展，为产业革命在法国的诞生奠定了重要基础。在此后的波旁王朝时期，法国开始进入工业化进程，从 1820 年代到 1840 年代末，经历了产业革命的第一阶段，在此期间，各个生产部门，特别是纺织工业部门开始大量使用机器，铁路建设也蓬勃兴起，进一步推动了工业的高涨。虽然此时的法国还没有全面进入工业社会，但新兴工业经济及其带来的农业、商业和贸易繁荣，已经为城市的人口增加和建设发展奠定了强大的物质基础，城市化开始进入加速发展阶段。

2）国土划分

1789 年法国大革命之前，法国的旧制度将人群划分为三个等级，不同等级的人群拥有不同的土地、财产所有权及获益权；同时，基于悠久的宗教传统和统治的现实需求，社会组织以教堂和教会为中心形成"堂区"，每个"堂区"构成一个行政管理单元。这种等级化的社会结构在空间上表现为：在城市和乡村，人们分别以教堂和贵族领主的居住地为中心聚居生存。然而，在历史发展进程中，君主与教会的权力争夺导致各地在税收、行政、司法等方面形成了数量多寡不一、区位参差重叠的空间划分，带来了管理上的重重困难。法国大革命批判宗教蒙昧、封建专制，倡导理性精神，强调人人平等，由此引发了对于重新划分国土，以获得平等均一、几何完整的行政单位的热议。法国大革命之后，制宪议会通过法案，在全国建立新的行政区划，将法国国土划分为 81 个省（département）、544 个专区（district）和 4710 个选区（canton）；1821 年的拿破仑法案又将其进一步规范为省和市镇（commune），直至今日。虽然此后法国行政单元的数字一再变动，但数量级基本保持稳定，为后来在城市化背景下开展城市规划管理奠定了良好的基础。

3）基础设施建设

拿破仑执政时期，出于战争和军事需求的考虑，进行了城池、航道等重要区域基础设施的建设。其中包括在布列塔尼地区（Bretagne）新建了防御城池，修建了长达630km，贯通南特（Nante）、雷恩（Renne）和布莱斯特（Brest）的运河网络，以防英军偷袭；在巴黎修建了乌尔克（ourcq）运河，从而使法国首都可以通过索恩（Saone）运河直达莱茵河；此外，还铺设了世界上第一个电报电缆网络，以满足其军事扩张的需要。但相比之下，同一时期的道路建设基本处于停滞状态。另外值得一提的是，拿破仑通过 1827 年颁布的《森林法案》，开启了对法国境内森林资源的保护，遏制了出于建设需求而多年无节制砍伐，造成森林面积大幅缩减的情况，被视为法国可持续发展的近代渊源。

4）巴黎城市美化

1804 年称帝之后，拿破仑通过不断对外扩张和联盟，显著提高了法国在欧洲的地位，使首都巴黎成为整个欧洲的首都。为了巩固巴黎在欧洲的主导地位，使巴黎的城市面貌与其全新的城市地位相称，他启动了针对巴黎的城市美化运动，通过实施一系列宏伟的建设工程，改善巴黎的城市面貌，由此奏响了巴黎大规模城市改造的前奏，拉开了巴黎城市现代化进程的大幕。执政期间，他主持进行的建设工程包括：打通重要城市道路（如里沃利大街）、开挖运河水系（如圣马丁运河）、修建标志性建筑（如凯旋门），同时，他还建立了土地划分制度，允许城市权力机构征用未开发土地进行基础设施配套和地块重新划分，以促进土地资源的开发建设，达到清洁美化城市、提高土地价格的目的，堪称具有现代意义的城市土地开发建设管理的萌芽。

6.2.2 近现代城市规划体系演变的阶段划分

着眼于法国近代以来的社会经济发展变化，本研究将法国自 1848 年至今的城市规划体系演变划分为雏形期、确立期和完善期三个阶段（表 6-3）。

法国城市规划体系阶段划分 表6-3

年代	阶段划分	政治背景	社会经济背景	城市规划体系特点
1848—1944 年	雏形期	现代民族国家的形成	工业革命起步，现代化、工业化、城市化同步快速发展，各种城市问题不断出现，期间历经战争的破坏	在解决城市发展具体问题的过程中，城市规划体系开始形成
1945—1975 年	确立期	第四、第五共和国的"戴高乐时代"	"二战"之后的"光辉三十年"，城市化快速发展，在国家干预下进行大规模、有组织的现代城市建设	伴随着大规模城市建设，逐步建立城市规划法规体系、编制体系和管理体系，并在实践中不断提高专业化水平
1976 年至今	完善期	第五共和国的"地方分权和可持续发展时代"	经济发展迟缓，社会问题频发，同时面对全球化和可持续发展的新挑战，通过实施地方分权推动全面改革	针对新的问题，重新分配城市规划权力，调整城市规划管理目标，改善城市规划技术手段

资料来源：作者根据相关参考文献整理。

　　1848—1944 年是法国城市规划体系的雏形期。法国在 19 世纪初经历了新兴工业的蓬勃发展之后，开始进入工业化加速发展阶段，城市化进程亦开始加速，各种城市问题不断涌现，在以巴黎为代表的大城市尤甚。为了应对城市发展面临的新问题，1870 年代建立起来的共和政府从 20 世纪初开始进行现代城市规划的实践探索，尝试通过立法途径建立城市规划管理制度。但由于国际局势不稳以及国内政权更迭，直到第二次世界大战结束，法国的城市规划制度建设并未实现体系化。

　　1945—1976 年是法国城市规划体系的确立期。这个时期开始于"二战"结束之后，社会经济与政治文化百废待兴。法国在戴高乐的领导下组建第四共和国政府，以凯恩斯国家干预主义推动经济进步，开始了长达三十多年的"光辉时期"。和平稳定的政治环境和欣欣向荣的经济发展催生了战后婴儿潮，加之原法属殖民地的纷纷独立带来大量人口向法国本土回流，经济和人口的快速增长带来了强大的城市化动力。中央集权制的管理制度推动了建设活动的快速进展，迅速建立了以指导建设为导向的相对完整的城市规划体系，并沿用至今，此后，城市规划体系的修改完善都未脱离这一阶段所确立的框架。

　　1976 年至今是法国城市规划体系的完善期。从 1970 年代开始，法国城市化率已达到 70%~80% 之间，经济进入平缓发展阶段，中央财政能力的减弱和地方事务的不断复杂化，要求行政事权下放，由此引发法国在 1980 年代开始推动地方行政分权改革。与此同时，战后婴儿潮一代面临巨大的就业压力，参与"光辉三十年"建设的一代人则面对老龄化等社会问题，社会发展的主要矛盾转向经济复兴和社会更新。同一时期，欧洲各国对环境和可持续发展问题的重视也为法国社会经济发展增添了新的价值观和背景。

6.2.3　1848—1944 年：城市规划体系的雏形期

1. 时代背景

　　在政治方面，1848 年法兰西第二共和国成立，法国结束了长期的封建君主统治，建立起了现代民主国家政权。1870 年法兰西第三共和国成立，直至 1940 年因纳粹德国入侵而垮台，成为法国历史上第一个长久稳定的共和国，赢得了法国民众对共和政体的支持，为"二战"后第四共和国的发展奠定了良好的民意基础。

　　在经济方面，工业化进程在 19 世纪中叶开始加速，成为法国社会经济和城市发展的根本动力。进入 20 世纪，得益于福特主义生产方式的盛行，全球经济发展迅速，以至于出现生产过剩，导致第一次世界经济危机爆发，为战争埋下隐患，法国的经济发展也未能幸免，在第一次世界大战之后的经济大萧条以及随后而至的第二次世界大战中受到沉重打击，社会经济发展基本处于停滞状态。

　　在社会方面，受到工业化进程的推动，法国进入快速城市化阶段，自 19 世纪中叶开始，大量人口从乡村地区进入城市或城市周边，从事工业生产和劳动。虽然受到第一次世界大战的影响，法国的城市化率还是在 1931 年首次超过了 50%，全国范围内的城市中巴黎居于绝对首位，与巴黎相映的则是巴黎之外的"法国沙漠"。"二战"期间，法国和欧洲诸多国家一样，在刚起步不久的工业化和城市化基础上受到全面冲击，城市发展一度停顿甚至倒退。

2. 城市发展面临的突出问题

这一时期，法国城市发展面临的突出问题主要集中在以首都巴黎为代表的大城市中，且主要表现在两个方面。一方面，工业化进程带来了大量工业企业在城市的集聚发展，尤其在铁路、公路、河流沿线的交通便利地区，各种工业企业大量聚集、蔓延发展（图6-4）；另一方面，伴随城市化进程的快速发展，大量农村人口涌入城市及其周边地区寻找新的工作和新的生活，各种形式的住宅建设在郊区大量涌现（图6-5）。两方面因素促成城市空间的急剧扩张和无序蔓延，构成对城市管理的巨大挑战（图6-6）。与此同时，仍然保留着中世纪城市特点的空间形态，特别是狭窄的街巷体系、密集的功能空间和陈旧的基础设施，已难以适应人口快速增长带来的大量交通、住房和生活需求，也是城市管理必须面对的课题。

3. 城市规划的应对与探索

针对工业化和城市化加速发展带来的各种城市问题，法国开始从不同方面入手，

图6-4　20世纪之交巴黎郊区的工业集聚

资料来源：Jean Bastié.La Croissance de la Banlieue Parisienne. Paris：Presses Universitaires de France，1964.

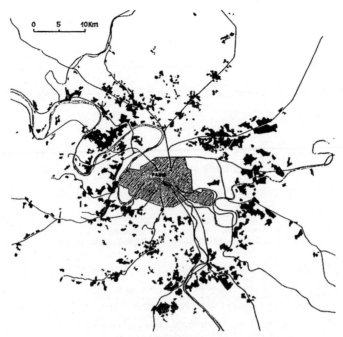

图6-5 20世纪之交巴黎郊区独立式住宅的无序蔓延
资料来源：同图6-4

▨ 1856年以前 ▨ 1856—1908年 ▨ 1908—1936年 ▪ 1936年以后
图6-6 1856—1936年巴黎城市空间变化

资料来源：Jean Bastié.La Croissance de la Banlieue Parisienne. Paris：Presses Universitaires de France，1964.

进行城市规划实践探索。以 1919 年颁布的第一部城市规划法案——《Cornudet 法案》为标志，可将这个时期法国的城市规划实践探索细分为两个阶段，即 1848—1919 年的准备期和 1919—1936 年的形成期。

1）城市规划体系的准备期：1848—1919 年

法国在这一阶段的城市规划实践探索主要集中在首都巴黎，通过大规模的城市改造和初步的城市规划编制实践，应对传统城市无法适应现代发展的问题，为城市规划体系的建立奠定基础。期间虽也有与城市规划相关的立法出台，制定了与公共卫生和道路设施相关的建设管理规定，甚至进行了最初的城市规划编制，但并未形成体系。

工业革命以后，巴黎在欧洲的领先地位逐渐被伦敦所取代，因此，拿破仑三世执政后，立即致力于通过推动社会进步和科学发展来促进巴黎的现代化进程。他签署了一系列法律文件，委托时任巴黎所在塞纳省的行政长官奥斯曼（Georges-Eugène Haussmann，1809—1891）主持巴黎城市改造，以改变巴黎落后的城市面貌，与处于世界领先地位的伦敦相媲美。奥斯曼的巴黎改造工程主要涉及四个方面：一是重构城市道路系统，通过新建城市道路和拓宽既有道路，适应急剧增长的马车交通需求，显著改善巴黎的交通状况；二是建设城市市政设施，修建水渠，把巴黎城外的清洁水源引入城内，通过修建地下排水系统把城内的污水排到城外灌溉农田，显著改善巴黎的卫生状况；三是美化城市公共空间，通过修建城市广场、公园绿地、街头绿地，并统一设计和修建报亭、路灯、座椅、树池等城市环境设施，显著改善巴黎的环境面貌；四是制定新的建设规则，包括有关土地和房屋权属问题的规定（允许地方政府为满足公共利益的需要，采取征收的方式获得城市建设所需土地并进行开发，以确保城市改造的可实施性）以及有关城市街道景观的规定（要求沿街建筑基本保持相同高度，有统一的横向和纵向划分，统一的石材饰面，统一的顶层退台和屋顶覆盖瓦片或镀锌薄钢板，即所谓的"奥斯曼式建筑"，以保持街道景观和城市风貌的和谐统一）。面对巴黎城市发展出现的新问题，奥斯曼的巴黎改造工程不是简单地头痛医头、脚痛医脚，而是从地下工程到地面工程、从道路系统到市政设施、从建筑景观到绿化系统，对整个城市系统进行整体更新改造，体现了城市整体更新改造的理念。与此同时，为了高效地实施巴黎改造工程，奥斯曼还在塞纳省政府内部成立了专门的部门，包括 Belgrand 领衔的供水排水部门，Alphant 领衔的绿化景观部门，Bouvard 领衔的城市地图部门，并且积极促进不同部门之间的合作，体现了学科交叉融合的理念。此外，他还开创了依据规划图纸实施城市建设的先河。凡此，均对现代城市规划学科的发展产生了重要影响，巴黎城市改造工程也因此被视为现代城市规划诞生的四大渊源之一。

尽管奥斯曼的巴黎改造工程顺应了巴黎城市现代化的发展趋势，为巴黎向现代城市的转型发展奠定了重要基础并且发挥了积极作用，但在新世纪来临之际，处于城市化进程中的巴黎再次出现了城市空间无序蔓延的新问题。对此，塞纳省政府逐渐认识到，要避免巴黎郊区的土地资源被无序的城市空间蔓延消耗殆尽，以保证巴黎的健康发展，必须打破市镇之间的行政藩篱，从区域上高度协调巴黎及其郊区的空间发展。因此，在1910年，塞纳省成立了由省长直接领导的城市扩展委员会，负责统一考虑巴黎及其郊区在土地开发和城市建设等方面的问题；1913年，塞纳省城市扩展委员会组织编制了《巴黎城市扩展计划》，提出了巴黎城市空间发展构想，由此开始了以控制城市空间无序蔓延为目的的早期规划探索。

2）城市规划体系的形成期：1919—1944年

法国在这一阶段的城市规划实践探索依然首先着眼于首都巴黎，在工业化和城市化进程不断加快，无政府主义城市建设在各地愈演愈烈的情况下，通过出台一系列与城市规划相关的立法，明确城市规划管理的目的，提出城市规划管理的技术和方法，初步建立城市规划体系的雏形。

在城市规划立法方面，早在19世纪，法国就出现了有关空间开发的法律法规，但它们并非以城市规划为目的，大多集中在道路建设和卫生健康两个方面。直至第一次世界大战，法国城市建设主要以有关地产的法律法规和关于私有权的特殊政策作为法律依据。进入20世纪，法国才启动城市规划相关立法，迈出了城市规划体系建设的第一步。这一阶段的立法确定了规划编制的从无到有，建立了规划许可制度，确立了城市规划公权力的合法性，赋予市镇政府城市规划相关权力，开启了区域性城市规划编制的组织。与城市规划相关的重要立法包括：1915年，议员科尔尼黛（Cornudet）起草法案（后称《Cornudet法案》），提出人口超过1万的所有市镇都应在3年期限内编制完成《国土整治、美化和扩展计划》（Plan d'Aménagement, d'Embellissement et d'Extension）；第一次世界大战结束后，迫于人口大量涌向城市连绵区以及重建被毁坏城市的压力，该法案于1919年3月14日获得通过，成为法国有史以来首部有关城市规划的法律文件。1924年颁布关于城市规划编制组织的立法，首次提出通过事先许可制度对土地划分行为进行规范管理，赋予市镇政府组织编制城市规划以及通过发放土地划分许可证实施城市规划的管理权限，同时赋予中央政府发挥调控作用的职能，是对《Cornudet法案》的重要补充。1926年的立法提出了"公共使用功能"（utilité publique）的概念，从法律上确定了在一定情况下，公权力对私权利的优先地位。为了满足巴黎建设发展的实际需要，1932年5月

14 日颁布了有关城市规划的第三部法律，提出编制《巴黎地区国土整治计划》(Plan d'Aménagement de la Région parisienne)，以涵盖其所划定的巴黎地区所辖 656 个市镇的《国土整治、美化和扩展计划》。1935 年 7 月 25 日的法律则提出将编制区域性城市规划的要求从巴黎地区扩大到整个国土，以协调和指导各地的城市建设。1936 年颁布的关于重新组建巴黎地区城市规划高级委员会的法令，给予区域规划管理组织以法律保障。至此，法国已在区域、市镇和市镇内部等多个地域层面上拥有了确保公共机构控制和协调城市发展进程的法律法规。

在城市规划编制方面，根据上述法律规定，法国针对一定人口规模以上的市镇，强制要求编制当地的《国土整治、美化和扩展计划》，同时针对以巴黎地区为代表的城市连绵区，要求编制区域性的国土整治计划，由此形成了涉及市镇和城市地区两个层面的城市规划技术体系。然而，由于法国各地缺乏城市规划行政机构，导致这些规划立法和规划编制的实施效果并不理想。例如在编制了《国土整治、美化和扩展计划》的 1939 个市镇中，只有不足 1/4 的规划真正发挥了作用；在当时 15 个城市连绵区中，也只有巴黎地区编制并通过了区域性的城市规划。

在城市规划管理方面，同样根据上述法律规定，法国在市镇层面上，通过由市镇政府向具体建设项目颁发规划许可，实施城市规划管理。

3）战争时期

1936—1945 年，法国被卷入第二次世界大战，在此期间，城市发展建设和城市规划陷入瘫痪。为了适应"二战"结束后城市大规模重建的需要，法国在 1940—1943 年间，先后颁布了三部法律文件，一方面，赋予中央政府组织编制和实施城市规划的管理权限，从而将城市规划管理权限从地方政府集中到中央政府手里；另一方面，在中央和地方成立了专门的城市规划行政管理机构，以确保城市规划管理能够真正发挥作用。根据上述法律规定，中央政府成立了国家设施委员会，下设城市规划和房屋建设局；同时，在省级地方政府设立派出机构，代表中央政府在市镇行使组织编制城市规划、通过发放建设许可证实施城市规划的管理权限。截至"二战"结束，法国已经基本建成了依据城市规划控制个体土地利用行为的主要机制，特别是土地划分和房屋建设的许可制度，初步形成了现代城市规划体系的雏形。

6.2.4　1945—1975 年：城市规划体系的确立期

1. 时代背景

在政治方面，"二战"结束后，法国通过全民公决摒弃了第三共和国，并选举戴高乐作为总统，通过修改宪法组建了第四共和国，坚持"重返大国"的政治目标，强化法国传统的集权制，赋予了国家高效的组织形式。同时，法国积极把握欧洲政治局势趋于平稳、欧洲一体化稳步推进的发展机遇，不断巩固法国在欧洲的战略地位，为其经济发展创造了良好的周边环境，延长和提升了稳定发展的战略机遇期。

在经济方面，"二战"结束后，法国政府立刻着手进行战后重建，推行强调国家干预的"凯恩斯主义"，通过颁布经济计划和区域规划刺激经济复苏，国民经济呈现良好增长态势，现代制造业不断发展，第三产业开始萌发，长达30年的"光辉时期"就此拉开序幕。

在社会方面，因为战后婴儿潮的出现以及海外殖民地人口的大量涌入，法国经历了人口总量的快速增长；与此同时，伴随城市化进程的不断加快，法国的城市人口规模持续扩大，截至1962年，城市人口比重达到62%，除巴黎之外，马赛、里昂、波尔多、里尔等城市也迅速发展扩大，成为新的国土空间增长点。

2. 城市发展面临的突出问题

这一阶段，法国的城市发展面临诸多现实困境。首当其冲是战争破坏后的重建，催生了大规模、快速的住宅建设和工业建设，导致城市空间急剧膨胀；二是由于缺乏对城市发展的战略性规划引导以及对城市郊区土地利用的有效管理，大城市蔓延问题凸显，城市发展郊区化；三是区域发展不平衡，巴黎等大城市的扩张和建设速度远高于中小城市，人口进一步集聚。

3. 城市规划的对应探索

面对战后重建的现实需求，这一时期，法国城市规划体系主要关注的问题是如何采用快速有效的方式引导城市的高速扩展以及如何合理分配土地空间资源，并对大规模的建设行为进行及时管制。为此，法国通过立法途径，初步确立了由战略性城市规划、规范性城市规划和修建性城市规划共同组成的三级城市规划编制体系以及以土地利用规划许可作为技术手段的城市规划管理体系。

1）城市规划立法

"二战"后的法国通过立法，为有条件发展的空间及其主体赋权赋能，以实现快速的城市开发和建设，形成了所谓的"修建性（实施性）城市规划"，主要做法有三种：①赋予城市规划强大的公权力，允许地方城市规划管理机构在一定条件下，对具有战略意义的土地行使"征收权"（droit d'expropriation）和"优先收买权"（droit de préemption），以快速实现土地开发和城市发展的目的。例如1953年8月6日颁布的有关地产的法案，允许公共机构在特定地域范围内，以征收方式获取土地并进行设施配套建设，将适于开发的土地销售给国营或私有建造商，以便对新建建筑群体的选址与布局进行直接干预。②划定适用特殊政策的空间区域，以推动城市开发。例如1957年和1958年先后颁布的几项法案，对修建性城市规划的管理制度进行了详细解释，确定了"优先城市化地区"（zone à urbaniser par priorité，简称 ZUP）和"城市更新"（renouvellement urbain）这两个重要的修建性城市规划制度的法律地位。③关注历史建筑和空间的保护。例如 1962 年颁布的《马尔罗法》（Loi Malraux）对房屋修复作出了规定，并对优先城市化地区和城市更新这两个修建性城市规划制度作出重要补充；1967 年颁布的法案确立了建立在自愿协商原则基础上的"协议开发区"（zone d'aménagement concerté，简称 ZAC）制度，作为修建性城市规划的主要手段，取代原有的"优先城市化地区"和"城市更新"制度，为实施协议性城市规划奠定了法律基础。

与此同时，具有普适性的"规范性城市规划"也在不断完善。一方面，法国政府于 1955 年颁布法案，建立了《城市规划国家条例》（Règlement National d'Urbanisme，简称 RNU），以确保即使在尚未编制"国土整治计划"的市镇里，行政管理机构依然可以对房屋建设行为进行规范；另一方面，鉴于 1943 年法案规定的"国土整治计划"的编制内容过多、编制周期较长，而现实中城市发展速度很快，常常面临规划刚刚编制完成就已过时的尴尬，法国政府于 1955 年和 1958 年先后两次颁布法令，将城市规划编制体系调整为"指导性城市规划"和"详细城市规划"两部分，从而使规划本身更具灵活性。

这一阶段，城市规划领域最重要的立法是 1967 年 12 月 30 日颁布的《土地指导法》（Loi d'orientation foncière，简称 LOF），它将城市规划编制体系划分为"国土整治与城市规划指导纲要"（Shéma Directeur d'Aménagement et d'Urbanisme，简称 SDAU）和"土地利用规划"（Plan d'Occupation du Sol，简称 POS）两个部分，提出后者要以前者为依据。其中，《国土整治与城市规划指导纲要》以展望未来城市发展为主，覆盖地域范围较大，规划期限较长，不能作为申请土地利用许可的依据，是展望性的城市规划；而《土地利用规划》以规范土地利用为主，覆盖地域范围较小，规划期限较短，是申请土地利用许可的重要依据，属于规范性城市规划。由此进一步确立了市镇和区域两级的城市规划编制。

此外，1954 年 7 月 26 日的《城市规划和住宅法典》（Code de l'Urbanisme et de l'Habitation）开始了城市规划法律法规的典籍化，以方便行政管理人员和广大市民对城市规划立法的了解。1972 年，法国颁布法律，将上述法典拆为两个独立法典，即《城市规划法典》（Code de l'Urbanisme）和《建筑与住宅法典》（Code de la Construction et de l'Habitation）。1973 年《城市规划法典》得以正式发布，并被划分为法律和法规两个部分，每个部分又被细分为卷、编、章等不同层次。1977 年 1 月，法国国家行政院颁布法令，将行政部门有关城市规划的政令作为第三部分纳入上述法典。

2）城市规划编制

1967年颁布的《土地指导法》确立了由《国土整治与城市规划指导纲要》和《土地利用规划》组成的城市规划技术体系，二者的有效衔接从根本上解决了土地利用规范所强调的稳定性、准确性和城市发展对实际情况的及时回应之间的矛盾，以及与其他规划和与土地开发规划许可制度的配合。其中，《国土整治与城市规划指导纲要》属于战略性城市规划，《土地利用规划》属于规范性城市规划，《协议开发区规划》（Plan d'Aménagement Concerté，简称PAC）和《保护与利用规划》（Plan de Sauvegarde et de Mise en Valeur，简称PSMV）属于修建性城市规划。由此，法国城市规划建立了涉及区域、市镇和局部地域三个空间层面的三级城市规划编制。其中，规范性城市规划需要与其所在地域的战略性城市规划相符合，修建性城市规划要符合或替代其所在地域的规范性城市规划。

3）城市规划管理

与城市规划编制相配合，法国在城市规划管理上建立了审批许可制度，涵盖了城市规划许可、建设许可、拆迁许可等多方面内容，通过许可制度对具体建设活动进行管理。其中，为了削弱1943年6月15日城市规划法案赋予城市规划的过于浓重的国家色彩，1967年的《土地指导法》规定，由来自国家和各级地方的代表共同组成专门的国土整治与城市规划地方委员会或工作小组，分别代表中央政府和各级地方政府联合组织编制《国土整治与城市规划指导纲要》和《土地利用规划》，从而部分地将城市规划编制权限从中央政府转移到地方政府手中。然而，在实际操作中，只有《国土整治与城市规划指导纲要》的编制遵循了上述规定，真正具有法律效力的《土地利用规划》仍然由中央政府在省级地方的派出机构组织编制，甚至连发放建设许可证也属于上述机构的职能范畴，因此，地方政府仍无法真正享有编制和实施城市规划的管理权限。

6.2.5　1976年至今：城市规划体系的完善期

1.时代背景

1970年代初的石油危机后，以凯恩斯国家干预主义为代表的战后现代资本主义时代结束，此后30年间，法国社会、政治、经济经历了去工业化的洗礼，出现了中央政府财政支付能力衰退、社会人口老龄化、工人阶层流失、社会凝聚力丧失和对家庭、集体等观念的排斥等大量社会经济新问题。

在政治方面，1975年的法国已经在相对平稳的政治环境中走过了30年，戴高乐结束政治生涯之后，法国式的半议会半总统制政府走入后强人时代，国家集权能力下降，不同政党之间的政治博弈分散了大量的社会精力，加之中央政府财政能力的下降，导致行政权力下放势在必行。自 20 世纪 80 年代起，法国开始进行行政地方分权改革，将城市规划作为一项最重要的权责利打包移交给地方政府。

在经济方面，经过 30 年的高速城市化发展，法国步入后工业化和城市化的平稳时期，经济发展减速，经济结构转型。

在社会方面，政治氛围的变换、行政改革的推动、经济发展的放缓带来一系列社会问题。一方面，"二战"之后法国建设者的主体开始步入老龄阶段；另一方面，始于 1980 年代的可持续发展理念成为欧盟国家新的共同价值观，对环境和资源的节约利用、对社会公平的关注、对城市生活的关心成为城市发展的重要议题。

2. 城市发展面临的突出问题

这个阶段，法国已进入城市化进程的平稳期，大规模城市建设只有在新的竞争刺激下才会出现，而对生活品质和城市空间质量的要求逐渐提高。这一阶段，城市发展面临的主要问题体现在四个方面：一是传统街区的衰败与复兴；二是全球化竞争带来的对新的城市功能的开发需求；三是社会对发展质量的高度重视（包括可持续发展思想以及对环境和社会问题的关注）；四是城市决策中的民主参与诉求。

3. 城市规划的对应探索

"光辉三十年"之后，社会经济发展和城市化进程趋缓，新的社会现实和发展理念要求城市规划作出新的回应。针对新的转型期，法国城市规划历经数次立法调整，逐渐进行转型，由重视城市发展数量转向重视城市发展质量，由关注地区性城市建设转向兼顾国际化城市竞争，由中央集权的规划管理方式转向地方政府主导、民主参与规划过程的新模式。

1）城市规划立法

1975 年后，法国的城市规划立法开始关注区域性空间发展策略、环境保护和可持续发展、城市社会发展政策等方面的内容，伴随着地方分权的推进，对城市规划体系进行了较大的调整和完善。

关于环境保护，早在 1960 年代，法国就从文化遗产的视角出发，通过多种方式对具有重要文化价值的自然空间予以保护，例如根据 1960 年 7 月 22 日颁布的《国家公园法》设立国家公园，根据 1967 年 3 月 1 日颁布的总统令创建大区自然公园。1976 年 7 月 10 日颁布的《环境保护法》促成了同年 12 月 31 日《城市规划改革法》的出台，要求在编制规划文件时进行环境影响分析，避免农业用地被城市建设蚕食；1993 年 1 月 8 日颁布的《景观法》则进一步将具有景观价值的自然空间视为空间管制对象。1995 年 2 月 2 日颁布的《加强环境保护法》（又称《Barnier 法案》）赋予可持续发展概念以法律地位，促使在 1995 年 2 月 4 日颁布的《国土整治与开发指导法》

（又称《LOADT 法》）和 1999 年 6 月 25 日颁布的《国土整治与可持续发展指导法》（又称《LOADDT 法》）对空间规划体系作出重大调整，明确了国家和大区通过空间规划促进国土整治与可持续发展的具体职责和要求。

关于社会发展，1991 年 7 月 13 日法国颁布《城市指导法》，作为补充，又先后于 1995 年 1 月 12 日和 1996 年 11 月 14 日颁布有关住宅多样性和重新推动城市发展的法律文件，鼓励在每个城市连绵区、市镇乃至街区，住宅发展趋于多样化，以扭转社会住宅不断集中的趋势，避免居住空间的社会分化。2000 年 12 月 13 日，法国颁布《社会团结与城市更新法》（简称 SRU），以更加开阔的视野看待国土整治与城市发展问题，在探讨城市规划的同时，还涉及城市政策、社会住宅等内容，旨在对不同领域的公共政策进行整合，致力于推动城市更新、协调发展和社会团结，这部法律的颁布标志着法国城市规划法制建设进入了一个新的阶段。

此外，伴随社会民主化进程的不断推进，从 1975 年开始，关于城市规划权力下放的提议不断出现，法国参议院就曾在 1979 年提出议案，要求赋予已编制《土地利用规划》的市镇政府发放建设许可证书的权力。1982—1983 年，法国颁布了一系列被统称为《地方分权法》的法案，确立了"大区"作为地方行政区划的法律地位，明确了中央与各级地方政府之间的职能分工。据此，1983 年 1 月 7 日和 1985 年 7 月 18 日颁布的两个法案规定，将国家掌控的城市规划编制和实施权限有条件地下放到市镇和市镇联合体，赋予后者在其所辖地域内自主决定土地开发和城市建设的权力，同时规定国家负责制定包括城市规划在内的规划权限和程序规则以及针对各级地方发挥指导、监督和协调作用。

2）城市规划编制

1995 年 2 月 4 日颁布的《国土整治与开发指导法》和 1999 年 6 月 25 日颁布的《国土整治与可持续发展指导法》规定，国家和大区分别承担国土规划和区域规划的职责，包括：国家组织编制覆盖全部国土的《国土整治与开发国家计划》（Schéma National d' Aménagement et de Développement du Territoire，简称 SNADT）和《共同服务纲要》（Schéma de Service Collectif，简称 SSC）以及覆盖具有战略意义的部分国土的《国土整治地区指令》（Directives Territoriales d' Aménagement，简称 DTA）；大区组织编制《国土整治与开发大区计划》（Schéma Régional d' Aménagement et de Développement du Territoire，简称 SRADT，后改称《国土整治与可持续发展大区计划》（Schéma Régional d' Aménagement et de Développement Durable du Territoire，简称 SRADDT））。针对城市规划，法案均保留了原有区域和市镇两个层面的城市规划编制，只是将《国土整治与城市规划指导纲要》简化更名为《指导纲要》（Schéma Directeur，简称 SD），并将规划编制权限进一步从中央向地方转移。

2000 年 12 月 13 日颁布的《社会团结与城市更新法》面向推动城市更新、协调发展和社会团结的发展目标，对法国城市规划编制作出重大调整。一是以针对市镇联合体的《国土协调纲要》（SCOT）取代原有的《指导纲要》，旨在从特定的区域层面对经济、住房、交通、设施等的建设以及环境保护、节约能源等问题作出统筹安排，以应对大量市镇因规模小、布局散而难以独立承担土地开发与空间管理职能的现实问题；二是以《地方城市规划》（Plan Local d' Urbamisme，简称 PLU）和《市镇地图》（Carte Communale，简称 CC）取代原有的《土地利用规划》，旨在表达规划关注点从单一的土地利用向综合的城市政策的转变，以整合住房、交通、商业、设施乃至农业等不同领域的公共政策。其中，《国土协调纲要》作为战略性城市规划，《地方城市规划》和《市镇地图》作为规范性城市规划，以及沿用至 2000 年的《协议开发区规划》和沿用至今的《保护和利用规划》作为修建性城市规划，构成了涉及区域、市镇和局部三级地域的城市规划编制体系。

至此，法国从国家到各级地方的多层次空间规划体系基本形成，其中既包括了以经济发展和资源保护为核心的国土规划和区域规划，也包括了以城市规划为核心的区域性和地方性城市规划。

3）城市规划管理

相较于前一个时期的城市规划管理，以规划审批和许可为主的城市规划的管理权限随着行政分权改革而主要下放至地方政府。20 世纪 80 年代，为了顺应日益深化的民主化进程、缓解石油危机导致的国家投资能力萎缩的困境，法国于 1983 年和 1985 年先后两次颁布法律，实施地方分权政策，将原先主要由中央政府掌控的编制和实施城市规划的管理权限部分转移给各级地方政府，特别是市镇政府。上述法律规定，市镇政府负责组织编制辖区的城市规划，在审批通过《土地利用规划》的前提下，发放土地利用许可证书，从此真正享有编制和实施城市规划的管理权限。当然，市镇的空间开发必须与周边市镇的空间开发相协调，同时符合所在省份、大区和国家的利益。至此，城市规划职能在国家和地方之间实现了重新划分。其中，市镇主要负责《土地利用规划》《国土协调纲要》等城市规划文件的编制和实施，包括颁发土地利用许可证和建设许可证、参与地产开发和编制实施修建性城市规划等；国家则主要负责制定有关城市规划权限和程序的规则、参与编制城市规划、依法实施行政管理，通过向地方市镇派驻技术服务机构体现其职能以及在尚未编制土地利用规划的市镇发放土地利用许可证、实施城市规划等。

6.3 法国现行城市规划体系的特征

从 19 世纪中叶开始进行城市规划的实践探索，到 20 世纪中叶确立城市规划体系，再到此后半个世纪里的不断调整和发展，法国至今已经形成了比较完善的城市规划制度体系。

6.3.1 城市规划立法体系

1. 城市规划法律体系的构成

在法国，城市规划法是指与土地开发整治和城市建设发展相关的所有规章制度的总和。但法国并不存在单独成文的城市规划法，与城市规划相关的法律法规被收入《城市规划法典》，构成城市规划法的主干，但同时与农村、道路、建设与住宅、文物、旅游、工业事业征用土地、森林、环境等相关的法典密切相关（表 6-4）。

法国城市规划法律法规体系构成   表6-4

构成	法典名称	管理对象
主干法	城市规划法典	城市、村镇建设及土地利用
相关法	农村法典	农业建设及其土地利用
	建设与住宅法典	房屋与住宅建设
	道路管理法典	道路建设与利用
	文物法典	文物保护与利用
	旅游法典	旅游设施建设
	公益事业征用土地法典	公共设施的土地征用
	森林法典	森林保护与利用
	环境法典	环境保护

资料来源：刘健. 20 世纪法国城市规划立法及其启发 [J]. 国际城市规划，2004，24（5）：16-21.

2. 城市规划立法的任务和目的

在法国，城市规划主要用于处理公权与私权之间的社会关系，因此，城市规划法在其法律体系中属于公法的一个分支，也是行政法的重要组成部分。根据法国国家行政法院的规定，城市规划法主要负责规定和规范各种方式的土地利用，它与其他有关社会治安、公共卫生、自然或人文遗产保护、农林开发等问题的行业法规共同组成有关空间组织的公共法规体系；与上述其他法规相比，城市规划法着眼于促进城市发展密集地区土地开发和城市建设的协调发展。

法国《城市规划法典》开宗明义地对立法目的作出说明："法国的领土是整个国

家的共同遗产，每个地方行政单位在其管辖范围内是这一遗产的管理者和保证者。为了对生活环境进行整治，为了保证毫无歧视地满足目前和未来生活在法国领土上的各族人民在居住、就业、服务和交通等方面的不同需求，为了以经济的方式管理土地，为了保护自然环境、风景名胜、公共安全以及公共卫生，为了推动城市和乡村地区人口的平衡发展，以及为了使人口迁移合理化，地方行政单位应在相互尊重各自自治权力的前提下，对土地利用进行有预见性的规划并且作出与规划相协调的决定。"

3. 城市规划立法的适用范围

法国城市规划法适用于空间和行为两个方面。空间方面，由于法国城市和农村在行政划分上不存在差别，故作为有关物质空间环境开发的通法，城市规划法适用范围覆盖法国的全部国土，不仅包含城市化地区，也适用于乡村地区。行为方面，城市规划法适用于除了与农业生产相关的其他全部土地利用或土地占用行为，包括房屋建设行为、土地划分、房屋拆除、矿产开采、各种工程设施安装、树木砍伐等。

4. 城市规划立法的典籍化

作为法国城市规划法规体系的主体，《城市规划法典》汇集了与国土开发和城市发展密切相关的所有法律规定，也正因为如此，每一项与城市规划相关的法律法规的颁布都会引起《城市规划法典》的修改、补充和完善。现行的《城市规划法典》于2016年修订，由法律、法规、政令三部分组成。其中，法律部分指以国家法律为依据形成的法律条文，具有与国家法律同等的法律效力；法规指以国家行政法院颁布的法令为依据形成的法律条文；政令部分是指以国家行政部门的决议为依据形成的法律条文。

5. 城市规划文件的法制化

除了国家层面的《城市规划法典》之外，从国家到地方，各级政府编制的城市规划文件或相应的规划规定，在经过相应行政层级的议会的审批之后，即成为具有法律地位、法律效力或强制力的国家或地方法规，这其中既包括国家层面的国土规划，区域和大区层面的区域规划，也包括区域、市镇和局域层面的城市规划以及在不同空间层面与城市规划相关的其他规划，例如城市交通规划、地方住房计划、公共服务纲要、商业发展纲要等（表6–5）。

6.3.2 城市规划技术体系

1. 城市规划技术体系的政策框架

根据法国相关法律对各级地方政府行政职能的事权划分，各级政府均拥有一定的空间规划和城市规划权限，其中城市规划主要属于市镇的地方事务，但从中央到各级地方政府均可通过系统化、分地区、分层次的国土开发政策和空间规划体系，影响和调控城市空间发展。

法国现行的法定城市（国土）规划或相关规划的覆盖范围　　　表6-5

地域范围		城市（国土）规划	与城市（国土）规划相关的其他规划
国家			共同服务纲要
大区、省和跨大区、跨省的区域		国土整治与可持续发展大区计划	
		国土整治地区指令	
		具有同等效力的国土整治与开发指导纲要	
跨市镇或市镇联合体的区域	城市化地区、城市化密集区和其他特定区域	国土协调纲要	开发整治市际宪章 城市交通规划 地方住宅计划 商业发展纲要
市镇或市镇联合体		地方城市规划	影响土地利用的土地公共用途的规定
		市镇地图	
		城市规划国家条例	
		协议开发区规划	
		保护和利用规划	

资料来源：Henri Jacquot，François Priet "Droit de l'urbanisme"（作者根据第五版翻译整理并修改）

　　法国的城市与乡村之间没有行政建制之分，国土开发政策由综合政策、分区政策和专项政策三大部分组成（表6-6），分别建立在一系列规划（plan）或计划（schéma）和专项规划或计划的基础上，在国家、大区、省、市镇以及各类地方联合体等不同空间层次，从经济、交通、住房、文化、教育等不同专业角度，规范和指导发生在全部或部分国土范围内的国土开发行为，以满足国家经济社会持续发展的需要。其中，综合政策构成法国国土开发政策框架的主体，分区政策和专项政策则是对综合政策的补充和深化。

　　综合政策主要指适用于规划区范围内全部国土的综合性国土开发战略和计划，相关内容主要体现在不同层面的综合性空间规划文件当中，包括国家层面的《共同服务纲要》，跨大区层面的《国土整治地区指令》，大区层面的《国土整治与开发大区计划》，跨市镇和市镇联合体层面的《国土协调纲要》以及市镇和市镇联合体层面的《地方城市规划》和《市镇地图》等。综合政策在对不同分区政策和部门政策的整合方面起着重要的作用。

　　分区政策从本质上讲，也是一种综合政策，只是其适用范围限制在地区层面而非整个国土。法国目前的地区划分为以下四类：城市地区、乡村地区、城乡混合区、山区及滨海地区。针对不同地区的发展特点，分别制定了不同的政策措施和建设计划，相关内容主要通过不同形式的《开发整治市际宪章》（Charte Intercommunale de

Développement et d' Aménagement），体现在《国家—大区规划协议》（Contrat de plan État-région）中，二者都是用于实现市镇政府、大区政府与国家之间在国土开发与整治层面的合作的组织管理工具。

专项政策是国家和各级地方基于各经济部门或职能部门发展的需要，制定的有关国土开发的专项政策，主要涉及经济发展、住房建设、交通发展、公共服务、数字技术建设等。其中，中央政府负责的"共同服务纲要"根据1999年的区域规划法案编制，2002年开始实施，主要目的是确定在2020年规划期内的高等教育和研究、文化、健康、信息交流、能源、自然与乡村地区保护和体育等公共服务发展的基本原则。

法国现行国土开发政策框架 表6-6

政策分类	政策细化	适用范围	政策表达
综合政策	综合性国土开发政策	分别适用于国家、大区、省、市镇及市镇联合体的行政辖区	分别由国家、大区、省、市镇及市镇联合体编制的综合性空间规划或计划
分区政策	城市政策	城市地区	由国家联合相关地方，针对特定地域编制的综合性空间规划或计划
	乡村政策	乡村地区	
	城乡混合区政策	城乡混合地区	
	山区及滨海地区政策	山区及滨海地区	
专项政策	经济政策	国家、大区、省、市镇及市镇联合体在相关领域的职权所对应的行政辖区	国家、大区、省、市镇及市镇联合体针对其在相关领域的职权所对应的行政辖区编制的专项规划或计划
	住房政策		
	交通政策		
	数字技术政策		
	公共服务政策		
	高等教育政策		

资料来源：刘健. 法国国土开发政策框架及其空间规划体系：特点与启发 [J]. 城市规划，2011, 35（8）：60-65.

2. 城市规划技术体系的构成

作为国土开发综合政策的载体，一系列综合性空间规划（或计划）构成了法国空间（城市）规划体系，由区域规划和城市规划两大部分组成，根据规划范围的大小，城市规划又可进一步划分为区域性城市规划和地方性城市规划两种类型（表6-7）。在多层次的城市规划编制体系当中，低层次的城市规划必须符合较高层次城市规划的规定，多种形式的专业规划和行业规划与城市规划之间的关系则主要取决于各自的层次地位和涉及的地域范围。

法国现行城市规划技术体系 表6-7

规划体系		规划文件	规划范围	编制审批主体	规划许可发放主体
区域规划		国土整治与可持续发展大区计划	大区行政辖区	大区	无
		国土整治地区指令	大区、省或跨大区、跨省行政边界的特殊战略地区	国家协同相关地方	无
区域性城市规划	战略性	国土协调纲要	市镇联合体的行政辖区	省或市镇联合体	无
地方性城市规划	规范性	地方城市规划市镇地图	市镇或市镇联合体的行政辖区	市镇或市镇联合体	市镇
		城市规划国家条例	尚未编制城市规划文件的市镇	国家	国家
	修建性	协议开发区规划	市镇或市镇联合体辖区内的局部地区（新区或城市更新区）	市镇或市镇联合体、国家	市镇或国家（涉及国家战略的重点区域由国家组织审批和发放许可）
		保护和利用规划	市镇或市镇联合体辖区内的局部地区（历史保护区）	市镇或市镇联合体	市镇

资料来源：根据相关资料修改。刘健. 法国国土开发政策框架及其空间规划体系：特点与启发 [J]. 城市规划，2011，35（8）：60-65.

3. 城市规划编制与案例解析

1)《国土整治与可持续发展大区计划》

《国土整治与可持续发展大区计划》的编制依据是1995年2月4日颁布的《国土整治与开发指导法》和1999年6月25日颁布的《国土整治与可持续发展指导法》，是针对大区的综合性空间规划文件，属于区域规划的范畴。它以大区作为编制单元，由大区政府协同大区经济社会委员会、特定地方政府和市际合作公共机构以及城乡混合区、大区自然公园和市民组织等进行编制，最终由大区议会批准通过，主要目的是确定在规划期限内促进大区可持续发展的基本原则，并用以规范中央政府与大区政府之间的协议内容。规划文件的成果包括回顾与展望、大区可持续发展宪章、将要实施的行动和计划以及相关图纸，涉及内容主要包括：具有公益属性的重点服务设施和基础设施的布局，涉及投资与就业的经济发展计划，城市、郊区与乡村地区的协调发展，环境、名胜、景观和自然遗产的保护与保留，衰败地区的复兴与重建，跨大区或跨行政边界规划的整合，大区交通设施规划（特别是轨道交通的设施建设和交通组织计划）等。

《国土整治与可持续发展大区计划》确定了大区层面国土整治可持续发展的中期目标，保证了大区层面的设施建设计划符合国家政策的相关规定，并关注到了辖区内不同地方的特点和需求，同时为辖区其他城市规划文件的编制，如指导纲要或国土协调纲要、大区自然公园、国土整治地区指令等，作出建议和指示。需要指出的是，《国土整治与可持续发展大区计划》既不具有法律地位，也不具备法律效力，但作为具有强制力的指导性文件，可以通过规划编制过程促使相关利益方达成一致。

以 2007 年编制完成的《下诺曼底大区国土整治与可持续发展大区计划》为例。下诺曼底大区位于法国西北、巴黎盆地和法国西部的交汇处，是诺曼底地区的一部分，北临英吉利海峡，与英国隔海相望，首府为卡昂市（Caen）。《下诺曼底大区国土整治与可持续发展大区计划》包含了对全部大区辖区内公共服务设施和基础设施的建设计划，重视平衡保护海滨特色和促进滨水开发的关系，规划未来成为法国真正的海上大门；在经济发展与就业方面，强调对包括国际学生在内的年轻人的吸引；在国土整治与开发方面，强调根据新的能源状况，对城市建设和交通建设及其规划进行调整，并对温室气体排放量进行了预估和计划（图 6-7）。

2）《国土整治地区指令》

《国土整治地区指令》的编制依据同样是 1995 年 2 月 4 日颁布的《国土整治与开发指导法》和 1999 年 6 月 25 日颁布的《国土整治与可持续发展指导法》，是针对特殊战略地区编制的综合性空间规划文件，属于区域规划的范畴。此处所谓特殊战略地区，

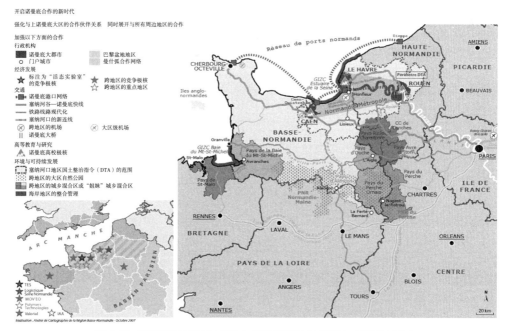

图 6-7　下诺曼底大区国土整治与可持续发展大区计划：城镇体系分布

资料来源：http://www.normandie.fr（下诺曼底大区官网）

一是指重点交通设施和社会服务设施选址困难的区域（如受地理条件限制的交通走廊地区），二是指人口压力较大、土地资源匮乏或生态环境面临危机的地区（如滨海地区、山区、城市边缘地区等）。它由中央政府在其国土开发职责范围内，自发或在大区或省议会的要求之下，经大区或省行政长官的协调，协同地方成员进行编制，主要目的是整合中央政府对相关地区的空间规划的总体目标和指导原则，以促进发展与保护之间的平衡，特别是平衡有限度的城市发展和乡村发展、保留农业空间和森林空间、保护自然空间、保持社会混合和城市功能的多样性。其主要内容是：明确国家在管理和平衡国土的发展、保护与利用方面的基本目标以及布局大型交通基础设施和公共服务设施、保护自然空间和风景名胜的具体原则，并根据当地特定的地理条件，详细规定有关山区和滨水地的特殊规定的实施方法。

由于在确定国土开发总体目标和指导原则的过程中，需要在地方层面上达成广泛共识，因此"国土整治地区指令"的编制有利于促进地方合作伙伴关系的建立。在1996—1999年间，法国先后有七个地区编制了"国土整治地区指令"，主要是可持续发展矛盾比较突出的地区，如北部和洛林矿区（Lorraine）、滨海阿尔卑斯地区（Alpes-maritimes）以及卢瓦河谷地区（Loire）等。

以《滨海阿尔卑斯国土整治地区指令》为例。滨海阿尔卑斯是位于法国最西南端地中海沿岸的一个省份，隶属普罗旺斯—阿尔卑斯—蓝色海岸大区，与意大利接壤；辖区大部地区是作为阿尔卑斯山系组成部分的滑雪胜地，南部则是地处地中海沿岸的滨海地区，生态环境脆弱，但旅游发展迅速，属于生态环境面临危机的特殊战略地区。1995年11月6日，应滨海阿尔卑斯省议会以及该省若干市镇市长的请求，由当时的设备、住房、交通部和旅游部发起，由负责城市规划、国土整治和环境的各部在1996年7月23日联合授权，开始进行《滨海阿尔卑斯国土整治地区指令》的编制论证，并于1997年11月12日开始进行正式的规划编制，在2000年12月至2003年4月经过了一系列的法定咨询和协调程序之后，编制成果于2003年12月2日以国务院政令的形式得以通过。《滨海阿尔卑斯国土整治地区指令》的编制成果由文字和图纸两部分组成，其中文字部分包括了分析诊断、总体目标、有关滨海和山区特殊规定的适用条款与指导以及与此相关的住房、交通、防灾等其他政策，图纸部分则主要表达了地理条件、总体目标、指令指导以及有关滨海和山区特殊规定的适用条款（图6-8）。具体而言，《滨海阿尔卑斯国土整治地区指令》提出了三个总体发展目标：一是加强滨海阿尔卑斯省的发展定位，改善交通联系，基于当地的旅游、高科技、教育、研究等优势资产，建设若干优秀的增长中心；二是保护和改善环境，重视其作为该省吸引力的内在品质；三是以经济的方式管理空间，满足当前和未来人口的需求，防止和纠正

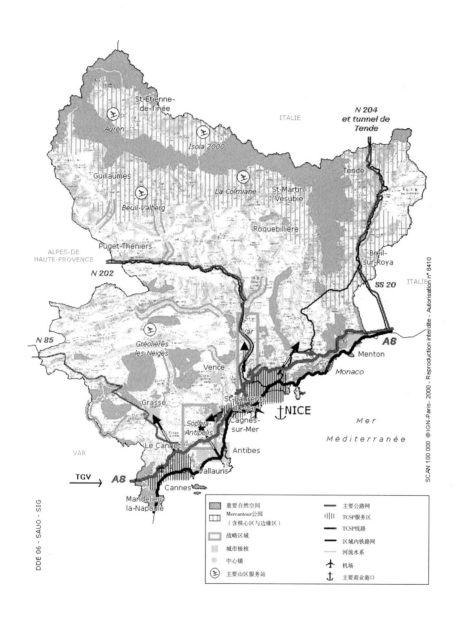

图6-8　《阿尔卑斯滨海地区国土整治地区指令》：关于总体发展目标的图纸表达
资料来源：Préfecture des Alpes-Maritimes. 2003

社会和空间的不平衡。尽管该规划编制不具备法律地位和法律效力，但却拥有强制力，现行的《指导纲要》《分区指导纲要》《土地利用规划》《城市规划国家条例》的适用条款，《保护和利用规划》以及《国土协调纲要》《地方城市规划》和《市镇地图》均须遵循上述总体发展目标并对其作出各自的解读。至于图纸文件中表达的线性基础设施，强调的是连接原则而非具体路径，其线路布局需在城市规划或其他相关规划中予以确定。

3)《国土协调纲要》

《国土协调纲要》的编制依据是 2000 年 12 月 13 日颁布的《社会团结与城市更新法》，是针对人口稠密、城市化程度较高的城市连绵区（agglomération urbaine）的综合性空间规划文件，属于区域性城市规划的范畴，具有区域规划的特点。它以市镇联合体作为编制单元，主要目的是整合与城市规划、住宅、交通设施和商业设施等相关的专项规划政策，确定规划区的空间规划基本原则，特别是保持建成区域与自然区域、耕地和林地之间的平衡，确定平衡住宅、社会混合、公共交通以及商业和企业设施的目标等。在编制内容上，《国土协调纲要》主要阐述根据经济和人口预测以及经济、空间、环境、住宅平衡、交通运输、市政配套设施和公共服务设施等方面的发展需要作出的预判，制定有节制的开发和可持续发展计划，确定与住宅建设、经济发展、娱乐休闲、人员和商品流通、停车场和机动车交通相关的城市规划公共政策及其目标。《国土协调纲要》不具备可作为抗辩证据的法律地位和法律效力，但被赋予了很高的强制力；在其覆盖范围内的市镇地方在编制《地方城市规划》或《市镇地图》时，都要遵循《国土协调纲要》的相关规定。

因为各地政府可以根据各自的需要决定是否进行规划编制，所以实际编制《国土协调纲要》的地区与统计上确定的城市连绵区在空间上并非完全对应和重合（图 6-9）。截至 2015 年 1 月，根据法国国家国土均衡与住房部的统计，全国共编制完成 448 个"国土协调纲要"，涉及人口 5170 万之多，约占法国总人口的 77%，共覆盖 25137 个市镇，占全国市镇总数的 68%，面积达 366009km^2，占法国包含海外省在内的全部领土面积的 54%。同时，当部分地方因规模偏小而不具备规划编制能力，但国家判定有必要进行区域性城市规划编制时，亦可由中央政府资助地方政府进行规划编制。

以《里昂城市连绵区国土协调纲要（2010—2030）》（简称 SCOT-Lyon）为例。里昂城市连绵区（l' Agglomération lyonnaise）位于法国罗纳省（Le Département du Rhône）东南部的两河交汇地区，由里昂城市共同体（Communauté urbaine de Lyon，又称大里昂）、东里昂市镇共同体（Communauté de Communes de l' Est lyonnais）和奥宗市镇共同体（Communauté de Communes de l' Ozon）三个国土单元共同组成，包括了 72 个市镇，131 万人口，占地 730km^2；2010 年，基于 1992 年编制完成的国土协调纲要的前身——《里昂城市连绵区指导纲要》（Schéma directeur de l' agglomération lyonnaise），编制完成新的《里昂城市连绵区国土协调纲要 2030》（图 6-10）。

里昂城市连绵区计划与研究综合委员会（Syndicat mixte d'études et de programmation de l'agglomération lyonnaise，简称 SEPAL），具体承担《里昂城市连绵区国土协调纲要（2010—2030）》的研究、编制和实施工作。作为成立于 1985 年，具有独立法人资格的公共机构，里昂城市连绵区计划与研究综合委员会既是《里昂城市连绵区国土协调纲要（2010—2030）》研究和编制的组织主体，也是其实施主体，前一个任务主要通过外包设计工作、寻找编制团队来完成，后一个任务主要由其内部的决策机构通过投票来决定。里昂城市连绵区计划与研究综合委员会的决策机构由26位地方选民和12位技术服务人员组成，分别来自里昂都市联合体、东里昂市镇联合体和奥宗市镇联合体，其中16位选民组成其常设机构，包括1位主席、7位副主席和8位成员。

一方面，《里昂城市连绵区国土协调纲要（2010—2030）》的编制需要遵守上级的政策、规划和计划，包括国土规划指令（DTA）以及大区层面的《水资源整治与管理

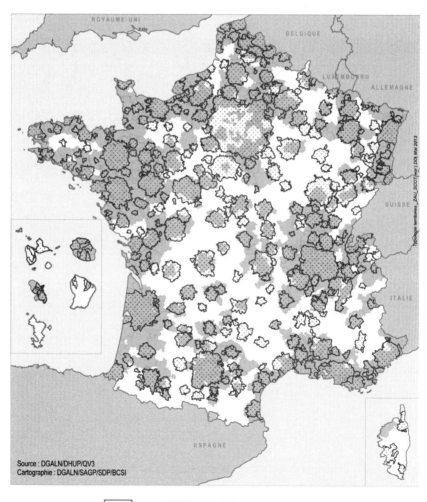

◫ 2010年统计的城市连绵区

▩ 截至2013年编制的国土协调纲要

图6-9 已完成的《国土协调纲要》编制地区与统计上的城市密集区之间的空间关系

资料来源：Fédération Nationale de SCoT. Panorama des SCoT. 2013

图6-10　里昂城市密集区共同体范围（含三个市镇联合体）

资料来源：SCOT-Lyon 2010—2030

纲要》（Schéma directeur d'aménagement et de gestion des eaux，简称 SDAGE）、《噪声防护规划》（Plan d'exposition au bruit，简称 PEB）、《大气保护规划》（Plan de protection de latmosphère）和《大区职业纲要》、《大区自然公园纲领》（chartes des parcs naturels régionaux）等。另一方面，批准通过的《里昂城市连绵区国土协调纲要（2010—2030）》将作为上位规划，指导辖区内各市镇和市镇联合体的城市规划和部门规划的编制，包括《地方城市规划》《地方住宅计划》（programme local de l'habitat，简称 PLH）、《城市交通规划》（plan de déplacements urbains，简称 PDU）和商业发展纲要等。

《里昂城市连绵区国土协调纲要（2010—2030）》由说明报告（rapport de presentation）、可持续整治与发展计划（Projet d'aménagement et de développement durable，简称 PADD）和总体指导文件（Document d'orientations générales，简称 DOG）三部分组成。其中，说明报告通过对规划范围内的环境和资源条件进行研究分析，提出城市发展面临的挑战和问题；可持续整治与发展计划则提出城市连绵区在发展、环境和社会团结三个方面的未来愿景；总体指导文件则将上述发展愿景转化为国土整治的原则和自然保护的指导，提出基于交通、绿化和水系的多中心空间结构方案（图6-11）。

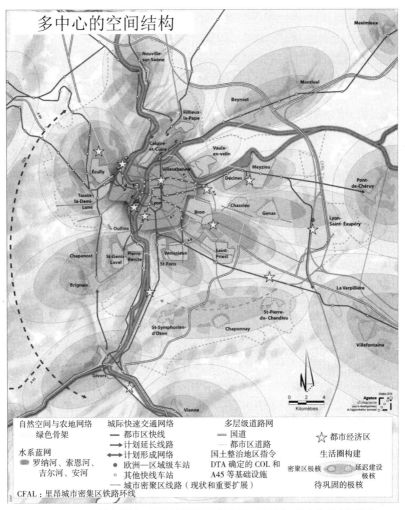

图6-11 里昂城市连绵区国土协调纲要（2010-2030）：多中心的空间结构

资料来源：https://www.scot-agglolyon.fr/wp-content/uploads/2017/10/Doo_03_10_2017_VERSION_
DEFINITIVE_PAGINE_pour_WEB.pdf

4）《地方城市规划》和《市镇地图》

《地方城市规划》和《市镇地图》的编制依据是2000年12月的《社会团结与城市更新法》，并在2010年通过的《国家干预环境保护法》（Loi Portant Engagement National pour l'Environnement）的指导下完善，属于分别针对较大的市镇或市镇联合体以及较小的市镇编制的规范性城市规划文件，覆盖相关地方辖区的全部国土。它们均以市镇或市镇联合体为编制单元，由市镇政府或相关的市际合作公共机构负责编制，主要目的是依据上位规划的相关规定进行土地区划，提出建筑和土地利用的区划指标，作为实施城市规划管理的重要依据。《地方城市规划》和《市镇地图》在编制完成并获得市镇或市镇联合体议会批准之后，即具有了地方法规的效力，并且是具有最强法律效力的城市规划文件，在遇到城市规划纠纷时，其文件内容可直接用作对第三方可抗辩的法律文件，也因此成为使用最多的、最具代表性的地方城市规划文件。

相比《国土协调纲要》，《地方城市规划》的编制成果除了说明报告和可持续整治与发展计划之外，还包括了整治与计划指导文件（Les Orientations d'Aménagement et de Programmation）、规划规则（Le Règlement）和附件（Les Annexes）等内容（图 6-12、图 6-13）。其中：

（1）说明报告主要对规划区的环境和资源状况进行分析。

（2）可持续整治与发展计划作为具有可抗辩效力的内容，主要说明规划的基本原则、政策方向和总体目标，特别是市镇城市建设和土地开发的指导方针。

（3）整治与计划指导文件主要针对国土整治、住宅发展和交通建设作出规划安排，其中与住宅相关的部分相当于该地方的《地方住宅计划》（PLH），与交通相关的部分相当于该地方的《城市交通规划》（PDU）。

（4）规划规则主要是关于土地利用的具体规定，包括通过土地区划将规划区的用地划分为城市用地（U 区）、规划城市用地（AU 区）、农业用地（A 区）、自然空间和林业用地（N 区），并且针对每类用地，就以下 16 项规划指标作出具体规定：①被禁止的土地利用方式；②土地利用的特殊规定；③地块与周边公共或私人道路的衔接以及面向公众的道路开口；④地块上的供水、排水、电力等管网布局；⑤地块的最小可建设面积（出于保护历史遗存或风景名胜的考虑，或配套建设基础设施的技术要求）；

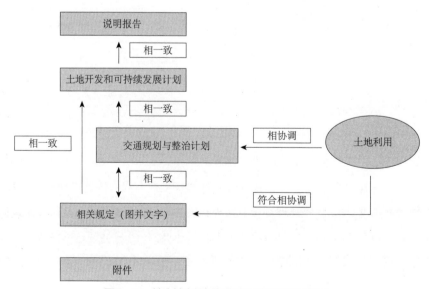

图 6-12　地方城市规划各组成文件间关系示意图

资料来源：Fédération Nationale de SCoT.Panorama des SCoT.2013.

图 6-13　《里尔地方城市规划》文件中的部分成果示意：布斯贝克（Bousbecque）地区分片图
资料来源：http：//siteslm.lillemetropole.fr/urba/PLU/index.htm（里尔市规划局官网）

⑥一栋建筑物相对于相邻公共道路或公共管界的布局；⑦一栋建筑物相对于地块边界的布局；⑧一栋建筑物相对于同一地块上其他建筑物的布局；⑨建设用地的地役权；⑩建筑物最大高度；⑪建筑物外观及其边界，包括对自然风景、城市街区、建筑群落、房屋建筑、公共空间、历史建筑、风景名胜以及保护区的各种要素的保护；⑫建造商建设停车场地的义务；⑬建造商建设空地、休闲用地以及绿化配置的义务；⑭地块的最大容积率；⑮各项建设、工程、设施和整治的能源和环境义务；⑯各项建设、工程、设施和整治的基础设施和电子通信网络义务。

（5）附件主要是关于公共利益和地役权的规定 ①。

5）《城市规划国家条例》

1955 年立法确定《城市规划国家条例》，以确保即使在尚未编制"规划整治计划"的市镇里，行政管理机构依然可以对房屋建设行为进行规范性管制，沿用至今。《城市规划国家条例》适用于因为各种原因（如市镇规模过小、缺乏技术力量、地方财政不足等），尚未编制地方性城市规划文件的市镇或市镇联合体，由中央政府的相关服务机构负责编制。

在内容上，主要遵循有限建设的原则，结合当地实际情况，特别是物质空间的构成特点、现有建设的聚居程度、服务设施的便利程度以及与周围景观的嵌入关系等，划定现状城市化地区，并且针对公认的可建设用地制定相关的城市规划规定，包括建设项目的区位选择、平面布局、建筑体量、交通设施配套等，用以指导当地的开发建设。所谓"有限建设"原则即禁止在一个或若干现状城市化地区之外，或其直接相邻地区之内，进行任何形式的新的建设，以抑制无序蔓延的城市发展。本质上，它并非禁止在市镇或市镇联合体辖区内进行建设，而是严格限制在现状城市化地区之外进行新的建设。

6）《协议开发区规划》

在 20 世纪中叶，法国的大规模城市更新改造随战后重建开始，并随 60 年代城市化进程的加速发展以及 70 年代以后社会经济结构的全面调整而不断深化。期间，法国政府根据社会、经济、政治以及城市化发展进程等的变化，在 1967 年 12 月 30 日颁布的《土地指导法》中，对城市更新改造政策作出重大调整，协议开发区制度的建立则是此次政策调整的直接结果。根据法国《城市规划法典》，"协议开发区"是指地方政府根据城市建设发展的需要，通过与相关土地所有者进行协商，在达成共识并签署协议的基础上建立的城市开发区域。其用地范围可不受行政边界的约束，根据城市建设的实际需要或者准备落实的开发计划灵活确定，既可是某个地方自治体的部分辖区，也可涉及不同的地方自治体。自 1970 年代以来，协议开发区制度在法国各地的旧城改造和新区开发中得到广泛应用。与传统城市更新政策相比，协议开发区制度有两个显著特点：一是更加强调相关利益各方的平等协商和共同参与，从而显著削弱了各级政府，特别是中央政府在开发建设中的强制作用；二是更加重视城市土地的综合开发，不仅涉及住房——特别是社会住房——和产业项目建设，还包括城市道路、市政设施等基础设施以及学校、幼儿园、图书馆等社会服务设施的配套建设，因此带有更加显著的公益属性。

---

① 是指为使用自己的不动产的便利或提高其效益而按照合同约定利用他人不动产的权利。

协议开发区的实施运作需要经过正式成立、土地开发、项目建设三个阶段。其中，协议开发区的正式设立属于地方政府的职能范围，地方政府根据当地城市发展的实际需要，在与相关土地所有者广泛协商、达成共识、签署协议的基础上，以地方议会决议的形式，宣布成立协议开发区。由于协议开发区建设具有显著的公益属性，因此，地方议会在颁布决议成立协议开发区的同时，也会正式颁布相关的城市规划文件，明确协议开发区建设的总体目标和基本原则。协议开发区的土地开发既可由地方政府自己承担，也可由地方政府委托拥有土地开发权限的公共机构承担。在前一种情况下，地方政府作为土地开发的直接承担者，必须同时担负土地开发所需的全部费用，在后一种情况下，地方政府可与接受委托的公共机构签署协议，明确双方在土地开发中的权利和义务，特别是在土地征用、拆迁安置和资金投入等方面的权利和义务。协议开发区的项目建设基本属于市场行为，原有或新的土地所有者通过市场途径，以划拨或有偿转让方式获得经过一级开发的建设用地，并且根据地方议会审批通过的《协议开发区规划》，自由委托建造商实施项目建设，例如学校、幼儿园、图书馆等社会服务设施项目可通过无偿转让获得土地，社会住房项目可以以优惠价格有偿获得土地，而商品住房和产业建设项目则需以市场价格有偿获得土地。

在地方议会以决议的方式宣布成立协议开发区后，接受地方政府委托、承担协议开发区土地开发的公共机构需着手组织编制《协议开发区规划》，之后交予地方议会审议。经地方议会批准的《协议开发区规划》将被赋予地方立法的效力，成为地方政府针对协议开发区实施城市规划管理的依据，并为开发区内的各个建设项目提供指导。

在编制内容上，《协议开发区规划》既包含城市层面上针对开发区整体发展的宏观战略指导，也包括建筑层面上针对开发区每个地块的具体建设要求。鉴于规划内容复杂，其间又涉及地方政府、公共机构、土地所有者等多方利益，《协议开发区规划》的编制并不是简单地委托单一设计单位独立承担，而是通过一个分阶段的规划设计流程，将复杂的规划设计任务加以分解，分别由不同的设计单位承担。

总体发展计划是宏观层面的规划，其主要任务是着眼于城市发展的需要，制定协议开发区建设的总体目标和基本原则，包括协议开发区的功能定位、用地布局以及高度分区等重要的规划控制指标，以便为下一阶段的规划设计提供指导。

空间规划设计是中观层面的规划，其主要任务是根据《总体发展计划》确定的总体目标和基本原则，分别针对协议开发区的公共空间和私人空间进行布局设计，提出相应的规划控制指标。公共空间规划设计的主要任务是对协议开发区的城市景观进行整体思考，进而对公共空间要素作出布局和设计，包括城市道路的走向和断面，绿化种类的选择和配置，路灯、座椅、树池、垃圾箱等环境设施的布局和设计以及步行区域的地面铺装等；私人空间规划设计的主要任务是对协议开发区的空间秩序进行整体思考，细分建设地块，并对每个地块提出具体的规划控制指标，形成设计任务书，包括建筑物的总体布局、最大高度、体量轮廓、立面构图、庭院绿化以及材料、色彩等，以便为建设项目的方案设计提供指导，其规划编制一般由承担土地开发的公共机构委托在先期进行的设计招标中胜出的开业建筑师承担，并由城市政府正式聘任为"协议建筑师"。

项目方案设计是微观层面的设计手段，其主要任务是根据协议建筑师在私人空间规划设计阶段制定的设计任务书，制定开发项目的建筑设计方案。设计任务一般由土地所有者委托开业建筑师承担，称为"项目建筑师"，但"协议建筑师"不可承担此工作。

在规划管理上，和城市中的其他地区一样，协议开发区内任何建设项目的实施都需经过当地城市规划行政主管部门的许可管理，具体包括针对土地利用行为的城市规划许可、针对建设工程行为的建设许可以及针对房屋拆除行为的拆除许可。但与城市一般地区不同，协议开发区内的建设项目在向当地城市规划行政主管部门申请许可之前，必须首先就项目设计方案征求该协议开发区的协议建筑师的意见，由后者基于其对协议开发区空间设计的整体构思，对项目设计方案是否符合整体构思作出判断；只有在项目方案设计获得协议建筑师的认可之后，当地城市规划行政主管部门才会以《协议开发区规划》为依据，决定是否对该建设项目发放许可证书。这一管理机制使地方政府得以借助协议建筑师的专业能力，对项目设计方案实施更加有效的管理。

以巴黎市为例，截至 20 世纪 90 年代末期，巴黎正式设立的协议开发区数量达到 17 个，涉及土地面积约 200hm²。协议开发区的土地开发采取政府委托拥有土地开发权限的公共机构的形式，具体承担土地开发任务的公共机构是 4 个"土地开发综合经济公司"（Société d'Économie Mixte d'Aménagement，简称 SEMA），即巴黎—塞纳综合经济公司（SEMPARISEINE）、巴黎土地开发与设施建设综合经济公司（SEMAVIP）、巴黎左岸综合经济公司（SEMAPA）和巴黎东区土地开发综合经济公司（SEMAEST）。巴黎协议开发区的规划编制流程及分工以及具体案例如图 6-14、图 6-15 所示。

2000 年《社会团结与城市更新法》出台后已取消《协议开发区规划》的编制，将协议开发区规划直接纳入"地方城市规划"中一起编制。

7)《保护区保护与利用规划》

法国的历史保护区制度始于 1962 年的《马尔罗法》，随后被纳入《城市规划法典》。该制度明确规定由国家行政主管部门——法国文化部应地方政府要求或经地方政府同意，在征求保护区国家委员会的意见之后设立保护区和划定保护区范围，并负责组织编制专门的《保护区保护与利用规划》（Plan de Sauvegardé et de Mise en Valeur，简称 PSMV）文件，代替相应范围内地方城市规划（PLU）的规定。尽管法国在 2010

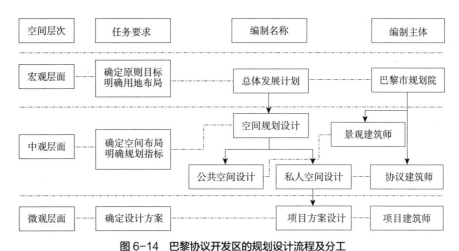

图 6-14 巴黎协议开发区的规划设计流程及分工

资料来源：刘健.注重整体协调的城市更新改造：法国协议开发区制度在巴黎的实践[J].
国际城市规划，2013，28（6）.

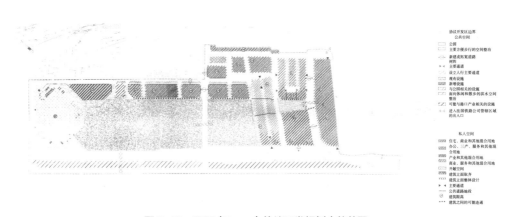

图 6-15 贝西（Bercy）协议开发规划中的总图

资料来源：刘健.注重整体协调的城市更新改造：法国协议开发区制度在巴黎的实践[J].
国际城市规划，2013，28（6）.

年 7 月 12 日颁布《关于国家环境承诺的 2010-788 号法案》，开始实施"开发利用建筑与遗产价值区"制度，由地方政府根据自身意愿设立开发利用建筑与遗产价值区和划定区域范围，并负责组织编制法律规定的专门管理文件，但截至目前，"历史保护区"仍是法国历史街区保护最重要也是最严格的法定保护制度。实践中，保护区的保护利用普遍遵循"严格保护、合理利用、持续发展"的原则，采取整体保护、有机整治的方式，不仅涉及既有建成环境的历史和美学价值，更牵扯到其中的社会经济活动和居民日常生活。一方面，通过严格保护某些特色鲜明的空间要素，以体现保护区的历史和美学价值；另一方面，通过适度整治某些与特色不符的空间要素，以满足保护区的社会经济发展和居民日常生活的需求，避免沦为僵化的"城市博物馆"。相关的保护与整治行为依循严格的城市规划管理，即：以法国文化部组织编制的"保护区保护与利用规划"作为规划管理的法定依据，以国家任命的"国家建筑与规划师"参与地方政府规划审批作为规划管理的实施机制。

"保护区保护与利用规划"的格式、要求、内容全国统一，一般针对建成环境历史遗产的保护和利用、开敞空间的保护和利用以及新的开发建设项目作出详细的规划管理规定，规划涉及的空间要素主要包括建筑、绿化、街道、街区、公共空间和土地利用，涉及的内容主要包括建筑物的全部或部分保留、修复、拆除，需要保护和建设的绿化空间，沿街建筑的立面取齐、檐口高度和建筑设计要求，街区的特殊保护、建筑高度和整体整治的要求，需要保留的公共通道和需要建设的步行区域以及为未来公共绿地和公共设施建设预留的用地等；相关规定不仅针对作为法定"历史纪念物"的建筑和院落，更多地还是针对非法定"历史纪念物"的建筑和院落以及街道和其他公共空间，具体到每一栋建筑、每一个院落和每一条街巷以及其中的某个部分。在法国的城市规划编制体系中，保护区保护与利用规划属于以指导具体开发建设行为为目的的修建性城市规划，因此可以为保护区内的任何建设工程行为，从修复和维修，到改建、加建和新建，再到拆除等，提供可操作的规划管理依据。

"保护区保护与利用规划"的编制过程是国家与地方政府进行合作与博弈的过程，中央政府在保护区所在地的派出机构在规划的编制和审批过程中起到决定性作用。根据《城市规划法典》的规定，法国的城市规划管理属于地方政府职责，其主体是城市规划许可制度，即由地方政府的城市规划行政主管部门负责审批发放城市规划证书、建设许可证和拆除许可证。为了加强对法定"历史纪念物"的规划管理，法国文化部特别设立了"国家建筑与规划师"（architecte et urbaniste de l'etat）职位，委托其作为国家的代表，参与地方政府的规划审批，以确保"历史纪念物"得到严格保护与合理利用。保护区内的任何建设工程，包括拆除在内，无论是否涉及作为法定"历史纪念物"的建筑和院落，在向当地城市规划行政主管部门申请核发建设许可证书之前，首先必须经过文化部派驻当地的国家建筑与规划师的审查，审查内容既包括建筑外观的立面设计，也包括建筑内部的布局安排，以确保相关建设工程可以保持城市景观和城市功能的整体和谐。只有在获得国家建筑与规划师同意的前提下，当地城市规划行政主管部门才可核发相关的许可证书。国家建筑与规划师的权威地位由此可见一斑。

以巴黎的马雷（Marais）保护区为例（图6-16）。马雷是《马尔罗法》之后，法国建立的第一个历史保护区，跨巴黎的第三区和第四区，占地126hm²。马雷保护区的规划主要包括以下内容：①建筑分类，如历史建筑、保留和维修建筑、必须拆除的建筑等以及针对每一类型的相关规定；②区域的划分，如严格控制特定建筑高度的分区、

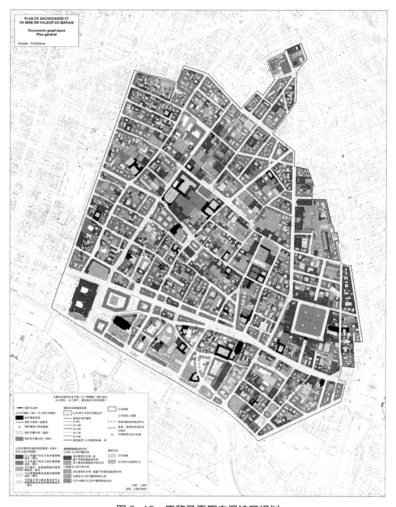

图 6-16　巴黎马雷历史保护区规划

资料来源：https://cdn.paris.fr/paris/2020/02/26/c630c9427519c336847edd275b251c35.pdf

需要整体规划的分区以及可以再开发的分区等；③对于场地、绿化和树木的相关规定，包括属于历史建筑的地面、现有的公共绿化空间、规划绿地和公共设施等；④关于通道的规定，如被保留的通道、将开放或用于步行的通道等。

6.3.3　城市规划管理体系

1.“中央—地方”双重体制下的城市管理权限划分

法国城市规划管理主要涉及城市规划的编制（和审批）、实施、监督检查等三个方面的管理工作，中央政府和地方政府分别拥有不同的管理职权，同时也分别享有不同的管理资源，包括人力资源、技术资源和资金等。

目前，法国中央政府和各级地方政府之间的城市规划管理权限划分大致如下：中央政府主要负责制定与城市规划相关的法律法规和方针政策，对地方城市规划行政管理实施监督检查，通过向地方派驻技术服务机构参与编制和实施城市规划，对尚未编制《土地利用规划》的市镇发放土地利用许可证书等。大区地方政府主要负责编制和实施区域性的国土整治规划等；省级地方政府主要负责编制辖区内的农业用地整治规划和向公众开放的自然空间规划等；市镇地方政府主要负责组织编制当地的城市规划文件，即《地方城市规划》或《市镇地图》，在审批通过地方城市规划文件的前提下发放许可证书以及参与行政辖区内的修建性城市规划编制和土地开发活动等。

城市规划许可发放，是市镇一级地方政府最重要的规划管理权限和管理手段，根据《城市规划法典》，规划许可证（le permis d'aménager）、建设许可证（le permis de construire）、拆除许可证（le permis de démolir）和改建许可证是最重要、法律效力最强的空间管制工具[1]。规划许可证和建设许可证，由相关自然人或法人向市镇政府直接提出申请，在市政府相关机构核实，确认计划进行的规划建设在建筑面积、高度、容积率、用途等多个方面满足当地规划要求且不损害第三方利益的情况下，由市长签字颁发。对于所有建筑的新建、改建、翻新，获取规划许可证和建设许可证是强制要求。此外，在建设之前需要通过城市规划证明（certificat d'urbanisme）获取相关土地的建设管理要求及土地利用信息，在建设工程开展之前需发出施工说明（déclaration préalable de travaux）。

由此可见，在实施地方分权政策以后，法国城市规划管理权限主要集中在中央和市镇两级政府手中，大区和省级地方政府所掌握的城市规划管理权限非常有限。尽管法国的权力下放至今已经历了20多年的时间，但实质上，中央政府只是把部分城市规划管理权限，特别是原先由国家派驻各省的管理机构所掌握的城市规划管理权限下放到市镇，而且有权规定如何行使下放以后的城市规划管理权限。因此，从总体上来看，法国城市规划管理权限的集权程度仍然较高，可以确保中央政府能够继续发挥宏观调控能力，协调不同地区的土地开发和城市发展，最大限度地维护国家的整体利益。

2. 基于市镇联合的地方城市规划行政管理

法国的城市规划面对的是具有特色的国土现实。由于法国最小的国土单元"市镇"的划分基础是中世纪基督教"堂区"的空间范围，导致以市镇划分的国土呈现出过度划分和破碎化的特点。目前在法国约55万km²的国土上分布着约36000个市镇，过小的国土面积和过少的人口使得"市镇"作为行政主体经常面临人力资源匮乏、技术

---

① 规划许可证主要用于控制对相关范围内土地的利用方式；建设许可证用于控制对建筑的建设、更新的内容。

力量薄弱、资金来源不足等困境，只能完成较简单具体的城市规划管理工作，涉及重要的区域发展、空间统筹、基础设施配给等问题，需要在跨市镇层面建立新的主体完成共同的城市规划愿景。而早在 20 世纪初期，跨越市镇行政边界的城市密集发展在法国已成为一种普遍现象，即依循城市发展的自身规律，城市建设打破行政边界的束缚，将若干相邻市镇联系成为一个整体。与此同时，建立在行政区划基础上的城市规划管理体制却无法适应城市建设密集发展的要求，为了在保留传统市镇行政建制的前提下更好地解决城市密集发展所引发的诸多问题，市镇之间的联合就成了自然的合理选择。

其实，早在 1890 年，为了应对地方行政区划破碎的现实，法国就通过立法建立了"市镇联合"（inter-communalité）制度，鼓励地方市镇面对各自的发展需求，建立多种形式的地方合作机制。本质上，市镇联合体并非行政区划合并，而是一个开放的区域合作框架，由相关市镇遵循自愿参与、共同负责的原则，通过签署合约或协议，针对单一或者多个事项建立合作关系，以应对城市发展中出现的各种问题，包括经济发展、城市规划、市政服务、文化教育、公共交通等。因此"市镇联合"在功能类型上丰富多样，在组织结构上也灵活多变。目前，法国共有市镇联合体约 12600 个。其中，78% 的市镇联合体是承担单一或复合职能的市镇合作公共机构（Établissement Public de Coopération Intercommunale，简称 EPCI），即建立在市镇公共机构之间的合作机制，可根据其是否拥有财税权限划分为有税权和无税权两大类；其余 22% 的市镇联合体是承担单一或复合职能的"混合联合会"（syndicat mixte），即建立在市镇公共机构和各种非公共机构之间的合作机制，可根据是否有排他性划分为开放和封闭两大类。

承担城市规划职能的市镇合作公共机构属于拥有特定税权的一类，数量上虽不足市镇合作公共机构的 15%，但对城市规划而言，却是最重要的市镇合作方式，主要包括以下三种形式：

（1）城市共同体（communauté urbain），指由若干市镇组成的、人口规模在 50 万以上的、连续的城市化地域。市镇合作公共机构的城市管理权限主要包括：组织编制《国土协调纲要》《地方城市规划》，建立和建设涉及共同体整体利益的"协议开发区"，在征得相关市镇同意的前提下指定地产储备，组织管理城市交通建设和管理道路、标牌和停车场，草拟规划整治总体计划等。目前，在以马赛、里尔、南特、波尔多等大城市为中心的城市化地区，都建立了此类市镇联合体。

（2）城市连绵区共同体（communauté d'agglomération），指由若干市镇组成的、城市中心人口规模超过 1.5 万、总体人口规模超过 5 万的、连续的城市化地域。市镇合作公共机构的城市管理权限包括：组织编制《国土协调纲要》，建立和建设涉及共同体整体利益的"协议开发区"，组织管理城市交通等。法国的新城即属于此类市镇联合体。

（3）市镇共同体（communauté de communes），指在农村地区由若干市镇组成的联合机构。在相关市镇议会同意的前提下，其市镇合作公共机构可以取代相关市镇，享有完全的城市管理权限。

2014年1月27日颁布的地方公共行动现代化与确定都市区地位法案（Loi de Modernisation de l'Action Publique Territoriale et d'Affirmation des Métropoles，简称 MAPAM）增设了"大都市区"（Métropole）作为新型市镇联合体，由其市镇合作公共机构承担由大区、省和市镇授权的多种职能，包括城市规划职能，以更好地发挥大都市的发展引擎作用。

6.4 法国城市规划体系的演变规律

6.4.1 法国城市规划——作为社会事务的存在

法国的城市规划体系深深根植于法国的政治、经济环境和思想文化传统之中，城市规划体系的特点很大程度上是制度背景和历史传统的具体反映。法国国体和行政组织有中央集权的制度惯性，路易十四时代、拿破仑时代和戴高乐时代，中央集权多次走向顶峰，20世纪80年代法国才开始地方分权，但中央政府对地方事务仍然具有较大的干预能力。18世纪出现的启蒙运动和大革命给法国注入了民主的思想血液，19世纪末开始的代议制民主政治使法国社会具有了共同决策和管理自身事务的传统、兴趣和能力；拿破仑时期开始的法制化以及具有悠久历史的理性主义与清晰精确的文化特质，为社会治理留下了法治遗产。法国城市规划体系的演变是政治、经济、文化、历史综合作用的结果。

1. 地方分权与公众参与

1）地方分权——中央政府与地方政府的纵向分工

法国政府组织有悠久的中央集权传统。在皇权和君主政权时期，中央政府就有很大的权力，实行民主共和制度后，戴高乐主政的第四、第五共和时期，为了加强国家对经济社会发展的干预能力，通过修改宪法，以半总统半议会的方式加强了中央政府的权力。直到20世纪70年代后期，全球性的经济和金融危机让法国的国家财政能力受到考验，面对越来越细致繁杂的社会公共事务和越来越少的财政控制以及资源调配能力，法国及时启动了行政事务的地方分权进程。

1983年《地方分权法案》开启的地方分权一直延续至今，主要内容包括：将原来属于中央政府的行政事务、权力、责任打包，统一移交给某一级的地方行政单位，从而将公共事务在中央政府与地方政府之间形成分权。已经打包下移的事权，则中央政府不再事前审批。国家在大区和省两级政府设有派出机构，只在必要时进行事后监督，发现问题时进行质疑并要求地方政府重新完成工作。

在空间资源分配利用和管控问题上，法国分为中央政府和大区政府为主的"国土空间规划与政策"和地方市镇政府和市镇联合体为主的"城市规划"两个部分。关于国土空间规划与政策，中央政府一方面通过编制《共同服务纲要》，在国家层面对国土空间整治进行战略指引，一方面通过编制《国土整治地区指令》，在区域层面上对具有国家战略意义和国土安全意义的跨地区发展进行战略指引；大区政府则针对各自的行政辖区，通过编制《国土整治与可持续发展大区计划》，对大区的整体发展作出战略指引。关于城市规划，城市连绵区的市镇联合体通过编制《国土协调纲要》，对辖区内各市镇的城市发展作出原则规定，为各市镇的地方城市规划文件编制提供指导；市镇政府和市镇联合体通过编制《地方城市规划》或《市镇地图》，进一步针对辖区的土地利用作出分区和指标的具体规定；除此之外，中央政府通过编制《城市规划国家条例》，确保空间发展缓慢且无力编制地方城市规划文件的地区，在土地利用和建设方面仍然有法可依。省一级地方政府没有对应的规划编制的具体工作，更多的是对省域范围内的道路交通和名胜古迹等空间资源进行维护和管理。中央和地方不同层级政府在不同国土空间尺度上，分别进行内容、深度、目的互不重叠而又互相补充的区域规划和城市规划，既保证了规划的全覆盖，又避免了多层级重复工作和互相掣肘。覆盖国土空间尺度较小的地方城市规划在编制时需要与上级的规划相符合，但编制主体之间没有互相指导的关系，保证了下放至各级地方政府的权责主要由本级政府完成。

2）地方自治——地方事务的内部统筹决策

法国地方政府虽然有大区、省、市镇三级，所覆盖的国土面积依次递减、互相嵌套，但较大面积的地方政府与较小面积的地方政府之间在法律地位上完全平等，各级地方行政单位在各自的行政辖区内拥有独立的自治权限，且等级越低，拥有的地方自治权限往往越大。各级地方政府的决策核心是由地方选举出的议员组成的议会。政府下设的职能部门针对城市问题提出方案，通过议会表决后实施。由于本届政府只对议会负责，而议会和议员对本地选民负责，所以政府职能部门提供的技术性解决方案在实质上对地方选民负责，不需要上级政府审批同意。由于事权在各级政府间纵向划分清晰，不存在各个分项领域（如我国的国土、建设、环境、林业等）的上级部门对下级各领域进行干涉或提出干涉要求从而造成统筹困难，"多规合一"之类的协调难题不会存在于法国城市规划管理事务之中。地方政府内部，由于具有对所有相关事务的统一决策权，能够在横向上形成各个专项领域的协调和一致，最终确定为唯一的城市规划文件，是城市规划有效实施的重要条件。

3）代议制民主与参与式民主——公众参与的制度源泉

法国在经历了18、19世纪的王权统治、革命政府以及政权复辟与更迭之后，在20世纪初确立了代议制民主形式的政治权力产生方式，在政府内部通过三权分立的组织方式，实现权力间的分配和制衡。这一方式构成了公共事权的合法性来源，决定了每个社会成员都可以通过观察判断和选举表达，对从事城市规划的官员进行评价和选择。法国在公共事务的具体执行环节，以参与式民主对代议制民主进行补充。民众可以直接对规划设计方案制作、决策、实施、修改等各个环节发表意见，尽可能地让公权力表达全社会的普遍愿望和价值观。这是城市规划得以健康发展与合理实施的最根本的保障。

2. 地区间规划协作平台

在法国，发展较快的城市化地区，往往需要与我国城市总体规划相类似的规划对其城市发展作出战略指导。此类规划，即《国土协调纲要》的编制，由地方政府合作组织完成。法国《地方行政单位通法典》（Code Général des Collectivités Territoriales）赋予了地方政府间建立联席共同处理公共事务的可能性，针对城市发展面临的问题，建立政府间组织，以市镇联合体作为市镇的联合机构，承担在该领域的特定职责。市镇联合体具有独立的人员组织和预算，决策机制由各地方政府的部分议员共同组成，保证所有城市发展利益相关方在共同问题上有对话协商和决策的平台。如《国土协调纲要》的功能是在核心战略问题上达成一致并进行表达，以便各地方政府可以将其作为指导城市规划工作的依据。

3. 规划中政府与市场的协作

法国市场经济历史悠久，特别是20世纪70年代后期以来，经济发展在市场化的基础上逐渐走向区域化和国际化。由于城市规划事务的特殊性，既属于公权力对公共资源的分配，又在具体实施过程中需要大量社会资源和资本的支持，政府与市场之间的合作关系不断加深。其中，《协议开发区规划》即是政府与市场在城市规划领域的合作产物，需要良好的市场机制和完善的法律制度相结合。

4. 城市规划内容与价值观的与时俱进

城市规划的转型与法国社会经济的转型紧密相关，每个社会转型期的特点都会在城市规划内容中有所反映，包括土地发展控制、社会团结与进步、可持续发展与环境资源保护等主题在内的各种社会思潮。这些社会思潮可以通过立法的形式对城市规划提出新的要求，纳入新的法律或对原有法律内容进行更新，从而推动法国城市规划在概念和内涵层面的不断演进。

6.4.2　法国城市规划体系——作为技术工具的存在

1. 公共政策导向的技术工具

城市规划的主要任务是对城市空间资源进行合理分配和利用，通过技术手段对参与城市发展的公权力和私权利进行约束，提供公共服务，进行设施建设，对由社会资本主导的城市建设进行管制。因此，城市规划是一个协调各方利益的规则和工具。法国《城市规划法典》首页提出："法国的领土是整个国家的共同遗产，每个地方行政单位在其管辖范围内是这一遗产的管理者和守卫者。为了对生活环境进行整治，为了保证毫无歧视地满足目前和未来生活在法国领土上的各族人民在居住、就业、服务和交通等方面的不同需求，为了以经济的方式管理土地，为了保护自然环境、风景名胜、公共安全以及公共卫生，为了推动城市和乡村地区人口的平衡发展，以及为了使人口迁移合理化，地方国土单元应在相互尊重各自自治权力的前提下，对土地利用进行有预见性的规划并且作出与规划相协调的决定。"法国城市规划体系即是围绕这一职能定位构建的。

2. 规划体系的动态调整

法国从 19 世纪中叶开始进入城市化起步阶段，在之后近百年的城市化进程中，规划领域不断面对新的问题，城市规划的核心任务和价值观不断变化。城市建设的内容从最初的基础设施、卫生环境到后来的大规模住宅建设、新城建设逐步转变为对城市中心的改造等面向存量的内容；城市规划面对的空间范围从一开始的单体建设、街道整治与美化，逐步发展到城市片区的规划、城市整体与区域规划，甚至国土层面的交通资源协调统筹；城市规划的核心目标从大规模建设阶段的以土地资源分配为核心，逐步转变为对城市空间的优化、城市结构的调整以及城市与周边区域的可持续发展和统筹；在应对不同问题的过程中，城市规划的方法和态度也变得越来越积极，从一开始单纯地应对城市问题，到后期对城市进行战略性的规划部署，直至观测和预期城市发展并实时做出回应，从一开始用建设技术解决城市问题，到后来用政治和国家财政的力量推动城市发展，直至在政府、市场、社会各方的力量中成为约束和控制各方权利并提供表达机会的平台。

3. 成熟的规划技术体系

法国各层次规划职能定位清晰、功能完善、各有特点、互不重叠、互相补充，共同构成了城市规划体系的工具谱。

在国土和大区层面，《国家可持续发展战略》和《国土开发与规划大区计划》两个规划为区域和城市层面的规划提供了依据和政策框架。

在法国，战略性规划有两种。一种是中央政府编制的《国土空间整治指令》，一种是地方政府组织编制的《国土协调纲要》。前者针对具有国家战略意义、国土安全意义和跨地区发展层面需要重点进行指引的国土空间进行战略性规划；后者针对发展较快的城市化地区，提供战略目标与发展定位和原则，与我国的城市总体规划相类似，但不是由地方政府，而是由地方政府间组织完成的，规划覆盖范围不是法定行政边界。

约束性规划有两种：一种是以市镇一级地方政府为主体编制的规范性《地方城市规划》和《市镇地图》；另一种是覆盖全国土的《城市规划国家条例》。其中作为规范性城市规划的《地方城市规划》和《市镇地图》与我国的控制性详细规划功能类似，但其编制主体是市镇级别的地方领土单位，覆盖面积是全部国土。所有城市建设主体申请规划许可证和建设许可证，必须符合《地方城市规划》或《市镇地图》的规定。由于《地方城市规划》和《市镇地图》所规定的内容是非常准确明晰的图文，表达了对具体城市发展和建设的约束和规定，所以是目前法国城市规划技术体系中法律效力最强的一种，具有法律上的可抗辩性。《城市规划国家条例》的主要作用是为建设需求较小的空间主体制定土地使用和建设规则，多为限制建设内容。

法国的修建性规划有两种，一种是公共机构和私人开发者共同完成的《协议开发区规划》，第二种是专门针对历史保护街区的"保护和利用规划"。协议开发区规划类似我国的修建性详细规划，对应的项目往往带有公共利益成分，需要社会资本投入，一般由公共机构和私人开发者共同编制，编制必须满足公共利益的需求。"保护和利用规划"是针对历史保护区的修建性详细规划。

在国土、跨大区、大区、市镇四个层面，战略性、约束性、修建性三个层级的规划之间相互嵌套、协调，共同构成了法国国土空间开发整治与城市规划的工具体系，满足不同空间的开发和保护要求。

6.4.3　2006 年以来的新变化：鼓励区域合作，促进都市区发展

2006 年以后，法国国土的发展试图在地方分权的延续与国家竞争战略的实现之间寻找平衡。自 20 世纪 80 年代以来的地方分权进程带给地方政府很大的城市规划权力，同时也让国土空间的规划发展无法获得国家层面的战略指导。面对 21 世纪越来越快速的全球化进程，如何从国际城市竞争的层面看待都市及都市区发展，同时保持城市规划作为地方化事务的本质，是法国城市规划在进行的新的探索。

随着法国大城市的扩张和中小城市的增加，区域内的城市间联系与合作日渐紧密。城市作为区域的发展极核，在带动区域发展的同时，也享受区域环境提供的发展资源，二者的相互作用可以更加有效地面对大城市功能的疏解、中小城市发展的产业资源、

人口的流动继替与能源空间的可持续利用。

　　法国从 2004 年即开始出现培养具有竞争力的中心城市以应对全球化挑战的理念，引起了法国空间规划体系的又一次重要变化。2008 年，时任法国总统萨科齐启动新一轮行政区划改革，力图增强城市发展动力和提升城市竞争力，进一步强化大区的作用以促进国土均衡发展。在 2010—2015 年间，法国政府陆续出台了一系列与此相关的法律文件。其中，2014 年 1 月 27 日颁布的法案（又称《MAPAM 法》）在原有城市共同体、城市连绵区共同体和市镇共同体的基础上，增设了"大都市区"作为新型市镇合作公共机构，承担由大区、省和市镇授权的多种职能，以更好地发挥发展引擎的作用；2015 年 8 月 7 日颁布的关于共和国新的领取区划的 2015-99 号法案（又称《NOTRe 法》）通过合并与重组，减少了大区的数量，同时调整了大区与省的职能划分，赋予大区更多的经济发展和交通建设职能，并要求大区基于已有的国土整治、垃圾处理、生态协调以及气候、空气、能源等相关规划，编制更加综合的《国土整治、可持续、均衡发展大区计划》（Schéma Régional d'Aménagement，de Développement Durable et d' Egalité des Territoires），以整合相关方面的公共政策。

　　这个时期，法国的国土开发和空间管制主要围绕两个目标，即加强社会团结和增强城市竞争力。为了避免在实现上述目标的过程中出现过度的国家干预和不必要的地方竞争，平衡好国家和各级地方各自的利益诉求，法国通过合作协议的程序化，进一步完善了创建于 20 世纪 60—70 年代的政府协议机制，即：针对具体的国土开发项目，中央政府和包括市镇联合体在内的各级地方政府通过签署协议，明确共同的发展目标和各自的具体行动以及财务条款，以确保在地方分权的前提下，国家和区域层面的发展目标得以实现，特别是对于特定国土资源的保护，地方的发展利益也可以得到尊重。协议本身包括了国家—大区协议、国家—省协议、国家—城市连绵区协议、区域项目协议、地方项目协议等多种形式，成为各级政府在不同层面开展广泛合作的有效平台。

第 7 章 中、日、法城市规划体系的比较研究

7.1 城市规划体系间的比较

通常，系统的特征以及自身存在的整体性问题，从系统内部是很难得到全面认识的，只有在与其他系统的比较中才会更为鲜明地体现。"不识庐山真面目，只缘身在此山中"说的大概就是这种情况。与以往侧重于城市规划技术与方法的借鉴不同，本研究探讨基于转型期社会经济发展需求的城市规划体系重构，更加侧重于对社会经济转型与城市规划体系构建之间关系的分析研究。这可以从两个视角进行。

首先是城市规划体系与所处社会经济发展阶段的关系。对于近代城市规划而言，代表其所处社会经济背景的一个显著的指标就是城市化水平，或者说是城市化的发展阶段。从城市规划体系与城市化发展阶段之间相互关系的视角开展的研究着眼于城市规划体系的动态特征和在中、日、法三个国家中的规律性与普适性。

其次是城市规划体系与所处社会环境的政治经济体制之间的关系。城市规划作为政府行政的工具，本质上是利用公权力对城市开发建设领域的私权利进行限制（或使其获得额外权利），在不同社会利益集团或个体之间重新划分权力的过程。因此，研究着眼于政治经济体制的决定性和中、日、法三个国家间的差异及各自的独特性。

在中、日、法三个国家中，我国是工业化、城市化后发国家。通过上述两个视角，对日本和法国这两个在不同时期先发的工业化国家城市规划体系的对比，或许可以发现某些规律性的现象以及对于重构我国的城市规划体系有意义的线索。当然，这必须在一定的假设和前提下才能成立。正是基于城市规划体系的重构必须与社会转型的整体进程同步，但通常滞后于社会转型整体进程这一判断，有必要对我国未来社会转型的方向及路径给出大致的"预判"，作为讨论城市规划体系重构的前提和基础。对于中国未来社会转型的方向及路径的判断，学界有诸多探讨，并非本出版物的研究对象，但从城市规划的角度来看，"市场经济""民主政治"以及"公民社会"依然是可以标定的目标。简而言之，未来中国城市规划体系所面临的社会环境与西方工业化国家有趋同之势，可以按照相同或相近的逻辑关系与价值判断展开讨论。同时，从近代以来我国城市规划的演变历程中也可以看出，西方工业化国家城市规划体系与社会转型的

实践经验依然是讨论我国城市规划未来走向及其体系重构的重要"参照物"。在此基础上，选择中、日、法城市规划体系进行比较的根本目的，是寻找不同城市规划体系之间的相似性，作为城市规划体系发展的一般性规律，同时发现不同城市规划体系之间的差异，剖析造成差异的原因，为转型期我国城市规划体系重构路径提供理论研究上的支撑。

具体而言，本研究从以下三个方面对中国、日本、法国的城市规划体系进行比较。

1. 城市规划体系与社会经济发展阶段的耦合关系

从日本和法国城市规划体系演变的过程可以看出，城市规划体系的演变具有阶段性，与社会经济发展阶段以及可用作其量度指标的城市化率之间存在某种规律性的关联。在城市化快速发展阶段，城市规划体系的构成和内容侧重于强调如何集中政府力量对城市建设进行强力干预，优先关注城市建设，应对城市快速发展所带来的问题；在城市化稳定发展阶段，城市规划体系的构成和内容侧重于强调如何整合相关领域的公共政策，调动国家和各级地方政府的力量，提高城市发展的质量和促进地方的多元发展。城市规划事权划分从强调国家统一管理转向更好地协调国家统一管理与地方多元发展之间的关系。具体而言，就是通过将社会经济发展和城市化进程划分为工业化初期的城市化加速发展、工业化中期的城市化快速发展、工业化后期的城市化稳定发展等几个阶段，具体分析中、日、法三国在相同的社会经济和城市化背景下，城市规划体系在构成和内容上的异同以及在不同阶段的转型时期对城市规划体系作出的调整，从中分析总结具有规律性特点的结论，探索其可能的发展趋势。需要说明的是，由于中、日、法三国开始工业化的先后顺序不同，所以用以进行横向比较的时期划分是按照三国之间城市化程度的相似性进行的，而不是按照绝对年代。

2. 城市规划体系与社会经济体制之间的耦合关系

城市规划体系本身作为社会转型过程中社会形态变迁的组成部分，其理念、构架和内容与社会转型是否匹配？与社会转型方向是否一致？与社会发展的普遍性规律是否吻合？虽然日本和法国的城市规划体系在不同的转型期体现出的具体内容不尽相同，但政府代表公共利益干预市场，限制私权，提供基础设施等服务，编制城市规划，执行法定授权等构成城市规划体系的基本内容贯穿始终。从目前三个国家初步比较的情况来看，法国与日本的情况更为接近。究其原因，不同的政治经济体制以及社会历史背景起到了重要作用。因此，本章将围绕城市规划行为的本质——城市规划的权力，即权力的产生、赋予、行使与监督等，剖析不同社会经济体制背景下城市规划体系的差异。上级政府与下级政府之间，同级政府部门之间，政府与社会之间以及不同社会主体之间的权力划分是重点分析研究的对象。

3. 有关城市规划体系中特定问题的横向比较

最后，是针对城市规划体系的一些特定问题以及有关城市规划立法体系、技术体系、管理体系整体和不同类型规划之间的横向比较。其中，有关城市规划的职能和定位是构建城市规划体系的总目标和关键性问题；城市规划立法体系、技术体系和管理体系的整体比较则从整体宏观视角对中日法三国迄今为止所形成的城市规划进行了一个概括性的比较；而对于构成城市规划技术体系的不同类型的规划的比较则更能体现出城市规划作为技术工具的属性，对构建我国的城市规划体系更具现实意义。

7.2　基于城市化发展阶段的比较

7.2.1　城市化缓慢发展阶段

中、日、法三国均经历了由封建农业社会向工业化初期工业社会过渡的发展阶段。但是三个国家开始工业化的先后顺序差别较大，工业化过程也不尽相同。中国对应这一时期的时间较长，大约是在1848—1975年之间，前后近130年时间，其中又分成1848年鸦片战争至1945年抗日战争胜利阶段以及1945—1975年以中华人民共和国为主体的阶段。日本相应的时期是1868年明治维新至20世纪20年代初的50余年。法国对应这一阶段的则是19世纪初至中叶的约50年。由此可以看出，法国对应这一阶段的末期恰巧是我国这一阶段的起始点。日本对应这一阶段的起始时间甚至要晚于我国，但其后的发展速度则与法国相似，显示出社会发展呈一定的规律性特征。

在这一时期，城市中的工商业发展开始加速。为应对传统城市中工商业设施布局的需要以及解决伴随人口增长所带来的住宅供给不足的问题，城镇建设和空间拓展与以往相比明显加快，以建筑管制和土地开发为导向的城市规划开始出现，但尚未构成体系的城市规划编制、管理与审批技术和方法。城市规划体系在整体上表现出"重建设、轻管制"的发展特征。

从城市规划立法体系来看，在这一时期，中、日、法三国均未形成完善的城市规划立法体系。城市规划立法是为了应对农业社会向工业社会过渡期的城市用地管制和建筑规范引导。城市规划立法活动表现出明显的问题导向型特征，例如法国针对建筑立面、高度、土地分区的立法规定，日本面向开发建设项目和城市基础设施改造的《东京市区改正条例》以及中国为了落实国家重点工业项目建设而编辑的《城市规划编制暂行办法》等。

从城市规划技术体系来看，在这一时期，法国主要针对建筑形态和土地划分制定了相关的技术规定，尚缺乏战略性规划内容。由于发展的先后时序的差异，中国和日本在城市化缓慢发展期的城市规划技术以借鉴西方国家已有的城市规划技术为主。例如中国在 1945 年以前的租界和首都等特殊地区即开始借鉴西方工业化国家的建筑和城市规划技术用于指导城市发展，在 1945 年以后又开始转向借鉴前苏联的城市规划技术。城市规划技术体系中已包含了战略性规划——都市计划、城市总体规划等，也出现了修建性详细规划的内容——关注单体建筑或建筑组合、面向重点工业项目的详细规划等。在同一时期，日本以地方建筑条例为基础，逐步构建了全国性的"重建设、轻管制"的规划技术体系。其中包括以东京市区改正规划、用途地域制度为代表的带有某种战略性或全局性色彩的规划技术，也形成了以土地区划整理为代表的满足城市局部地区开发建设规划需求的修建性规划。

从城市规划管理体系来看，由于法国的工业化起步较早，这一时期的城市化发展缓慢，并未形成成体系的城市规划管理制度。作为后发工业化国家的日本则借鉴了西方工业化国家的经验，形成了相对规范的城市规划管理体系，构建了由政府机构、城市规划中央审议会和城市规划地方审议会组成的城市规划管理组织架构。其中，政府机构是设在内务省的城市规划科。城市规划地方审议会由地方政府的行政官员、国家官员、学者以及都道府县议员、市议员、市长等地方代表组成。中国在 1945 年以前尚未形成全国统一的规划管理体系。在中华人民共和国成立后,城市规划编制权、审批权集中掌握在各级政府手中，没有形成成熟的规划许可机制。在高度中央集权制的制度背景下，虽然城市规划管理机构的设置时常变化，甚至有时被取消，但城市规划事权主要集中在计划委员会和建设管理部门，并未形成明显的条块分割的事权界限。

在这一阶段，中国的工业化和城市化进程起步较晚，经济社会发展的国内外环境起伏不定。城市规划先后经历了照搬或借鉴西方工业化国家为主的时期和以借鉴前苏联模式为主的计划经济主导时期。中央集权制度背景下的土地产权逐步向公有制过渡，导致城市空间资源的配置效率较低，城市发展规律没有受到尊重。"重生产、轻生活"、城市建设大跃进、三年不搞城市规划等非常规城市发展状态导致城市规划难以有效指导城市空间开发和建设，城市规划立法活动基本未能开展，城市规划管理的随意性和波动性也较大，城市规划的主动调控能力较低。

表 7-1 对比了中国、日本、法国三个国家在城市化缓慢发展期城市规划产生和演变的基本情况。

7.2.2　城市化快速发展阶段

一般认为，当一个国家或地区的城市化率达到 10%~15% 左右的时候，城市化会产生明显的加速现象，进入城市化快速发展阶段，直至城市化率接近 70%~75% 左右的时候才会逐渐放缓。但是由于各个国家工业化及城市化的先后顺序不同，快速城市

表7-1

城市化缓慢发展阶段中国、日本、法国城市规划体系比较

比较事项		中国		日本	法国
		1848—1945 年	1945—1975 年	1868—1920 年	1800—1848 年
背景 / 阶段特征	年份	1848—1945 年	1945—1975 年	1868—1920 年	1800—1848 年
	人口规模	从 1840 年的 4 亿缓慢增加到 1945 年的 5.4 亿（抗战期间人口锐减）	1975 年 9.24 亿	从 4000 万逐步增长到 5600 万	人口缓慢增长到 3000 万左右
	城市化水平	1949 年 10.64%	1975 年 17.34%	从 11.7% 逐渐增长到 18.04%	缓慢增长到约 15%
	社会经济背景	以民族资本企业和官办企业的发展推动初步工业化，以轻工业为主	以"重－农－轻"的顺序全面推进工业化建设，工业化初期积累模式造成城镇化发展相对迟缓	从农业社会向工业社会转型，构建了现代产业发展的基础	具有漫长的封建制农业社会历史，在逐步向工业社会转变，出现了市民阶层
	行政管理背景	中华人民共和国成立前先后经历了西方列强主导、北洋政府主导、中国军阀政府主导的发展阶段	1949 年中华人民共和国成立后，实行中央集权的管理方式	中央集权的管理方式	中央集权的管理方式和君主制共和制在新旧势力的斗争中交替出现
	社会文化背景	鸦片战争后，产生了学习西方先进科技和独立救国的思想，产生了一系列民族解放运动	中华人民共和国成立后特殊的国政治经济格局，复杂的国际形势下的社会封闭系统	以"脱亚入欧"和"文明开化"为代表的向西方学习的精神是这一时期的社会文化特征	在经历了启蒙运动和法国大革命之后，在旧制度基础上确立了"人权""自由、平等、博爱"等现代价值观
城市问题 / 主要问题		城市宏观环境变化不定对城市持续增长造成阻碍。"大跃进"时期城市恶性扩张，之后"三年不搞规划建设"时期新建矫枉过正，城市缺乏管制，无序发展。"三线建设"时期城市和乡镇的分散发展造成基础设施和经济的浪费。"文化大革命"时期城市计划和经济被破坏，城市发展缓慢，无序发展。计划经济下的城市发展，忽视了经济发展规律的作用，导致城市发展规律扭曲，重生产、轻生活，经济发展服务，导致城市畸形发展		城市快速蔓延，居住区条件恶劣，住宅数量严重不足	随着工业化的出现，原有的文艺复兴城市渐渐被进入城市的工人所占据，出现了一定的城市贫窟，现代的生活方式开始呈现，呼唤新的城市形态和功能

续表

比较事项		中国	日本	法国
城市规划职能	城市规划体系的建立	西方出现成熟的城市规划体系后，中国照搬西方城市规划体系指导城市发展和建设。城市规划和建筑条例、土地章程等相辅相成，以建筑规范为主，规划工具多作为统治工具，规范城市发展，停留在统治的统治工具，规划方案层面，由于政权更迭更迭和成乱导致实施较少	这一阶段是日本城市规划制度的建立时期。日本发挥后发优势，借鉴当时西方兴起的规划技术来引导建设并进行了一些项目实践。1888年的《东京市区改正条例》及其建筑规则是这一时期主要的规划法则，是指导城市基础设施改造的依据。该规划体系已包含对开发建设项目的规划和对城市基础设施建设的规划，但对建筑管制仍是基于建筑条例的延伸	城市规划尚在雏形期，其他规划也未成型；在城市化加速初期，对重要城市进行基础设施建设，拉开城市美化的序幕
	城市规划的功能和作用	中华人民共和国成立后，主要学习前苏联发展模式与经验。城市规划作为落实工业城市建设、社会经济计划的工具，主要将国民经济发展计划、区域规划和国土规划在物质空间上进行落实 中华人民共和国成立后，城市规划通过引进西方等城市规划工具，规范和引导物质空间的发展	城市规划集中在几大城市，主要任务是为城市化加速发展奠定基础设施基础，并在各阶段最后形成了初步的城市规划体系	沿袭了传统上对城市建筑的规范要求，根据新的变化，对城市建设作出具体的规定
法规体系	规划立法的层次	西方殖民者主导的城市规划，以《土地章程》和《建筑条例》为主；中国政府引导的城市规划法律体系主要针对土地征收和城市管理。重要的文件包括应用于上海公共租界的《西式建筑条例》(1903)，伪满洲国的《都邑计划法》(1936)，南京国民政府的《都市计划法》(1939) 中华人民共和国成立后，城市规划缺少完整的法规体系，在计划经济和工业化建设下，仅对城市规划编制审批和城市规划基本工作纲要进行了法律上的规定。重要的文件包括《中华人民共和国编制城市规划设计程序（草案）》(1952)，《城市规划编制办法》(1956)，《城市规划工作纲要三十条（草案）》(1958)，《关于城市规划编制和审批意见》(1974)	1888年的《东京市区地方立法》是东京地方立法，后来推广到全国六个大城市的范围内。1919年《城乡规划法》属于全国国家立法层次	多为建设相关的建筑高度等美学规定；1800—1848年，国王关于城市规划法规的相关规定（建筑立面、高度、土地划分的管理规定）

应对措施

233

续表

		比较事项		中国	日本	法国
应对措施	法规体系	立法机构	西方列强主导的城市规划立法机构为殖民政府，中国主导的城市规划立法机构包括晚清政府、北洋政府、国民政府	全国人民代表大会及其常务委员会	国会和地方议会	立法的依据是君主的命令
		主干法	1939年，《都市计划法》 1952年，《中华人民共和国编制城市规划设计程序（草案）》	1956年，《城市规划编制暂行办法》 1958年，《城市规划工作纲要三十条（草案）》	《都市计划法》和《市街地建筑物法》	无
		体系建设	中华人民共和国成立前，以学习借鉴西方的建筑管理及城市规划工具为主	中华人民共和国成立后，城市总体规划体系开始占主导，对上衔接国民经济社会发展规划，对下指导详细规划。对于重点工业城市，技术体系采取了"城市初步规划—总体规划"的城市近期修建性详细规划—总体规划"的步骤	以地方建筑条例为基础发展起来的全国性的"重建设、轻管制"的技术体系	针对建筑形态的技术规定；针对土地划分的技术规定
	技术体系	战略性及规范性规划	"都市计划"等	城市总体规划	1888年，东京市区改正规划，以道路为代表的城市基础设施规划在一定程度上起到战略性规划的作用；1919年的规划体系，以土地用途地域制度为代表，类似于美国的土地功能区划	无
		修建性规划	主要关注建筑组合和单独的建筑	中华人民共和国成立后，为156个重点工业项目建设服务编制的详细规划	以土地区整理为代表的开发建设规划	无
	管理体系	权力划分（编、审、批、许可权）	没有形成全国统一的管理体系	中华人民共和国成立后，规划编制权、审批权集中在政府手中，没有形成成熟的规划许可机制	编制和审批的权力主要掌握在中央政府手里	无

续表

比较事项			中国	日本	法国
应对措施	管理体系	组织机构	不同时期出现的有上海公共租界的工部局（1854）、伪满政府的国都建设局（1932）、晚清时期的民政部（1906）、北洋政府时期的内务部（1912）、民国时期的中华民国建设委员会（1921），营建司（1942），城市规划管理的实施主体主要是地方政府。以1949年成立的都市计划委员会为核心，在"一五""二五"和"文化大革命"后期不断发展成熟，服务于社会主义工业化建设	城市规划中央审议会和城市规划地方审议会	无
		管理内容	根据法规体系进行主要规划的编制，进行市政管理和建筑管理	主要负责制定区域规划、城市规划、城市规划长远计划、年度建设计划、详细规划、工业区建设规划等	无
		管理程序	中华人民共和国成立后城市规划管理机构与国土规划部门、国家计委共同管理区域协调、城市建设、村镇建设等，并未形成条块分割的事权界限。中央和地方政府组织规划技术团队编制工业城市的城市总体规划，报上级政府和国务院审批。对于厂外工程和公用事业工程的建设，由甲方进行厂外工程总体设计计划任务书的编制，并组织各技术部门施工	城市规划方案审议由城市所在都道府县一级的"地方委员会"负责；地方委员会由地方政府的长官、国家官员、学者以及都道府县议员、市议员、市长等代表组成；地方委员会在内务大臣的监督下，对内务大臣提出的规划方案进行审议	无
特性总结	具体自订		城市规划体系部分体现了学习西方的先进规划理念和技术，和许多先进的国际城市规划实践尚属于同一时期。中华人民共和国成立后前30年，城市规划体系是特殊的国内外政治格局下的必然产物，"人民公社""大跃进""三线建设""文化大革命"等对城市规划体系影响巨大，除城市总体规划系统的规划体系尚未建立	中央集权式的城市规划制度；重点在于规范土地开发过程及开发强度的管制	无

资料来源：作者自绘。

化所处的历史背景和时代环境不同，所以，完成这一过程所花费的时间也存在较大的差别。总体上来看，后发的工业化国家完成这一过程所花费的时间更短。从中、日、法三国的实际情况来看，也基本验证了这一规律。作为三个国家中最后开始快速城市化进程国家，中国的城市化进程真正进入快速发展的阶段是在 1970 年代末实施改革开放政策之后，至 2010 年代末超过 60% 大约耗费 40 年左右的时间。当然，目前中国的快速城市化过程尚未结束。日本的城市化率从 1920 年代的 18% 增加至 1975 年的 76%，快速城市化持续了 50 余年的时间。而法国的城市化率在 19 世纪中叶就已达到了 15%，但直至 1945 年第二次世界大战结束时，城市化率也刚刚超过 50%。城市化率在半个世纪的时间内仅提高了 35 个百分点。这固然有两次世界大战所带来的负面影响，但之后 1945—1975 年的 30 年中，城市化率由 50% 增加至 73% 的速度也较中日两国缓慢。

在城市化快速发展阶段，工业化推动社会经济快速发展，城市化率加速上升，城市空间呈现出蔓延式扩张的态势。对城市建设用地进行开发的行为也容易出现失控的局面。与此同时，住宅短缺、交通拥堵、环境问题等现代城市问题开始涌现。在这一阶段，以管制城市开发行为和建设秩序、保障公共利益为目标的城市规划体系日渐成熟，城市规划技术从改善城市面貌和形象入手，演变至以公共利益为导向的对开发建设行为的管制。城市规划的地方分权化特征开始显现，城市规划的法律法规体系和管理体系逐步建立并日臻完善。

从城市规划立法体系来看，在这一时期，为了应对城市化快速发展期城市空间管制的需求，三个国家均在不同程度上建立了相对完善的城市规划法律法规体系。法国以法典的形式构建了动态完善的城市规划法律法规体系，国家议会和地方议会是城市规划立法的主体。虽然日本未形成有关城市规划的法典，但形成了由主干法——《城乡规划法》《建筑基准法》，相关法——《国土利用规划法》和配套法——《都市再开发法》以及各种地方条例等组成的较为完善的城市规划法律法规体系。不同层次、不同领域的城市规划相关法律法规间衔接有序，管理范畴明确。相对于此，我国的城市规划法律法规体系虽然也形成了由主干法、配套法、地方性法规等所组成的法律法规架构，但无论是从法律法规的内容还是从实际运行效果来看，城市规划相关立法还基本停留在程序化立法的阶段。各个法律法规之间的衔接尚需完善，操作性强的法规实施手段也较为缺乏，地方性法规规章的功能和潜力仍有待进一步挖掘。

从城市规划技术体系来看，在这一时期，三个国家分别构建了由战略性规划、规范性规划和修建性规划所组成的较为完整的规划技术体系。例如法国构建了大区层面的《国土开发与规划大区计划》，跨越市镇行政边界以战略展望为目的的展望性城市规划《国土规划整治指令》和具有同等效力的《指导纲要》,局限于市镇行政区划和以某个市镇为中心的以规划管理为目的的规范性城市规划文件《地方城市规划》和《市镇地图》以及以实施建设为目的的修建性城市规划《协议开发区规划》《历史保护区保护和利用规划》等。日本的城市综合规划以及相当于城市总体规划的"城市规划区或市町村的建设、开发和保护方针"可被认为是战略性规划,但没有法律上的约束效力,属于愿景型的规划。规范性规划以地域地区制度为代表,覆盖全部城市化地区,用以控制土地开发的性质、强度和形态等。另外,地区规划也是一种自 1980 年代开始采用的针对城市局部地区的规范性规划,用以实现城市规划的精细化管理。修建性规划以土地区划整理、城市再开发等有关城市开发项目的规划为代表。其规划内容虽兼有规范性和修建性,但以修建性为主。我国的城市规划也初步构建起了由战略性规划——城市总体规划、规范性规划——控制性详细规划以及修建性规划——修建性详细规划所构成的技术体系。但是,这一规划技术体系在实际运行中显现出较多的问题,需要进一步完善。例如城市总体规划审批周期长、审批权与实施权分离等造成了空间引导效力下降、控制性详细规划频繁修改、修建性详细规范边缘化等问题。因此,需要在经济发展市场化和社会治理法治化转型的背景下,重新审视和构筑我国的城市规划技术体系。

从城市规划管理体系来看,日本在这一阶段出现了明显的地方分权化倾向。城市规划编制和审批的权力大幅度地移交给了地方政府,由地方审议会负责审议,中央政府仅保留了监督和协调的权力。法国也出现了地方分权的倾向,但不如日本地方分权化改革彻底。来自国家和各级地方政府的代表共同组成了专门的城市规划整治地方委员会或工作小组,代表中央政府和各级地方政府联合组织编制城市规划。"城市规划整治指导纲要"的编制权被移交给了地方政府,但真正具有法律效力的"土地利用规划"仍然由中央政府在省级地方的派出机构组织编制。发放建设许可证的工作也由该派出机构完成。我国的城市规划管理体系针对不同的规划类型,其管理范畴和程序也不同。城市总体规划的编制和实施权在本级地方政府,但规划审批和监督权则在上级政府。在具体开发建设项目中,以"一书两证"为核心的项目许可管理是城市规划管理的核心。

在这一阶段,我国的经济体制经历了由计划经济向市场经济的转型。中央政府致力于构建市场主导资源配置,政府调控相结合的制度体系,但计划经济思维的惯性依然强大,政府对经济干预的程度要远胜于日本和法国。以城市规划的权力划分为例,日本的地方政府,尤其是最基层的政府拥有极大的城市规划编制和审批权力,而我国的地方政府具有城市规划编制权力,但作为战略性规划的城市总体规划的审批权力在上级政府手中。这也是造成城市总体规划审批周期长，时效性差，导致城市规划效力下降的原因之一。此外，"纵向集权、横向分权"的制度体系也造成了"多规"之间的矛盾和冲突。另一方面，我国人民代表大会对城市规划的监督和约束功能不强，城市规划的公众参与流于形式，造成城市规划难以实现保障公众利益的目的。总之，在这一阶段，我国城市规划体系在界定政府与市场的关系、完善城市规划内容、加强城市规划执法监督等方面仍有巨大的提升空间。

表 7-2 对比了中国、日本、法国三个国家在城市化快速发展期城市规划体系基本形成，并不断发展和完善的情况的概要。

7.2.3　城市化稳定发展阶段

作为后发的工业化国家，至城市化快速发展阶段末（1970 年代中期），日本的城市化水平基本赶上了法国的水平。在此之后，虽然日本的城市化水平有超过法国的趋势，但两国基本上保持在同一个水平上，均超过 80%。如果以城市化水平达到 75% 左右作为一个分界点，事实上日本和法国在 1970 年代中期均已进入了城市化的稳定发展阶段。相对于此，我国的城市化进程大约在同一个时间点上才刚刚迈入城市化快速发展阶段，并延续至今。因此，在此只能对已进入城市化稳定发展阶段的日本和法国的城市规划体系的情况进行比较，寻求其中的共性和各自的特点。

在这一阶段，日本和法国的社会经济发展进入缓慢发展的调整期，地方多元化发展趋势明显。城市化进入稳定发展阶段，城市基本完成了建设用地大规模扩张的"量的扩张"阶段。但同时城市中的部分建筑物开始出现老化甚至衰败的现象。城市改造与城市复兴、可持续发展、城市生活质量提升成为城市规划的重要目标。城市发展进入"质量提升"阶段，同时伴随着各个地方城市发展的多样化特征。城市规划的中央集权开始进一步向地方分权化改革的纵深推进。在这一阶段，日本和法国城市规划体系已相对完备和成熟，表现出可以适应城市发展需求的动态弹性调整特质。

从城市规划立法体系来看，在这一阶段，法国和日本基本沿袭了城市化快速发展期已经形成的城市规划法律法规体系，但在法定城市规划框架内增加了可实现精细化管理和动态弹性调整的技术工具和手段，使城市规划的立法活动能够适应以"质量提升"为主要目标的城市发展现实需求。

从城市规划技术体系来看，虽然在这一阶段日本和法国的社会经济发展及城市化均趋于稳定，但城市规划技术体系仍在不断调整之中。日本增设了一些应对社会需求变化的规划技术工具，如地区规划、城市再生特别地区、社区营造等规划技术手段；法国则伴随《社会团结与城市更新法》的颁布，将《土地利用规划》及《协议开发区规划》统一纳入《地方城市规划》与《市镇地图》等。

城市化快速发展阶段中国、日本、法国城市规划体系比较　　表7-2

比较事项		中国	日本	法国	
		1978年至今	1920—1975年	1848—1945年	1945—1975年
背景	年份	1978年至今	1920—1975年	1848—1945年	1945—1975年
	人口规模	由1978年的9.6亿增加到2014年的13.7亿	由1920年的5600万增加到1975年的1.1亿	由1848年的3773万增长到1936年的4191万，再到1945年的3800万	从1945年的3800万到1975年的5270万
	城市化水平	由1978年13.9%，增加到2011年的51.3%，过渡到2015年56.1%	由1920年的18.04%增加到1975年的75.9%	从1848年约15%增长到1945年的约50%	从1945年的约50%到1975年的约73%
	社会经济背景	社会经济高速增长，城市化进程加速，区域差距拉大，各种社会矛盾集中凸显	经历了城市化的快速发展，战争的中断后，经济恢复并腾飞，呈现高速经济增长模式，社会结构变化较大	工业化加速推进，城市化速率提升逐渐加快	进入"辉煌三十年"的经济高速发展期，城市化进程继续加快，战后人口激增
	阶段特征 行政管理背景	改革开放后，地方分权进程加速，地方政府发展经济和经营城市的自主性大大增加，土地财政主导城市化进程特征明显	"二战"前保持中央集权的管理结构，经美国民主化改造后，日本采用三权分立的政治体制，保留了中央政府一都道府县一市町村三级的政府结构，在一定程度上削弱了中央集权	政权几经更迭，最终确认为共和制国家，中央政府干预强大，地方权力较小，行政活动多受地方派出机构的制定和关照	第四共和国宪法确立了强大的中央集权政府组织，在凯恩斯主义指导之下，通过国家干预进行大规模城市建设，在很多事务（包括城市规划）上中央政府对地方政府有着高度的管制
	社会文化背景	全球化力量与本土化力量深度融合，社会文化呈现出多元化特征，传统文化与西方文化碰撞，全球化背景下城市建设千城一面，传统文化印记逐步衰退	由战前的军国主义，转为全盘接受美国为代表的西方文化	大革命确定的人权，物权等观念深入人心，现代社会基础和民族国家形成	战后人口激增，受到情绪，受到现代主义，科学思想，系统论和控制论等新的思想和价值观的影响，试图通过人的理性和行动改善一切
城市问题	主要问题	土地财政驱动下，土地城镇化快于人口城镇化，城市公共服务设施建设严重，地方债务危机严重，交通拥堵等大城市病和矛盾凸显，城市生态环境受到威胁	城市蔓延，住宅数量严重不足，环境污染等问题突出	城市化需求大，城市管理短缺，产业工人激增导致住宅短缺，交通堵，大城市无序蔓延，产生不卫生街区	开展灾后重建，面对海外殖民地人口流入和战后婴儿潮所造成的住宅紧缺，新的产业发展和城市扩张的需求等问题，采用新城建设理论对城市蔓延问题做出回应，以应对城市无序蔓延

续表

比较事项		中国	日本	法国
应对措施	城市规划职能 城市规划的总体功能和作用	城市空间开发的技术工具，确定基础设施、公共服务设施、生态环境设施等重大设施的选线与布局，土地出让的重要依据	有序引导城市化地区向城市化地区的转变，加强土地用途划分。城市功能分区，控制土地利用强度，自然环境保护	指导道路、住宅等基础设施建设、调整城市功能满足现代生活需求，控制城市的公共卫生、美观和公共秩序；实现土地和建设的管制，对城市发展形成战略性导向，通过政府强大的干预力量以城市规划为工具为战后城市做出基础设施和住宅保障，同时限制开发行为的无序进行
	城市规划职能 城市规划与其他规划的关系	城市规划主导空间开发的功能突出，与其他规划之间的矛盾也比较明显，尤其是与土地利用总体规划、国民经济和社会发展五年规划须协调，形成引导城市可持续健康发展的规划合力	城市规划是诸多涉及空间的规划之一，但是唯一一带有强制约力的规划	与建筑设计及建设管制、城市卫生、住宅补贴、城市遗产保护等各项立法关系密切；建立了城市规划的典籍化，通过对主干法进行典籍化整理，并将相关法与主干法适配的部分在典籍中进行索引，实现了用一本法典囊括所有城市规划相关的法律规定
	法规体系 规划立法的层次	主干法：城乡规划法；配套法：城市、镇控制性详细规划编制审批办法等；地方性配套法规：城市规划管理技术规定等	国会——法律；内阁——政令；都道府县——省令；地方——通知及条例	出现了第一部城市规划体系的法律；CORNUDET立法，没有地方性；国家立法——法律；议会与行政立法——政令；地方立法——规章
	法规体系 立法机构	全国人民代表大会	国会	议员提案，议会通过，成为正式法律；国家议会与地方议会
	法规体系 主干法	《城乡规划法》 停留在程序化立法，缺少实质性内容	1919 年及 1968 年《城乡规划法》	《城市规划法典》主干和相关内容全部收录入法典
	法规体系 相关法		《建筑基准法》；《中心城区活性化法》；《大规模零售店铺立地法》等	
	法规体系 配套法	城市、镇控制性详细规划编制审批办法等	《城市规划》中的各类内容都有对应的专项法律进行详细规定，如《都市再开发法》等	

续表

比较事项		中国	日本	法国
法规体系	地方立法	城市规划管理技术规定等	地方政府选择《城市规划法》中合适的方案加以实施。中央立法中部分详细内容的权限会预留给地方作进一步规定	
应对措施	技术体系·体系建设	构建了由城市总体规划，控制性详细规划，修建性详细规划构成的三级法定城市规划技术体系	1919年体系并不完善，规划体系本身也在不断探索；1968年体系相对完善，互有衔接；战略性规划，属于愿景类，没有法律约束力；总体规划，负责展望性定位城市发展方向，规范性规划以地域地区制度为代表，覆盖全部城市化地区，控制土地开发强度；修建性规划，以城市再开发、土地区划整理为代表，非全覆盖，在地化管理（兼有规范性和修建性，倾向规范性）　无成型体系	城市规划出现了较为完整的体系：《土地指导法》确立了由"城市规划整治指导纲要"(SDAU) 和"土地利用规划"(POS) 构成的两级规划，其中指导纲要是具有战略性的规划，土地利用规划是具有约束性的土地规划，在此基础上，有修建性详细规划，"协议开发区规划"(ZAC) 以及跨大区层面，强调国土范围内的空间协调的"国土空间规划指令"(DTA)
	战略性规划	指城市发展战略规划，是对城市未来发展的愿景式规划，着重解决城市发展的主导方向和趋势性需求；不具备法律约束性	战略性规划属于愿景类，约束力　《巴黎地区规划整治计划》	"城市规划整治指导纲要"(SDAU)，战略性规划，具有法律地位，没有法律效力，期限约20年
	规范性规划	包括城市总体规划和控制性详细规划，重点解决城市空间布局及具体地块开发限制性条件，控制开发强度，加强土地用途管制	规范性规划以地域地区制度为代表，覆盖全部城市化地区，控制土地开发强度　城市规划、美化和扩展计划	"土地利用规划"(POS)，约束性规划，以土地使用和开发控制为主要职能

续表

比较事项			中国	日本	法国
应对措施	技术体系	修建性规划	大多用于较大规模新区或者中心区的开发、土地整理等专项内容整体性开发，属于历史保护专项规划，但存在规划权威不足、地位被边缘化的尴尬	修建性规划，以城市再开发为代表，非全覆盖，区划整理化管理（兼有规范性，倾向规范性）	"协议开发区规划"（ZAC），修建性规划，是法国的公私合作PPP模式下出现的规划区——协议用方式相当于开发区内制作的规划，其作用范围相当于在约束性规划，在其范围内代替约束性规划；由政府一方控制对公共利益的实现，同时满足私营者的土地开发需求
	管理体系	权力划分（编制、审批、许可权）	规划编制和实施在本级地方政府，规划审批和监督在上级地方政府	用事先许可制度对土地进行分管理，赋予了市镇地方政府编制城市规划的权力，中央政府保留了监督和协调城市规划发挥调控作用的职能	由来自国家和各级地方的代表共同组成的城市规划整治地方委员会或组成专门工作小组和各级地方政府联合组织编制。"城市规划权被组织编制"的"城市规划整治指导纲要"的编制组织移交至地方政府，但真正具有法律效力的"土地利用规划"仍然由中央政府在省级地方的派出机构组织编制，发放建设许可证也由该派出机构完成
		组织机构	国务院：住房和城乡建设部；省政府：住房和城乡建设厅；市/县：城市规划局，"规划委员会"；辖区/辖县：规划分局	城市规划地方审议会	中央政府：内政部下属"城市规划、美化和扩展计划高级委员会"；地方政府："城市规划、美化和扩展计划省级委员会"，市镇级地方政府
		管理内容	规划编制、审批、审批与实施管理，以"一书两证"为核心的项目许可管理	规划的编制、公示和实施	主要为与城市卫生、公共秩序、城市美化相关的城市建设内容

续表

比较事项		中国	日本	法国
应对措施	管理体系—管理程序	总体规划：本级政府负责组织编制，具体委托本级规划部门，上级政府审批，本级人大审查通过；控制性规划：本级或下辖区规划部门组织编制，本级政府编制，本级政府备案；修建性规划：规划部门编制，或建设单位编制，本级政府审批，建设单位实施；项目规划：（土地获取）—提交方案—规划局审阅—上会审批—取得规划条件—申报—取得许可	地方政府编制的城市规划需经公示，再由地方审议会审议，一定情况下报经上级政府同意	由市镇一级政府组织技术团队编制规划，提交省一级委员会审查讨论，最终交由国家级高级委员会审核通过。战略性城市规划的编制经地方政府及议会通过即可；约束性地方城市规划的审批要交由国家在省一级的派出机构prefet代表国家审批通过，方可由各地实施，建设许可也需由国家代表审批通过
特性总结	具体自订	城市化加速推进，城市规划理论和实践进展迅速，转型加速期，城市规划出现了由传统物质空间规划向社会管理型多元规划的转型，城市规划上下级之间的管理权限划分、城市规划与其他规划之间的协调等为影响城市规划健康发展的阻碍因素	经济高速增长推动城市化加速发展，规划不断贴近市民日常生活。新的规划体系将城市规划的决策主体转移到地方，但中央政府仍然通过债券、财政补贴等方式保留了一定的发言权	城市规划刚刚出现雏形，已确立土地管理的许可制度以及控制性、战略性两级城市规划；主要的管理权力在中央政府各层级管理机构手中，地方政府主要负责编制和组织技术活动。实施经验较差。城市规划技术、立法、管理体系已相对完善，城市规划权力部分下放至地方政府，真正的审批和许可权仍大部分在国家手中；城市规划法律体系呈现典型化形式；技术体系次完善，分工明确

资料来源：作者自绘。

从城市规划管理体系来看，在这一阶段，城市规划的地方分权化趋势进一步增强。日本在上一阶段的基础上，城市规划的事权被进一步移交至地方政府，中央政府除特殊跨行政区划的事项外不再保留具体的审批权限，即使保留的权限也由单方面的"批准"改为"协商后同意"。法国的城市规划地方分权相比上一阶段也更加彻底。编制城市规划的动议由设在地方的各级议会提出，规划审批也在同级规划主体内部完成。开发者提出建设许可申请后，由最基层的市镇级城市规划部门审批，并以市镇长的名义签署生效。

我国在经历了近40年的高速城市化进程后，虽然这一进程并未结束，但城市化的速度已经出现放缓的态势。由于我国幅员辽阔，各地经济社会发展水平不一，因此，城市改造与城市复兴、生态环境问题、城市环境质量提升等城市化稳定发展阶段所面临的城市发展诉求已经率先在东部沿海地区的发达城市中出现。为了对未来城市化进入稳定发展阶段将要面临的城市问题提前做好应对的准备，应充分认识进入城市化稳定发展阶段后的法国和日本在城市规划体系上的变化趋势，对探索适合我国国情的转型期城市规划体系的变革方向，推动我国城市化健康发展和构建城市型社会具有重要意义。

表7-3对比了日本、法国两个国家在城市化稳定发展阶段，城市规划体系不断完善，并对社会经济发展需求作出相应调整的基本情况。

7.3 基于城市规划权力视角的比较

作为现代社会中政府实施管理的公权力的一种，城市规划权力的产生、赋予、行使及监督等权力制度体系的设计决定了城市规划行为的本质。中国、日本和法国三个国家的城市规划体系从形式甚至内容上来看并无太大差别，从城市规划权力的视角进行横向比较时，其根本性差异才能显现出来。基于此，本文将从社会经济特性、行政管理特性以及社会文化特性三个制度特性方面入手，从城市规划权力观的角度进行横向比较，分析我国城市规划与法国、日本的异同（表7-4）。

通过对比研究可以发现，日本和法国的社会经济发展背景具有高度相似性，均表现为相对成熟的市场经济体制、土地私有制占主导的土地制度、脱胎于中央集权的地方自治制度和以私有产权为主的产权体系等。相比而言，我国的社会经济发展背景则表现出更强的政府主导色彩，例如政府对市场经济实施强干预的经济运行模式、土地公有制为主体的土地制度、高度中央集权的行政制度等。因此，可以据此推断，政府与市场之间关系的界定、政府上下级之间的责权划分、土地产权关系等是造成我国的城市规划体系与日本和法国之间的差异的主要原因。

城市化稳定发展阶段中国、日本、法国城市规划体系比较

表7-3

比较事项			中国	日本	法国
背景	阶段特征	年份		1975年至今	1976年至今
		人口规模		1975年达到1.1亿，此后一直缓慢增长，目前维持在1.3亿附近	7700万人
		城市化水平		城市化水平由1985年的76.74%达到当今的86%	末期城市化率约80%
		社会经济背景		经济增长速度减缓，遭遇经济危机，社会结构趋于稳定	社会经济发展进入缓慢调整期，就业、老龄、民族等社会问题凸显，环境及可持续发展问题受到重视
		行政管理背景		地方分权的趋势越加强烈	20世纪80年代进行的行政地方分权，确立了中央政府、地方政府不同的权责划分；同时，在大区、省、市镇各级地方政府之间也都有明确的行政职能分配，各地自治、协调配合，互相之间无关照权
		社会文化背景		受经济低迷影响，社会文化走向多元化	后现代主义思潮，社会趋向于多元化发展，规划的定位从科学工具变成政治和程序的重要性被突出
城市问题	主要问题			建筑老化，城区衰败	受到欧盟可持续发展的要求增加；城市社会和谐与平衡发展诉求；规划参与
城市规划职能	城市规划的总体功能和作用			城市改造与复兴，促进城市功能的混合	维护国土平衡与可持续发展；促进城市生活质量的提高
	城市规划与其他规划的关系			城市规划是诸多涉及空间的规划之一，但仍是惟一具有法律约束力和强制力的规划	
应对措施	法规体系	规划立法的层次	同上一阶段		国家立法、行政立法、地方规章
		立法机构	同上一阶段		各级议会
		主干法	同上一阶段		《城市规划法典》
		相关法	同上一阶段		
		配套法	同上一阶段		

续表

比较事项		中国	日本	法国
法规体系	地方立法		同上一阶段	
技术体系	体系建设		同上一阶段	
	战略性规划		同上一阶段	《国土整治地区指令》《国土协调纲要》《国土整治与可持续发展大区计划》
	规范性规划		同上一阶段	《地方城市规划》《市镇地图》
	修建性规划		同上一阶段，增加了地区规划，城市再生特别地区，社区营造等项目类型	《协议开发规划》《保护区保护与利用规划》
权力划分（编制、审批、许可权）			在上一阶段的基础上，城市规划的事权进一步被移交至地方政府，上级政府的审批内容减少，单方面的"批准"也改为"协商后同意"	各级城市规划的编制由各级议会提出，审批也由同一主体内部完成，规划和建设许可都由申请人提出，由市镇级城市规划部门审批，以市长的名义签署
管理体系	组织机构		城市规划地方审议会	城市规划地方委员会或工作组
	管理内容		规划的编制、公示和实施	城市规划的编制发起、团队组织、审批、监督执行
	管理程序		地方政府编制的城市规划需经公示，再由地方审议会以及有民意代表的地方议会审议	由各项城市规划涉及的国土范围内的议会提出规划和编制需求，在议会内部形成相关专门委员会或工作组，进行规划编制和审批通过、监督执行
特性总结	具体自订		经济低迷和行政上的地方分权是这一时期的大背景，城市规划在这一阶段也通过修订法律来调整，规划编制和审批的权力更多地调整到了基层地方政府手中，也提高了公众参与力度	城市规划体系完整渐进，根据社会主要问题的变迁而调整，社会问题和城市问题的多元化，城市规划职责的多样性让城市规划的实质性问题越来越复杂

资料来源：作者自绘。

中、日、法国家制度背景比较

表7-4

比较事项		中国	日本	法国
政治制度		中国特色的社会主义制度，以人民代表大会作为根本政治制度，坚持中国共产党领导的多党合作和政治协商制度	以立法、司法、行政三权分立为基础的议会内阁制度	以立法、司法、行政三权分立为基础的半议会半总统制
经济制度	经济体制	社会主义特色的市场经济体制，政府对市场经济强干预的经济运行模式，市场发育不完善	具有寡头倾向的市场经济体制	成熟的现代市场经济体制，经济对外开放程度高，市场是配置资源的主要机制，政府与市场分工明确，但在发达国家里属于政府对重要资源支配能力较强的国家
	土地所有制	实施土地公有制，其中城市土地归国家所有，农村土地属于集体所有、个人产权、使用权、收益权等不完全土地产权可进入市场流通	土地私有占主导的土地制度	土地私有占主导的土地制度
	产权观念	国有、集体、个人产权模糊、权责不明晰，现代产权制度尚未完全建立	私有产权为主的产权体系	私有产权为主的产权体系
管理制度	政府层次	由国家—省—地区—县—乡—村构成的五级层次	由中央政府—都道府县政府—市町村地方政府构成的三级层次	由中央政府和地方政府构成，其中地方政府分为大区、省、市镇，各负其责
	地方行政制度	中央高度集权，地方政府管理社会经济事务的自主性和积极性提高，属于中央集权与地方管制相结合的制度体系。分税制后，地方政府间存在统辖关系	脱胎于中央集权的地方自治，市町村政府（议会、市町村政府及行政管理部门）负责管理地方的各项事务	脱胎于中央集权的地方自治，但各地方政府之间地位平等，无统辖关系
社会治理		政府管理主导模式	政府管理+NGO组织相结合的模式	政府管理+政府间合作+NGO组织相结合的模式

资料来源：作者自绘。

　　中、日、法三个国家均采用了以成文法为主的大陆法系。城市规划的权力均来自法律的授权，但法国与日本的城市规划法律法规体系要明显丰满得多，法律法规之间也有明确的权力传递与划分关系，例如法国的法典以及日本的法律、政令、省令、通知和地方条例所组成的法律法规体系。在城市规划权力赋予上，法国与日本可以做到行政行为必须以法律法规为依据。法无规定，政府不能擅自行动。城市规划权力的行使也主要针对社会资本主导的开发建设活动，而非针对上下级政府或政府内部的权力划分。在规划权力的监督方面，亦是以来自政府外部的监督为主，而不是依靠上级政府监督下级政府。

　　形成这种差异的原因固然与我国真正进入城市化快速发展阶段的时间较短，立法积累较少有关，但也反映出我国的城市规划权力并不完全来自于法律法规授权的实际状况。这种状况直接导致了两种后果：一是在理论上城市规划行政管理行为的合法性有受到质疑的空间，实践中也确实产生了权力寻租等腐败现象，进而破坏了城市规划的公平性并造成了城市开发建设中的各种乱象；二是我国的城市规划研究的资源和讨论的焦点几乎都集中在解决政府内部的权力划分上。"强制性内容""多规合一""增长边界划定"等所谓的城市规划问题原本都是有关政府内部权力划分的问题。当然，不是说这些问题不用研究，而是说在过分关注这类问题的时候，反而忘记了城市规划的核心问题原本是如何更公平地运用被法律法规授予的公权力对市场中的开发建设行为等私权利实施管制的初心。

　　总之，在城市规划的权力划分方面，上级政府与下级政府之间，同级政府部门之间，政府与社会之间以及不同社会主体之间的权力划分是需要分析研究的对象。就这些关系而言，中国与日本和法国两个国家之间存在较大的差异。以下将从三个方面着重剖析中国、日本和法国的城市规划权力的关系：

　　首先，是城市规划体系中上级政府与下级政府之间的权力划分。以城市总体规划为例，日本和法国的城市总体规划的编制权力已逐步下放至基层地方政府，并由设在地方的城市规划审议会或议会进行审议后颁布、执行。上级政府除拥有部分法律法规明确规定的权力外，对下级政府只保留针对合法性的监督权。在总体上表现出明显的地方分权化特征的同时，各级政府的城市规划主管部门相对独立，并具有法律法规授权的明确分工，并不存在上下级之间的隶属或指令关系。而我国城市总体规划的编制权虽然属于地方政府，但审批权、监督权属于上级政府，同时上级政府也可以通过政策性指令来影响下级政府。上级政府虽然拥有相对集中的权力，但并不承担规划执行偏差等所产生的责任，因而造成城市规划决策权责分离，有权的无责、有责的无权等权力错位的状况。另外，较长的审批周期导致城市总体规划难以有效指导城市空间发展，在一定程度上也反映了上下级政府之间关于城市规划的权责分离造成的规划难以执行的问题。

其次，是城市规划体系中同级政府部门之间的权力划分。仍以城市总体规划为例，法国和日本的城市总体规划是以地方政府或议会的名义颁布的，涵盖了土地利用、基础设施建设、历史文化保护、环境保护等多维度内容的综合性规划，是对城市规划涉及的各个层面的战略性统摄，具有极强的法律可抗辩性。同时，城市总体规划在整体上反映了行政管理"纵向分权、横向集权"的基本特征。而我国涉及城市规划内容的部门较多，住建、发改、国土、环保等部门均与城市规划密切相关。与城市规划关联的政府内部权力划分从中央政府开始即表现出明显的部门分割现象，同级政府中的不同部门之间缺乏有效的协调机制。部门利益导致了诸如"多规并存"的现象，虽然对"多规合一"的理论探讨与实践尝试很长时间内都是城市规划领域的热点和焦点，但最终"多规合一"的部分达成仍是依靠部门合并这种组织架构的调整，而不是规划体系的融合与统一。不同规划之间的矛盾与冲突反映了政府部门之间的权力分割问题的本质，即政府横向集权的难度大，规划难以融合、统一。

再次，是城市规划体系中政府与社会之间的权力划分。以规范性规划为例，日本和法国的规范性规划一旦经过议会或具有类似功能的审议会审议通过并公布，即可成为政府管理社会的法律依据，同时也是社会监督政府行政行为的法律依据。而我国以控制性详细规划为代表的规范性规划则表现出明显的问题。控制性详细规划从本质上看是政府运用公权力对社会部门或个人的私权利实施管制，但在控制性详细规划实际运行的过程中，则常表现出"控规不控"这种被架空的现象。控制性详细规划自1990年代初诞生起，在快速城市化发展阶段城市空间快速拓展的过程中就出现了频繁被修改的状况。为应对这种状况，2007年《城乡规划法》强化了控制性详细规划的修改条件和程序。但地方政府为了满足城市快速发展的需求，往往以"街区控规""规划条件取代""编而不批"等"粗化"的手法加以应对。在城市规划控制城市建设方面实际上形成了有法不依、执法不严的状态。这种状况导致一方面政府对社会部门开发行为的约束缺乏充足的法律依据，另一方面，开发者对实施城市规划控制的主体——政府更是难以起到监督作用。城市规划法治化建设仍任重道远。

此外，在城市规划的决策过程中，城市规划委员或类似机构的人员构成与责权问题也是体现城市规划权力的标志性领域。法国采用议会审议规划的方式，是典型的代议制民主决策的形式；而日本出于对城市规划专业性的考虑，采用城市规划审议会的形式，引入学者等外部专业人员参与规划决策。虽然我国大部分城市都成立了城市规划委员会，但更多的是负责咨询而并不拥有决策权。同时，大部分城市的城市规划委员会的委员由政府各部门的领导担任，市长任主任，实质上是政府内部的一种联席会议。

因此，通过与法国和日本的横向对比可以清楚地看到，在解决我国现行城市规划存在的问题的过程中，推动城市规划的地方分权，加强不同政府部门之间的统筹协调，促进城市规划的法治化、民主化建设已成为转型期我国城市规划转型的重要方向以及城市规划体系重构中的关键问题。

7.4　有关城市规划体系中特定问题的比较

1. 关于城市规划职能与定位的比较

中、日、法三国对城市规划的定位较为相似，均以城市空间和土地利用作为管制的核心，同时致力于营造更好的人居环境，追求和谐与可持续的发展。但同时三国之间对城市规划的定位也存在某些细微的差别。例如日本的城市规划侧重于对城市空间的管制和城市基础设施、公共服务设施的建设，具有相对明显的技术特征；而法国的城市规划则在体现技术内涵的基础上更多地体现出较强的公共政策属性。相比之下，我国城市规划的职能以及所涉及的内容范畴在不断拓宽，从早期侧重于描绘城市建设蓝图到引入城市空间管制内容，再到兼顾公共政策属性。

在日本和法国的城市规划体系中，城市规划约束城市土地开发权的法律效力被置于整个体系的核心位置。因此，城市规划注重并强调其运行过程中的社会公平原则，一方面保护作为私有产权的开发权不会受到随意侵犯，另一方面，又通过对开发权实施在法律法规建立的规则框架下的管制来保障公共利益。我国的城市规划虽然也有明确的法律地位，但由于现实中包括人民代表大会在内的约束和监督机制并不到位，所以在城市规划实施的过程中，地方政府拥有巨大的自由裁量权。在发展经济对效率的追求与保障社会公平面前，城市规划多半扮演了牺牲社会公平，追求经济发展效率的工具的角色。

因此，在未来我国城市规划体系重构的过程中，基于社会共识，以保障公共利益为目的，对城市土地开发权实施管制的城市规划内容应成为法定规划的核心，包括城市基础设施建设规划等其他城市规划内容应围绕这一内容展开。

2. 城市规划立法体系的比较

本章第二节对中、日、法三国不同城市化发展阶段的基本情况作了横向比较，其中也包括了城市规划立法体系。在此，回到城市规划立法体系的视角作一个整体的概观和比较。

中、日、国三国同属采用大陆法系的国家，城市规划的法律法规作为行政法的属性特征均比较明显。城市规划法律法规一方面规定了城市规划的编制、审批、修改、实施等实质性与程序性内容，另一方面也界定了各级政府机构的责权。与日本、法国相比较，我国开始建立城市规划立法体系的时日尚短，积累不足，法律法规体系仍存在较为明显的不足，表现在：

（1）法律法规中的实质性内容不足

日本和法国的城市规划相关法律法规中包含了大量有关城市规划与技术工具的实质性内容，并与相关的规章、文件等共同构成了城市规划法典或类似的体系。其中也包含了行使城市规划权力的目的、政府权力对市场行为实施管制的边界、社会公众在城市规划中的权利、公共利益的界定等参与城市规划各方的责权。相对于此，我国的《城乡规划法》中的主要内容尚停留在程序性立法的范畴，应由国务院颁布的城市规划条例迟迟未能出台，部颁规章对规划内容也尚未形成全覆盖。另一方面，法律法规对于规划之间的衔接、政府部门之间的权力划分、上下级政府部门权责的界定都留有许多可争议的空间，反映了城市规划权力边界尚未清晰的状况。

（2）部门规章导向的法定内容表达

由于上位法律的数量有限，内容有限，所以我国城市规划的内容及程序法定工作主要由行政法规，特别是部门规章承担，因此形成了我国城市规划法律法规体系中数量最多、内容最庞大的组成部分。但是，由于行政部门主导的立法活动大多出于行政管理的需要，行使公权力的一方会尽量扩权而不愿意接受来自被管理一方和社会的监督和制约，因此，在多数情况下，法规规章的内容更倾向于向自己所在部门授权但不限权，同时相应地尽可能限制市场行为，强化公众的责任和义务，尽量不涉及或少涉及行政部门自身应承担的责任和义务。

（3）城市规划法律法规体系化不强

围绕城市规划母法，或称核心法，日本和法国均建立起了一个比较完整的法律法规体系。例如围绕日本的《城市规划法》，有对应的专项法律对其涉及的内容作出进一步的详细规定，如《土地区划整理法》《都市再开发法》等。除在全国统一立法体系中设置法律、法规、规章等不同的详细程度递进的层次外，全国性立法中也会预留部分权限给地方政府作进一步规定。地方政府可以制定适合本地需求的条例。法国的《城市规划法典》具有可动态调整的特征，能够保障及时吸纳更新后的城市规划立法内容。与之相比较，我国城市规划的立法体系无论是在整体内容的完整性方面，还是在基于地方立法权构建符合地方特色的地方性立法方面，都存在不小的差距。

3.城市规划技术体系的比较

中、日、法三国均已形成了各自的城市规划技术体系。其中，日本及法国的城市规划体系经历了更长时间的发展，应对过不同城市化发展时期城市中出现的问题，形成了更加完整和严谨的体系。日本和法国的城市规划技术体系的特征可以概括为以下几点：

首先，日本和法国的城市规划工具丰富，是在应对不同城市化发展时期的问题的过程中逐步积累起来的。其中以利用公共资金开展城市基础设施和公共服务设施建设的建设引导规划以及实现代表公权力的城市规划对作为市场行为的城市开发活动实施管制为最基本的内容，其他内容均是以此为基础不断丰富和发展起来的。

其次，城市规划技术体系对其中的大量城市规划技术工具进行了遵循一定逻辑的分类和分层次组织。按照城市规划的职能大致可以分为战略性规划、规范性规划和建设性规划三种类型，并分别对应城市整体层面、具有开发潜力的地区和开发建设项目实施地区等空间层次。

另外，虽然在实践中存在非法定的规划，但组成城市规划技术体系的主体，无论是技术性内容，还是相关的编制、审批、实施程序，均被纳入法律、法规、规章或地方条例。

如果将我国的城市规划技术体系与日本和法国的相比较，可以发现我国的城市规划技术体系仍存在以下需要深度思考和调整的问题。

（1）城市规划技术体系内各规划的分工仍待进一步厘清

虽然日本和法国的情况略有不同，但不同规划工具在城市规划体系内的分工较为明确。大区域政府或者上级政府主要负责政策的制定，表述为战略性规划文件。基层地方政府拥有管制本地土地利用的责权，表述为规范性或羁束性规划文件。地方政府的城市规划部门与其他建设相关部门负责展开城市基础建设等，表述为建设性规划文件。我国的规划体系虽然在形式上形成了"一级政府，一级事权，一级规划"的大原则，但在实践中也存在职能划分不够清晰的问题。城市总体规划和控制性详细规划继承了计划经济以来的二元体系，但总体规划的战略性体现不足；而控制性详细规划则有时会成为落实总体规划的工具，对城市开发建设行为的约束力不够，其在规划体系中的核心地位未能得到充分体现。在某些开发项目中，控制性详细规划实际上变成了修建性详细规划的投影，甚至有时采用开发项目的修建性详细规划作为修改控制性详细规划的依据。

（2）规划体系内各层次规划的法律地位不同

日本和法国的城市总体规划（或相似规划）虽然是法定规划，但并不对城市中的开发建设活动构成强制性约束，通常仅作为宣示政府行政性政策的一种工具。同时，与规范性规划也并非简单的上下级指导的关系，而是作为一种宏观引导性文件存在。

对于城市开发建设活动，规范性规划具有较强且唯一的约束力，因而处于整个规划技术体系的核心位置，其他类型的规划内容和规划目标均要通过规范性规划才能真正得到落实。规范性规划在日本和法国的城市化地区基本上实现了全覆盖，是政府实施规划管制的重要依据，因而可以做到"无规划，不开发"。而在中国情况恰恰相反，城市总体规划拥有最强的法律地位，但其技术内容和深度又无法完全扮演规划管制依据的角色；直接面对城市开发活动的控制性详细规划由于缺乏必要的法律地位和效力，时常面临被频频修改的窘境，或者编制后干脆得不到政府的批准；修建性详细规划几乎没有被授予法定地位，这些均导致了我国城市规划对开发活动进行管制时的随意性较强。

4.城市规划管理体系的比较

作为政府行政管理的重要部门之一，城市规划部门的设置与权限在很大程度上取决于所在国家的政府行政管理架构以及形成这一架构的社会、政治与历史等原因。虽然中、日、法三国均由传统农业社会演变而来，在政府行政架构方面或多或少地保留了中央集权的传统，但近代以来却走向了完全不同的发展道路。换言之，中、日、法三国的现代行政架构的起点是比较相近的，但在此后的发展演变过程中却走向了不同的方向，并形成了不同的格局。其中，日本和法国虽各有特点，但总体上的发展路径相近，而我国则走了一条完全不同的道路。这种情况主要体现在以下几个方面：

首先，日本和法国的城市规划管理遵循事权法定的原则，对于各种类型城市规划的编制与审批主体、技术性内容以及实施手段等均采用全国性立法的方式赋予规划管理者相应的权力。法律、法规、规章及文件的法律效力源自于法律的再授权，且内容为授权范围内的内容细化，法律效力依次递减；与全国性的法律法规相对应的是由地方议会审议通过并颁布的地方性条例、配套规章或直接由地方议会审议规划文件，将其法定化。这些地方性法律文件在各自的范围内与全国性的法律法规具有相同的法律效力，为城市规划行政部门的行为提供法律依据。我国的城市规划行政管理在形式上也大致形成了类似的架构，但无论是对事权界定的详细程度，还是对不同事权之间关系的明晰，都尚存改进空间。更重要的是，某些事权未经法律授权而仅仅依靠政府文件所形成的自我授权。

其次，从日本和法国的城市规划权力模式的历史演变过程来看，均由中央集权走向地方分权。虽然日本和法国城市规划地方分权的历史阶段、分权的幅度以及具体内容不尽相同，但不约而同地在20世纪下半叶开启了这一进程，并逐步完成。而我国的地方政府虽然具有编制和实施城市规划的权力，但关键的审批权和监督权基本上掌握在上级政府手中。中央政府也习惯于在法律法规之外利用可随时调整的政策来影响和决定地方的城市规划相关事务。此外，在城市规划的决策过程中，法国的议会或日本的相当于议会的城市规划委员会发挥着重要的作用，使得城市规划的决策权相对独立于行政管理权。

第三，在较为严谨的法律法规框架约束下，日本和法国均形成了"纵向分权，横向集权，面向社会管理"的规划事权划分与行使原则。中央政府与地方政府之间有着明晰的事权划分，相互之间并不重叠；政府通过行政许可等手段对城市中的所有开发建设活动行使管制权，所代表的是作为整体的各级政府，并不属于政府中的某个职能部门。相对于此，我国的城市规划管理呈"纵向集权，横向分权，部门事权突出"的特征。

第四，由于城市规划涉及社会管理等公共事务，所以日本和法国的城市规划在"二战"后均强调"公众参与"的重要性，并设置了相应的制度。当然，公众参与并非一般市民参与城市规划管理相关事务的唯一途径，代议制民主制度本身也为城市规划的公众参与提供了基础途径。城市规划过程中的公众参与只是代议制民主制度的一种补充。这种两种途径相结合的模式有助于政府在管理社会时的信息透明，并据此形成政府与社会责权对等的状况。我国的城市规划也注意到了公众参与的重要性，从早年的"人民城市人民建"到 2007 年《城乡规划法》正式将公众参与纳入城市规划编制、审批的法定程序，但实践中仍存在一些可进一步改进的问题。

最后，中、日、法三个国家中的各级城市规划主管部门在政府中的隶属关系及其名称一直都在不断发生变化，但相对于我国而言，日本和法国更加侧重于对城市规划职能的调整，而对具体由哪个机构来执行这一点讨论不多。

5. 战略性规划的比较

中、日、法三国的城市规划体系中均有作为战略性规划的规划类型。我国的战略性规划是作为法定规划的城市总体规划以及非法定的城市空间发展战略性规划、概念性规划等。日本城市规划体系中的战略性规划是有关城市建设、开发及保护的方针（整備、開発及び保全の方针），分为城市规划区的以及市町村的。这一方针是法定城市规划内容的组成部分，并不作为单独的城市规划类型存在，有时也被通俗地称之为《城市规划区总体规划》或《市町村总体规划》。法国城市规划体系中的战略性规划是《国土协调纲要》。

综合比较中、日、法三个国家的战略性规划，共同之处在于这些战略性规划均用来表明城市的未来发展方向。但是日本和法国的战略性规划更加突出其作为城市宏观层面战略性规划的性质和特点，其内容不涉及对具体开发建设行为的判断。同时，对规划内容的决策权掌握在地方同级议会或城市规划委员会手中，更多地体现了各个地方对各自城市空间发展的远景展望。通常上级政府对相应的规划内容在不影响周边地区或违反上一层次规划原则的前提下不作干预。相对于此，我国的城市总体规划作为战略性规划在内容和决策权限方面存在较为严重的问题。首先，城市总体规划的内容除有关城市性质、规模和发展方向等战略性内容外，还涉及大量与城市建设相关的工程性内容。这一方面削弱了城市总体规划作为战略性规划的性质和特征，另一方面也造成规划在编制审批过程中需要协调的内容较多，工作难度较高，往往规划审批周期过长，不能及时地指导城市发展，使得城市建设陷入缺少战略性规划指引的窘境。这一状况进一步使得城市总体规划的连续性与稳定性下降，进而削弱了城市总体规划的权威性。其次，城市总体规划的审批权限主要在上级政府手中。虽然从总体上看这种决策权力结构有利于国家及上级政府政策的贯彻和落实，但如果对于地方政府的发展诉求没有给予充分考虑的话，在现实中往往会出现政府带头违反已获批准的法定规划的情况。同时，借城市空间发展战略性规划、概念性规划等非法定规划之名，绕开作为法定规划的城市总体规划的现象也屡见不鲜。这些情况均在不同程度上削弱了城市总体规划作为战略性规划的权威和效力，造成了所谓"总规不总"的弊病。

6. 规范性规划的比较

由于规范性规划是城市规划管理中判断城市开发建设行为的直接依据，因此通常处于整个城市规划体系的核心位置。我国城市规划体系中的规范性规划是控制性详细规划；日本是以"用途地域"（用途地域）为代表的"地域地区"（地域地区）和"地区规划"（地区计画），前者对城市规划中的城市化地区形成全覆盖，后者则只针对城市中的局部地区；法国的规范性规划是《地方城市规划》《市镇地图》和《城市规划国家条例》。前两者由地方政府负责编制，后者以尚未编制《地方城市规划》的市镇或市镇联合体为对象，由中央政府直接负责编制。

虽然中、日、法三国的规范性规划在形式上并无太大的差异，但无论是其定位还是事件中的角色，仍存在不同的情况。日本与法国的规范性规划在城市规划体系中处于核心地位，是同时约束公权力和私权利，确保城市开发的公平与城市空间稳定性的法律依据。但我国的控制性详细规划基于其决策过程的封闭性，缺乏必要的法律地位，因而在城市规划体系中的核心地位没有得到确立。与日本和法国的规范性规划相比较，我国的控制性详细规划的问题主要体现在以下几个方面：

首先，控制型详细规划的编制主体和审批主体为同级政府内的职能部门和政府本身，法定过程中缺乏有效的外部监督和对公众意愿的充分反映，影响了规划的法律效力；其次，在现行的控制性详细规划的编制、审批及实施的环节中，缺乏对行政裁量权的有效约束，规划实施成为行政管理部门对开发者的单方面约束，增加了城市开发的不确定性和市场风险，甚至成为滋生腐败的温床；最后，即使在《城乡规划法》颁布后严格规定了控制性详细规划的修改程序，但由于缺少对违法违规行为的具体处罚措施，"编而不批"、以未获批准的规划作为审批依据、规划条件取而代之等违法违规现象依然存在。此外，在我国的城市规划体系中，控制性详细规划主要被看作一个介于城市总体规划与修建性详细规划和建筑设计之间的带有某种过渡性质的规划层次，主要扮演着承上启下的角色，负责将城市总体规划所确立的规划目标分解至各个片区、街坊乃至地块。

作为规范性规划，控制性详细规划应该成为判断城市中所有开发建设活动能否成立的唯一依据，应成为城市规划管理的核心，应该赋予其更高的法律地位和更强的法律效力，在城市规划体系中扮演核心角色。由于这种认识上的偏差，虽然规划实践中许多城市的中心城区等主要建设地区已实现控制性详细规划编制的"全覆盖"，但迄今为止的相关法律法规中仍缺少控制性详细规划的编制义务，即要求"全覆盖"的相关规定。通常，城市规划的严肃性和权威性依赖城市规划编制与管理的"全覆盖"，实现"无规划，不开放"；另一方面，城市规划管理与控制的公平性主要通过规划范围的"全覆盖"，至少是所有开发建设依据同一类型的规划来达到。因此，控制性详细规划的"全覆盖"不仅是一个规划技术问题，更重要的是对城市规划的严肃性、权威性以及公平、公正与合理的具体体现。

7. 修建性规划的比较

修建性规划，顾名思义，是以某个地区的开发项目或某项工程项目为对象的，具有开发建设项目蓝图的功能，在整个城市规划体系中属于实施性和建设性的规划类型。在我国城市规划体系中，修建性详细规划即属于这一类型；日本法定城市规划中的《城市开发项目》（市街地開発事業）以及法国的《协议开发区规划》与《保护区保护和利用规划》也都可以看作这一类型的规划。

中、日、法三国的修建性规划从本身的内容与职能上来看具有较高的相似性，三者之间的差异则主要体现在修建性规划与城市规划体系之间的关系方面。日本的修建性规划可大致分为两种类型：一种是在城市化过程中为应对城市中的成片开发而采用的，例如土地区划整理项目、新住宅城区开发项目等；另一种是用来进行旧城改造的，例如城市再开发项目。前者侧重于地区级的道路、公园等基础设施的建设以及土地权属的调整，覆盖面积较广，但内容相对简单；而后者仅限于城市局部地区，尤其是城市中心区，涉及城市空间的再塑造，内容较为复杂。

我国的修建性规划在实际应用方面与日本类似，普遍应用于城市开发项目之中。最大的不同在于，日本按照不同的规划任务和目标在修建性规划中又进一步划分出土地区划整理项目、新住宅城区开发项目、工业园区建设项目、城市再开发项目、新城市基础建设项目、住宅街区建设项目、防灾街区建设项目等不同的对象，应用于各种不同对象的规划有不同的编制内容、流程和实施主体等，针对性很强并以明确的法律规定作为依据。虽然中国的修建性规划也普遍应用于各类开发区、历史文化保护区、城市改造、开放空间建设等不同类型的项目，但规划编制的法律法规依据、内容、审批程序等却是大致相同的。用同一种规划类型去应对不同性质的开发建设对象，难免显得有些宽泛或存在诸多不适应。

法国采用《协议开发区规划》与《保护区保护与利用规划》两种不同类型的修建性规划。由于法国的城市化进程在较早的年代就已进入稳定发展阶段，所以目前修建性规划的主要对象并不是大规模的城市开发项目。因此，法国的修建性规划在城市规划体系中并不是一个普遍性的规划工具，其应用是非常有限的，通常仅限于对城市整体影响较大的地区。例如"协议开发区"的设立需要通过议会论证其对城市的影响并获得批准，全巴黎总共仅有20余个地区。

此外，中、日、法三国的修建性规划在编制阶段的参与者等方面也存在一些差异。日本和法国的修建性规划都带有非常明显的协议赋权特征，市场主体与产权主体往往在规划编制阶段就开始参与到方案的博弈中，最终规划成果得到政府与利益团体各方的承认，规划在共识的前提下得到实施。因此，规划的编制、审批和实施实际上也是政府、市场、社会的多方博弈、妥协与合作的结果，较为均衡地体现了各方的利益。在这一过程中，政府作为更大范围公共利益的代表与协调者参与其中。与此相对应，我国的修建性规划比较重视技术方案的合理性，但缺少使开发项目参与各方的意图得到充分表达的编制和实施程序。通常设计方案由政府审批赋权，虽然规划方案的技术合理性与城市的公共利益或许可以得到体现，但由于参与开发项目各方的利益诉求释放不充分或不平衡，体现利益诉求的过程不够透明，而使得规划方案在实施的过程中仍会受到阻力，规划实施的结果也往往不尽如人意。

第8章 转型期我国城市规划体系的变革展望

8.1 中国、日本、法国城市规划体系的异同及其原因

通过对中、日、法三个国家城市规划体系的横向比较，可以发现在城市化缓慢发展阶段、加速发展阶段、稳定发展阶段，三个国家的城市规划体系存在诸多相似之处。但与此同时，三个国家城市规划体系的差异也比较明显。以下将三个国家城市规划体系之间的异同及造成异同的原因分别进行梳理和总结。

8.1.1 中国、日本、法国城市规划体系的相似之处及其原因

城市规划是为应对城市化过程中的问题而出现的一种社会管理技术工具，与城市化的发展阶段之间具有某些相对应的规律性。在对中、日、法三个国家不同城市化发展阶段的城市规划体系进行比较后发现，三个国家在相同城市化发展阶段，其面临的城市问题相似，城市规划体系的发展和演进趋势也具有高度的相似性。但由于城市发展阶段的绝对时间不同，中国的城市规划体系仅在部分内容上表现出相似性。这些相似之处主要表现在：

（1）为了应对社会经济转型的需求，与城市化发展阶段相适应，逐步形成了由立法体系、技术体系、管理体系组成的较完整的现代城市规划体系。

（2）城市规划体系的演变具有阶段性。在城市化缓慢发展阶段，城市规划体系尚未形成，城市规划的任务更多地集中在通过城市基础设施建设应对工业化初期的城市问题等方面；在城市化快速发展阶段，城市规划体系的构成和内容侧重于集中政府力量对城市建设进行强力干预，以便对城市增长需求予以优先关注，以适应城市快速发展的需要；在城市化稳定发展阶段，城市规划体系的构成和内容侧重于整合相关领域的公共政策，调动国家、地方和社会各方面的力量，提高城市发展的质量和促进地方的多元发展。

（3）城市规划立法体系从国家主导的立法逐渐向以国家统一立法为主、地方性规章作为补充的方向转变。

（4）作为一般规律，城市规划技术体系由简单地聚焦于城市规划编制转变为包括战略性、规范性和修建性等不同类型，涉及区域、城市、城市局部等不同空间层次的

体系化内容。

（5）城市规划管理体系从划一的规范性管理逐渐转向统一的规范性管理与特殊的技术管理相结合。借助城市规划专业人员的技术力量，地方规划管理的内容趋于多样化。

通过上述比较可以发现，这些城市规划体系演变的共性与不同城市化发展阶段对城市空间管制的需求密切相关。城市规划体系随着工业化和城市化的演进由简入繁，趋于规范和完善，逐步由单纯的城市基础设施建设和空间管制的技术工具向基础设施建设、空间管制、公共政策、社会治理等多元化的治理工具转型。

8.1.2　中国、日本、法国城市规划体系的差异及其原因

通过对中、日、法三个国家城市规划体系的比较分析发现，日本与法国的城市规划体系的相似性更大，而中国的城市规划体系与日本和法国之间的差异之处更多。具体来看，差异之处主要表现在以下几个方面：

（1）总体来看，我国城市规划体系的框架与日本、法国相比较并无本质差别，但城市规划体系内容的完整性明显不足，法律地位不够明确甚至缺失，对城市建设的管制力度较弱。

（2）在城市规划立法体系方面，法国和日本的城市规划立法体系相对完善，法律法规之间具有明确的权力传递及划分关系。城市规划行政行为必须以法律法规为依据。城市规划权力的行使主要针对由社会资本进行的一般开发建设活动，而非重点解决上下级政府或政府内部的权力划分问题。城市规划权力的监督亦来自政府外部，而不是上级政府监督下级政府。这些都与我国截然不同。我国目前的城市规划立法还基本上停留在程序性立法的阶段，实质性立法的内容相对薄弱。由于法律法规的内容不完善，大量的城市规划内容依赖于法律效力较低的部门规章。我国有关城市规划的讨论焦点大多集中在政府内部规划权力的划分上，例如"多规合一""增长边界"等。也出现了"控规不控""修规边缘化"等有法不依的问题，上下级政府之间、政府各部门之间、政府与社会之间的关系仍待进一步厘清，城市规划体系的法治化道路任重道远。

（3）从城市规划技术体系看，日本和法国的城市规划技术体系中的技术性内容与规划管理体系相对应，相对清晰，即城市规划的技术性内容按照所涉及的空间范围与具有相应管理权限的政府层级相对应，层级较高的政府拥有协调广域规划内容的权限，而最基层的地方政府拥有最具体也是最多的规划管理权限。不存在同一项规划技术内容由不同层级的政府同时负责的情况，形成了城市规划"纵向分权"且"地方分权"的特征。相对于此，我国的城市规划技术体系在形式上与日本和法国的框架相似，但不同城市规划技术在实际运用过程中的分工还存在一些模糊之处。例如城市总体规划

和控制性详细规划继承了计划经济以来的城市总体规划—详细规划的二元体系，但从实际运行效果来看，城市总体规划的战略性不足，未能起到统领全局的作用；而控制性详细规划变成了直接落实城市总体规划的工具，对城市土地开发行为约束力不强，核心地位未能充分体现。同时，日本和法国的战略性规划对城市中的开发建设活动并不具备法律上的强制力，对城市开发建设活动的管制主要依靠具有强制力的规范性规划实现。但我国恰恰相反，作为战略性规划的城市总体规划具有最高的法律地位，而面对城市开发建设活动实施管制的控制性详细规划的法律地位反而较低，修建性详细规划则几乎没有法律地位。当然，我们应该清醒地认识到造成这种差异的原因并非源自城市规划技术体系本身，而在很大程度上是受到城市规划管理体系的影响和制约。后者又取决于我国政治体制及政府管理体制的整体架构与运行机制。

（4）从城市规划管理体系看，虽然中、日、法三个国家均脱胎于中央集权制的政治体制，但日本和法国在进入城市化稳定发展阶段后，城市规划出现了明显的地方分权化现象。城市规划的编制、审批和部分监督权力均由中央政府下放至地方政府，满足了多元化趋势下地方城市的发展诉求。但目前我国的城市规划管理仍然表现出高度的垂直管理特征。以城市总体规划为例，地方政府负责规划的编制和实施，但审批权力却在上级政府手中，导致规划责权分离和应对现实问题的迟缓。此外，由于现实中人民代表大会监督功能的缺位以及城市规划委员会的法律地位不清、委员构成的代表性受到质疑，导致城市规划缺乏普遍有效的监督，其权威性难以树立。

我国与日本、法国的城市规划体系之间存在诸多差异。究其原因，一方面，与我国城市化所处的发展阶段有关。过去 40 年，我国经历了城市化加速发展阶段，城市空间剧烈扩展，导致城市规划的编制时常滞后于城市空间快速扩展的需求。事实上，日本和法国在城市化加速发展阶段，也曾出现过城市空间发展失控的现象，但同时，城市规划体系也在不断完善并逐步趋于成熟。由此也可以看出，城市规划体系需要根据具体国家或地区的社会经济发展转型而不断调整和重构。另一方面，造成我国城市规划体系与日本和法国相异的根源也与我国独特的政治经济体制有关。事实上的"纵向集权、横向分权"的政府行政管理体制决定了上下级政府之间的责权不统一、政府各个部门之间的权力划分不清晰，因而导致了城市规划效力和效率下降、"多规并存"等现象和问题。同时，在我国城市规划体系中，政府权力干预市场运行的边界不清也是造成诸多问题的一个重要方面。由于政府对城市开发建设行为进行管制的边界较为模糊，并且这一过程的透明度有限以及对政府行为监督机制的缺位，造成政府通过城市规划干预市场的行政行为难以得到有效监管。权力行使过程中的随意性导致有法不依问题突出，甚至腐败层出不穷，城市规划的法治化难以得到保障。

8.2　我国城市规划体系的宏观环境展望

8.2.1　我国社会经济转型的趋势

我国的经济发展结束了以往两位数超高速增长的时代，进入了中高速增长的经济新常态。经济结构转型和社会发展质量的提升成为新时期发展的焦点和重点。改革开放以来高速发展的工业化造成了严重的产能过剩和环境污染问题，面向产业结构优化、构建生态友好型产业体系是未来经济发展的重要方向。2015年中共中央颁布了《生态文明改革总体方案》，对生态环境的关注将成为未来政府工作的重点。另一方面，经济社会的快速发展也带来了个体之间收入增长速度的不同，贫富差距正在成为一种社会性的问题。对经济发展效率的追求与保障社会公平之间的平衡越来越成为社会关注的焦点。2015年我国的城镇化率在统计上超过了56%，标志着我国的城市化进程进入了加速发展阶段的中后期，城市空间演化逐步由外延式增量扩张向增量扩张和存量优化并重转变，城市化发展更加注重质量提升和人居环境的改善。因此，城市规划体系的发展和演化将更加关注旧城更新、城乡关系、环境敏感区域保护等不同领域中的议题。城市规划体系从以往应对城市增量扩张的单纯的技术工具逐步向技术工具和公共政策工具叠加的综合性方向发展已成为社会需求的主流和大势所趋。

8.2.2　市场化转型加速的趋势

中共十八届三中全会提出"建设统一开放、竞争有序的市场体系，使市场在资源配置中起决定性作用"，从政策层面进一步界定了政府与市场之间的关系与职能分工，显示出市场化改革将进一步向深层次发展。这次会议指出，紧紧围绕使市场在资源配置中起决定性作用这一目标，深化经济体制改革，坚持和完善基本经济制度，加快完善现代市场体系、宏观调控体系、开放型经济体系，加快转变经济发展方式，加快建设创新型国家，推动经济更有效率、更加公平、更可持续发展。面对市场化转型加速的发展趋势，城市规划体系应该充分发挥其公共政策的属性以及城市空间管制工具的职能，在厘清政府与市场关系的界限，保障公共利益不受损害的前提下，尽量减少政府对市场的过度干预，使城市发展能够按照市场规划健康有序地进行，推动城市规划由刚性技术工具向综合性公共政策工具转型，逐步实现城市规划的角色由城市发展的强势主导者向城市发展规则的制定与执行"裁判"转变。

8.2.3　法治化转型加强的趋势

中共十八届四中全会明确提出了建设中国特色社会主义法治体系的总目标以及建设社会主义法治国家的总体目标。四中全会还进一步提出，在中国共产党的领导下，坚持中国特色社会主义制度，贯彻中国特色社会主义法治理论，形成完备的法律规范体系、高效的法治实施体系、严密的法治监督体系、有力的法治保障体系，形成完善的党内法规体系，坚持依法治国、依法执政、依法行政共同推进，坚持法治国家、法治政府、法治社会一体建设，实现科学立法、严格执法、公正司法、全民守法，促进国家治理体系和治理能力现代化。城市规划作为社会治理中公共政策的重要组成部分，应该顺应国家法治化转型的宏观趋势，加快城市规划立法体系建设，重点完善不同层次城市规划法规体系之间的衔接，加大城市规划管理执法的监督力度，强调按照法定城市规划指导城市空间开发与建设，避免行政自由裁量权过大对城市规划实施带来的巨大挑战。同时，城市规划也应不断提升公众参与的参与程度和覆盖面，推动城市规划委员会向社会代表性和权威性的方向发展。

8.3 我国城市规划体系变革的展望与建议

8.3.1 城市规划立法体系的展望与建议

根据当前我国城市规划立法体系存在的问题，借鉴日本和法国城市规划立法的成功经验，对我国城市规划立法体系的完善和提升可以提出如下建议：

1. 从程序性立法到实质性立法

首先，需要推动我国城市规划从程序性立法尽快向包含规划技术内容在内的实质性立法过渡。改变以往以城市规划编制、审批、实施等流程为主的程序性立法形式，将城市规划的技术性内容列入不同的法律法规以及部门规章和地方性条例之中，以满足城市化加速发展中后期对城市规划技术与管理日趋精细化的需求，真正做到城市规划行政的有法可依。同时，明确法律、法规、规章、政策之间的优先顺位、相互关系和职能分工，增强各种、各层级法律法规之间的衔接性，尽快形成完善的城市规划立法体系。

2. 加强城市规划立法协调机构的建设

建议在中央政府中设立或加强专门的常设机构，统筹城市规划法律法规及部门规章的制定。城市规划法律法规体系建设是一项复杂的系统工程，除城市规划主干法外，不同机构、不同部门对城市规划配套法和相关法内容的理解不一致有可能会导致城市规划在实施的过程中出现矛盾、冲突和断档的现象，因此，通过设置协调城市规划相关法律法规内容的机构，加快城市规划主干法、配套法、相关法等城市规划立法体系的建设，构建适应社会经济转型所急需的城市规划法律法规体系。

3. 推动城市规划地方立法

应高度重视地方城市规划法规体系的建设。由于我国国土范围广阔、自然环境差异大、发展水平不一等原因，很难构建适用于所有区域和城市发展需要的单一的城市规划法律法规体系，因此，应高度重视地方城市法规体系的建设，赋予城市规划地方立法更大的空间，在遵守国家城市法规立法体系原则的前提下，鼓励地方建立符合地域特色的城市规划法规体系是完善我国城市规划立法体系的重要举措。

4.尽快配套城市规划违法处罚机制

尽快完善城市规划违法处罚相关的立法工作。严肃追究涉及城市规划违法行为的责任，无论是作为管理者的政府一方，还是从事城市开发建设活动的一方。除行政处罚外，探索追究恶意或严重违反城市规划的行为的刑事责任的可能性。加大对城市规划违法行为的处罚力度，提高城市规划违法成本，增强城市规划的权威性和严肃性，最大可能地发挥城市规划的法律效力，为城市规划的依法行政保驾护航。

8.3.2 城市规划技术体系的展望与建议

针对当前我国城市规划技术体系存在的问题，借鉴日本和法国城市规划技术体系的成熟经验，对完善我国的城市规划技术体系提出如下建议：

1.以土地利用规划控制为核心的城市规划体系

从日本和法国城市规划技术体系的形成与发展中可以看出，由不同类型的规划构成的结构完整、分工明确的结构框架以及对城市开发建设行为实施有效管制的技术工具是城市规划技术体系的核心与关键。目前我国的城市规划技术体系在结构框架上基本完整，需要进一步完善的是明确框架内各类规划的性质和分工。城市总体规划负责对城市的中长期发展提供战略性引导，应具有较强的战略性和稳定性。理想的城市总体规划仅对政府部门内部的各种相关行为形成引导和制约，但并不作为政府对城市中的一般性开发建设活动实施管制的依据，因而其内容多为政府的政策性宣言，而不必因下位规划中的局部调整而频繁变更。详细规划（包括控制性详细规划和修建性详细规划）则在城市总体规划所确定的原则下，对规划范围内的所有开发建设行为实施管制。因此，详细规划在不违反城市总体规划所确定的原则的范围内具有一定的灵活调整余地，但详细规划的调整幅度必须是明确且不违反城市总体规划原则的。如此，城市总体规划的权威性和详细规划的可操作性可同时得到体现。

与此相适应的是，城市总体规划往往涉及某些超越自身行政管辖范围的政策与设施建设等事项，因此，其内容必须符合上位规划，接受来自上级政府的协调与监督；而详细规划需要为小至地块尺度的开发行为提供管制依据，因而其内容具有强烈的在地性和事无巨细的详细程度。

另一方面，城市规划的任务，除需要对城市基础设施等公共投资项目进行统筹安排外，更重要的是，需要提供对所有城市开发建设行为实施管制的法定依据。因此，有关土地利用的规划内容势必成为整个城市规划技术体系的核心和关键，进而成为规划编制、审批与实施过程中各方利益博弈的焦点。换言之，整个城市规划技术体系需要围绕这一核心与关键问题选择使用合适的规划技术。

2. 刚性与弹性相结合的城市规划技术体系

城市规划的刚性与弹性是一个伴随其实践过程的永恒话题。城市规划刚性过强难免对社会经济发展的需求应对不足或不及时；而弹性过大又会失去其作为社会运行规则的严肃性、公平性和权威性。因此，寻求城市规划刚性与弹性之间的平衡是构建城市规划体系中的重大问题。解决这一平衡问题的基本思路是：限定刚性内容的范围，明确弹性内容的变化幅度。由于城市总体规划通常并不涉及对具体开发行为的判断，因此，这一问题也更多地体现在详细规划层面。

限定刚性内容的范围是指在对具体开发活动实施规划控制的过程中，与城市道路、公园等城市基础设施以及公立医院、学校、公益性文化设施等公共设施用地相关的控制范围和指标不宜变更，而其他类型的用地控制指标则可以在不违反规划原则和意图的前提下，保留进行灵活调整的可能。前者的种类越少，用地规模在总用地中所占比例越小，其实现的阻力越小。事实上，在日本和法国这种采用土地私有制的国家中，保障公共设施用地的手段主要是对土地的征收而非城市规划。对于弹性指标的运用，通过用地兼容性实现城市土地的有序混合使用是最常见的。必须指出的是，这种弹性必须有明确的范围和界限。对弹性的范围和界限的确定，在技术上需要能够回应对其与规划目标之间的吻合程度以及合理性的质疑；在程序上需要满足包括公众参与在内的一定条件。例如对于控制性详细规划而言，每一种用地分类中允许或禁止的建设行为类型的选择以及对这些行为明确、详尽的界定是控制性详细规划技术能够既保持一定的控制效果，又具有一定灵活性的关键。

3. 体现地方特色的城市规划技术体系

我国的国土幅员辽阔，自然地理条件、人文环境以及社会经济发展水平差别巨大，因此，城市规划技术体系的构建必须考虑到这一国情特征。在我国未来的规划技术体系中，应照顾到城市整体与局部、一般开发活动与重点开发地区、发达地区与欠发达地区城市之间的区别，鼓励开发相应的规划技术。构建城市规划技术体系的具体思路是，建立全国统一的城市规划技术基础体系，并为各地在这一体系的基础上结合各自的特点设立多样化的城市规划技术留出接口。

对于涉及为城市社会经济发展提供技术性服务的设施和用地类型，例如城市基础设施、公益性设施以及居住、商业服务和产业用地的基本类型宜采用全国统一的技术标准，并在标准内照顾到各个地区的差异。城市总体规划、控制性详细规划属于承载这类规划技术的载体。其中仍包括为各地在具体的规划编制和实施中留出的技术性可调整内容，例如对混合用地的分类及其相关规定等。

在此基础之上，对于希望解决城市中特定问题或体现特定规划意图的城市，可授权编制某些叠加在基础性规划之上的规划。这种规划可以有很多种类，例如历史文化街区保护规划、旧城改造规划、环境整治提升规划、轨道交通站点周边地区规划等，不一而足。这些规划可以作为控制性详细规划的一部分替代原有的规划内容，也可以作为叠加规划，在保留原有内容的基础上，额外增添相应的规划内容，亦可作为修建性详细规划的一种进行编制。为实现城市规划技术体系的多样化目标，在规划技术体系上需要明确基础规划与附加规划之间的关系并留有接口，在制度上要赋予这些特色规划内容以法定地位。

此外，对于城市景观风貌规划、城市设计等带有较强审美和主观色彩的规划，可以将其纳入法定规划的系列，但尽量减少其编制义务和内容的强制性色彩。

8.3.3 城市规划管理体系的展望与建议

针对当前我国城市规划管理体系存在的问题，在借鉴日本和法国城市规划管理成熟经验的基础上，提出完善城市规划管理体系的如下建议：

1. 明确城市规划行政部门的权限

在包括日本、法国在内的当代西方工业化国家中，法律法规对城市规划主管部门的权限和行使权力时的范围都有较为明确的界定。城市规划主管部门或其上级部门对相关法律法规及其合法性并不拥有最终解释判定的权力。从社会治理的角度看，除司法机构外，城市规划技术本身的中立特征甚至也扮演着类似于裁判的角色。参与城市规划管理的各方，包括行使管理权的政府部门以及被管理的开发者，均以城市规划技术文件为依据，通过相对公开、透明的博弈来保障公共利益或维护自己的权益。这对提高政府办事效率，遏制行政部门因自由裁量权过大而产生腐败行为有不可轻视的作用，值得借鉴。

2. 完善城市规划公众参与制度

城市规划在本质上是体现公共政策，管制城市空间开发的工具。在日本和法国的城市规划编制、审批、实施过程中，公众拥有充分获取相关信息，参与并表达自己意见的权利。在这种环境下产生的城市规划是政府、市场与社会多方参与博弈的结果，充分体现了城市发展过程中各方的利益诉求。公众利益并不单纯由政府代表，而是通过代议和公众参与的形式得到保障。我国的城市规划更多地表现为指导城市空间开发的技术工具。虽然2007年《城乡规划法》提出了公众参与的法定程序，但从城市规划实践来看，公众参与多流于形式，特别是与公众利益紧密相关的微观层面规划的公众参与度严重不足。城市规划体系有意无意地侧重于满足政府和市场主体在城市开发中的利益诉求，而对公共利益的体现不够明显。因此，在国家推行以人为本的新型城镇化理念下，我国城市规划管理体系应该朝着更加突出公众参与的方向变革，在城市开发过程中充分保障公共利益和个人合法权益，以顺应转型期社会经济发展的内在需求。

3. 健全城市规划管理的监督机制

如果说城市规划公众参与是对代议制民主制度的一种补充的话，那么代议制本身就是保障公共利益，行使政府监督职能的主体。在我国现行城市规划管理体系下，监督的主体既包含了体现代议制民主的人民代表大会及其常务委员会，也包括了作为行政系统内部监督机制的上级政府。但是，现实中，无论是人民代表大会还是社会公众，都对城市规划的监督职能体现得不充分，对城市规划运行的监督主要来自于自上而下的行政系统的监督检查。因此，建立有效的城市规划外部监督机制就显得尤为重要。在城市规划编制与审批阶段，虽然公众听证、专家论证已被纳入法定环节，但在城市规划决策环节，城市规划委员会的职能与人员构成均需要进一步明确和完善；在城市规划的实施阶段，需要健全城市规划实施权与监督权分离的城市规划管理机制，强化对城市规划实施的监督管理。城市规划管理监督机制的建立健全是推动城市规划法治化的重要路径。

4. 推动城市规划的地方分权

日本和法国在进入城市化稳定发展阶段后，不约而同地采取了以地方分权为核心的城市规划管理制度改革。改革的结果是形成了中央政府负责宏观国土开发格局的规划指引，地方政府完全拥有城市规划编制权和审批权的格局，即城市规划的地方分权。虽然我国仍然处于城市化加速发展阶段的中后期，但也出现了由加速发展阶段向稳定发展阶段过渡的迹象。以往在城市规划编制和实施过程中，高度的中央集权机制导致了地方政府的规划编制权、实施权与审批权的分离。这导致了城市规划对城市空间开发的引导效力与效率的降低。此外，我国地域广阔，各个地区的发展阶段和类型多样，自上而下地按照统一标准开展的城市规划管理难以适应地方多样化发展的诉求。所以，应结合城市规划法定内容的调整，赋予地方政府更多的城市规划管理权限。因此，以地方分权为导向的城市规划制度变革以及权责统一的城市规划管理体系的构建是完善未来我国城市规划体系的重要方向。

参考文献

[1] COULAIS J F, GENTELLE P. Paris et l'Ile-de-France[M]. Paris: Édition BELIN, 2003.

[2] Direction générale de la coopération internationale et du développement, ministère desAffaires étrangères[J]. Spatial Planning & Sustainable Development Policy in France, 2006.

[3] SCoT 全景图 . Fédération Nationale de SCoT. Panorama des SCoT.https://www.fedescot. org[EB/OL].

[4] FUKUTAKE T. The Japanese social structure [M]. Tokyo: University of Tokyo Press, 1982.

[5] GRIDAUH. Droit de l'aménagement, de l'urbanisme et de l'habitat[J]. Le moniteur, 2002.

[6] JACQUOT H, PRIET F. Droit de l'urbanisme (5e édition) [M]. Dalloz, 2004.

[7] SAVARIT-BOURGEOIS I. L'essentiel du droit de l'urbanisme[J]. Gualino éditeur, 2007.

[8] BASTIÉ J.La croissance de la Banlieue Parisienne[M]. Paris: Presses Universitaires de France, 1964.

[9] La loi solidarité et renouvellement urbains: analyse et commentaires[J]. Éditions de la letter du cadre territorial – SEPT, 2002.

[10] LIEBERTHAL K G, LAMPTON D M. Bureaucracy, politics, and decision making in post-Mao China[M]. Los Angeles, Oxford: University of California Press, 1992.

[11] COULAUD M D. La politique de la France en Matière d'urbanisme[J]. Ministère del'Équipement, des Transports et de Logement, Direction Générale de l'Urbanisme, del'Habitat et de la Construction. Paris.

[12] OKSENBERG M. Policy making in China: leaders, structures, and processes[M]. Princeton, N.J.: Princeton University Press, 1988.

[13] GERARD P. Pratique du droit de l'urbanisme: urbanisme réglementaire, individuel et opérationnel (3e édition) [M]. Éditions Eyrolles, Paris, 2002.

[14] MERLIN P, CHOAY F. Dictionnaire de l'urbanisme et de l'amenagement[M]. Presses Universitaires de France, 1988.

[15] MERLIN P. L'aménagement du territoire en France[M]. La documentation Francaise, 2010.

[16] SOLER-COUTEAUX P，CARPENTIER E. Droit de l'urbanisme[M].Dalloz-Sirey. 2015.

[17] TRONCCHON P. L'URBANISME：des outils pour aménager la France[M].Paris：Édition Publisud，1993.

[18] SHIRK S. The political logic of economic reform in China[M]. Berkeley：University of California Press，1993.

[19] YANG D L. Remaking the Chinese leviathan：market transition and the politics of governance in China[M]. Stanford，California：Stanford University Press，2004.

[20] 安德鲁·戈登 . 日本的起起落落——从德川幕府到现代 [M]. 李朝津，译 . 桂林：广西师范大学出版社，2008.

[21] 白幡洋三郎 . 近代都市公园史——欧化的源流 [M]. 北京：新星出版社，2014.

[22] 白韵溪，陆伟，刘涟涟 . 基于立体化交通的城市中心区更新规划——以日本东京汐留地区为例 [J]. 城市规划，2014，7.

[23] 鲍世行 . 规划要发展，管理要强化——谈控制性详细规划 [J]. 城市规划，1989.

[24] 贝纳沃罗 . 世界城市史 [M]. 北京：科学出版社，2000.

[25] 蔡鸿源 . 民国法规集成 [M]. 合肥：黄山书社出版社，1999.

[26] 蔡震 . 我国控制性详细规划的发展趋势与方向 [D]. 北京：清华大学，2004.

[27] 曹国丽 . 论公共权力的制约和公共责任的实现 [D]. 长春：吉林大学，2004.

[28] 陈崇武 . 法国政治现代化开端的一项重要举措——大革命头两年（1789—1791 年）的区域划分与行政改革 [J]. 华东师范大学学报（哲学社会科学版），1998（1）：7-13.

[29] 陈锋 . 转型时期的城市规划与城市规划的转型 [J]. 城市规划，2004，8.

[30] 陈鹏 . 从目标导向到底线优先——基于认识论的城市规划发展探讨 [J]. 规划师，2011.

[31] 陈晓丽 . 社会主义市场经济条件下城市规划工作框架研究 [M]. 北京：中国建筑工业出版社，2007.

[32] 城市规划资料集（第四分册）[M]. 北京：中国建筑工业出版社，2002.

[33] 崔成，明晓东 . 日本大都市圈发展的经验与启示 [J]. 中国经贸导刊，2014，24.

[34] 淳于淼泠 . 日本的古城堡 [J]. 重庆建筑大学学报：社科版，2000（3）：54，60.

[35] 大塩洋一郎 . 日本的都市计画法 [M]. 东京：ぎょうせい，1981.

[36] 《当代中国》丛书编辑委员会 . 当代中国的城市建设 [M]. 北京：当代中国出版社，2009.

[37] 董鉴泓 . 中国城市建设史 [M]. 北京：中国建筑工业出版社，2009.

[38] 东京都都市计画局总务部总务课 . 都市计画的概述 [M]. 东京都政策报道室情报公开课，2000.

[39] 东京都都市计画局总务部相谈情报课 . 東京の都市计画百年 [M]. 东京：东京都情报联络室，1990.

[40] 都市计画教育研究会.都市计画教科书（第 3 版）[M].株式会社章国社，2003.

[41] 方仲炳，等.法律基础教程.北京：中国检察出版社，2002.

[42] 傅华，郭艳萍.古代城市的规划与建设——中日文化交流的一个侧面 [J].日本学论坛，1999，03.

[43] 高春茂.日本的区域与城市规划体系 [J].国外城市规划，1994，2.

[44] 高木任之.イラストレーション都市计画法（第三版）[M].京都：学芸出版社，2010.

[45] 高中岗.中国城市规划制度及其创新 [D].上海：同济大学，2007.

[46] 高中岗.论我国城市规划行政管理制度的创新 [J].城市规划，2007，8.

[47] 高中岗，张兵.论我国城市规划编制技术制度的创新 [J].城市规划，2009，7.

[48] 高中岗，张兵.对我国城市规划发展的若干思考和建议 [J].城市发展研究，2010，2.

[49] 耿慧志，赵鹏程，沈丹凤.地方城乡规划编制与审批法规的完善对策——基于地方城市规划条例的考察 [J].规划师，2009，4.

[50] 谷春德.法律基础 [M].北京：中国人民大学出版社，2001.

[51] 国家建设部编写组.国外城市化发展概况 [M].北京：中国建筑工业出版社，2003.

[52] 何流，文超祥.论近代中国城市规划法律制度的转型 [J].城市规划，2007.

[53] 何明俊.中国城市规划的转型与变革——作为公共行政管理的城市规划 [J].2005 年城市规划论文集，2005，9.

[54] 胡文娜.国际新城新区建设实践（十三）：法国新城——建设背景与发展历程（1）[J].城市规划通讯，2015（13）.

[55] 黄道远.1927—1937 年南京城市规划作用机制研究 [D].北京：清华大学，2015.

[56] 建设部城乡规划司.境外城市规划法编译与比较研究（内部资料）.2005.

[57] 建设省监修.日本の都市—昭和 58 年度版 [M].社团法人建设广报协议会，1983.

[58] 建设省都市局都市计画课监修.逐条问答称市计画法的运用（第 2 次修订版）[M].株式会社ぎょうせい，1991.

[59] 建设省都市计画局都市计画课监修.平成 12 年改正都市计画法.建筑基准法的解说 Q & A [M].东京：大成出版社，2000.

[60] 建设省监修，都市行政研究会编集.日本都市（平成 10 年度版）[M].第一法规出版株式会社，1999.

[61] （英）科林·琼斯.剑桥法国史 [M].北京：世界知识出版社，2004.

[62] 马尔尚，谢洁莹.巴黎城市史：19–20 世纪：Paris, histoire d'une ville：XIX–XX siècle[M].北京：社会科学文献出版社，2013.

[63] 李东泉，陆建华，苟开刚，等.从政策过程视论新时期我国城乡规划管理体系的构成 [J].城市发展研究，2011，18（2）.

[64] 李枫，张勤."三区""四线"的划定研究——以完善城乡规划体系和明晰管理事权为

视角 [J]. 规划师，2012，10.

[65] 李浩 . 城镇化率首次超过 50% 的国际现象观察——兼论中国城镇化发展现状及思考 [J].
城市规划学刊，2013（1）：43-50.

[66] 李京生 . 日本的城市总体规划 [J]. 国外城市规划，2000，4.

[67] 李强，陈宇琳，刘精明 . 中国城镇化"推进模式"研究 [J]. 中国社会科学，2012，7.

[68] 李晓江，张菁，董珂，等 . 当前我国城市总体规划面临的问题与改革创新方向初探 [J].
上海城市规划，2013，3.

[69] 刘春茂 . 中国法律体系与法学原理 . 北京：法律出版社 . 1997.

[70] 刘健 . 巴黎地区区域规划研究 [J]. 北京规划建设，2002，1.

[71] 刘健 . 马恩拉瓦莱：从新城到欧洲中心——巴黎地区新城建设回顾 [J]. 国际城市规划，
2002（1）：27-31.

[72] 刘健 . 基于区域整体的郊区发展——巴黎的区域实践对北京的启示 [M]. 南京：东南大
学出版社，2004.

[73] 刘健 . 法国城市规划管理体制概况 [J]. 国外城市规划，2004，5.

[74] 刘健 . 20 世纪法国城市规划立法及其启发 [J]. 国外城市规划，2004，5.

[75] 刘健 . 基于城乡统筹的法国乡村开发建设及其规划管理 [J]. 国际城市规划，2010，2.

[76] 刘健 . 法国国土开发政策框架及其空间规划体系：特点与启发 [J]. 城市规划，2011，8.

[77] 刘健 . 城市快速发展时期的社会住房建设：法国的教训与启发 [J]. 国际城市规划，
2012，27（4）：7-16.

[78] 刘健 . 法国历史街区保护实践——以巴黎市为例 [J]. 北京规划建设，2013（4）：22-
28.

[79] 刘健 . 注重整体协调的城市更新改造：法国协议开发区制度在巴黎的实践 [J]. 国际城
市规划，2013，6.

[80] 刘健 . 巴黎精细化城市规划管理下的城市风貌传承 [J]. 国际城市规划，2017（2）：
79-85.

[81] 刘健，周宜笑 . 从土地利用到资源管治，从地方管控到区域协调——法国空间规划体
系的发展与演变 [J]. 城乡规划，2018（6）：40-47-66.

[82] 刘健 . 巴黎德方斯：从郊区极核到区域中心的蜕变 [M]// 冯奎 . 中国新城新区发展报告 .
北京：企业管理出版社，2016：534-557.

[83] 刘丽，张彬 . 美国政府间事权、税权的划分及法律平衡机制 [J]. 湘潭大学学报（哲学
社会科学版），2012，36（6）：65-69.

[84] 刘沛林，杨载田 . 中国古代都城模式对日本都城制度的影响 [J]. 衡阳师范学院学报，
1989（2）：23-28.

[85] 刘武君 . 日本地区规划制度简介 [J]. 国外城市规划，1990，1.

[86] 刘武君. 日本地区规划制度介绍 [J]. 国外城市规划，1993，2.

[87] 刘武君，刘强. 日本城市规划法研究 1-4[J]. 国外城市规划，1993，2.

[88] 刘武君，刘强. 日本城市规划法研究 1-4[J]. 国外城市规划，1993，3.

[89] 刘武君，刘强. 日本城市规划法研究 1-4[J]. 国外城市规划，1993，4.

[90] 刘武君，刘强. 日本城市规划法研究 1-4[J]. 国外城市规划，1994，1.

[91] 刘武君，刘强. 环境与开发：关于 1992 年日本城市规划法修改的研究 [J]. 国外城市规划，1996，1.

[92] 刘玉民. 重心下移后的城市建设——巴黎的城市规划体系 [J]. 北京规划建设，2004，10.

[93] 柳沢厚，野口和雄，日置雅晴. 自治体都市计划的最前沿 [M]. 京都：学芸出版社，2007.

[94] 柳意云，闫小培. 转型时期城市总体规划的思考 [J]. 城市规划，2004，11.

[95] 吕斌. 日本经济高度增长与快速城市化阶段的城市规划 [J]. 国外城市规划，2009：增刊.

[96] 吕帅，等. 日本行政区划体制的形成与改革及其对中国的启示 [J]. 中国人口·资源与环境，2007，1.

[97] 吕维娟，殷毅. 土地规划管理与城乡规划实施的关系探讨 [J]. 城市规划，2013（10）：34-38.

[98] 陆君超. 上海公共租界"规划"与城市空间形成 [D]. 北京：清华大学，2013.

[99] 麻宝斌. 公共利益与政府职能 [J]. 公共管理学报，2004，2.

[100] 门晓莹，徐苏宁. 基于建立权力清单的城乡规划管理改革探索 [J]. 城市规划学刊，2014（12）：23-27.

[101]（法）米绍，张杰，邹欢. 法国城市规划四十年 [M]. 北京：社会科学文献出版社，2007.

[102] 尼格尔·泰勒.1945 年后西方城市规划理论的流变 [M]. 李白玉，陈贞，译. 北京：中国建筑工业出版社，2010.

[103] 牛锦红. 近代中国城市规划法律文化探析——以上海、北京、南京为中心 [D]. 苏州：苏州大学，2011.

[104] 彭坤焘，赵民. 关于"城市空间绩效"及城市规划的作为 [J]. 城市规划，2010，8.

[105] 仇保兴. 中国城市化进程中的城市规划变革 [M]. 上海：同济大学出版社，2005.

[106] 仇保兴. 转型期的城市规划变革纲要 [J]. 规划师，2006，3.

[107] 仇保兴. 追求繁荣与舒适：中国典型城市规划、建设与管理的策略 [M]. 北京：中国建筑工业出版社，2007.

[108] 仇保兴. 城市转型与重构进程中的规划调控纲要 [J]. 城市规划，2012，1.

[109] 全国城市规划执业制度管理委员会. 城市规划管理与法规 [M]. 北京：中国计划出版社，2002.

[110] 全国城市规划执业制度管理委员会. 城市规划原理 [M]. 北京：中国计划出版社，2002.

[111] 全国城市规划执业制度管理委员会. 城市规划法规文件汇编 [G]. 北京：中国计划出版社，2002.

[112] 任致远. 关于我国城乡规划法规体系建设简议 [J]. 城市发展研究，2015（1）：16–21.

[113] 日本都市计划学会地方分权研究小委员会. 都市计划的地方分权——まちづくりへの実践 [M]. 京都：学芸出版社，1999.

[114] 日本都市計画学会. 都市計画マニュアルⅠ、Ⅱ [M]. 东京：丸善株式会社，2002，2003.

[115] 日本建筑学会编. まちづくり教科書第 1 卷まちづくりの方法 [M]. 东京：丸善株式会社，2004.

[116] 上海城市规划志编纂委员会. 上海城市规划志 [M]. 上海：上海社会科学院出版社，1999.

[117] 上海城市总体规划 2040[OL]. http：//www.supdri.com/2040/.

[118] 石楠. 试论城市规划社会功能的影响因素——兼析城市规划的社会地位 [J]. 城市规划，2005，8.

[119] 石楠. 论城乡规划管理行政权力的责任空间范畴——写在《城乡规划法》颁布实施之际 [J]. 规划师，2008，2.

[120] 石田赖房. 日本近代都市计划的展开 1868–2003[M]. 东京：自治体研究社，2004.

[121] 施卫良，邹兵，金忠民，等. 面对存量和减量的总体规划 [J]. 城市规划，2014（11）：16–21.

[122] 苏则民. 城市规划史稿（古代篇·近代篇）[M]. 北京：中国建筑工业出版社，2008.

[123] 孙施文. 城市建设规划管理初探 [J]. 城市规划，1993，3.

[124] 孙施文. 城市规划的实践与实效 [J]. 规划师，2000，2.

[125] 孙施文. 有关城市规划实施的基础研究 [J]. 城市规划，2000，7.

[126] 孙施文. 城市公共政策与城市规划政策概论——城市总体规划实施政策研究 [J]. 城市规划汇刊，2000，11.

[127] 孙施文. 城市总体规划实施政策的理性过程 [J]. 城市规划汇刊，2001，2.

[128] 孙翔. 广州近期建设规划工作思考 [J]. 规划师，2004，1.

[129] 簑原敬. 都市計画の挑戦—新しい公共性を求めて [M]. 京都：学芸出版社，2000.

[130] 谭纵波. 日本城市规划行政体制概观 [J]. 国外城市规划，1999，4.

[131] 谭纵波. 日本的城市规划法规体系 [J]. 国外城市规划，2000，1.

[132] 谭纵波. 国外当代城市规划技术的借鉴与选择 [J]. 国外城市规划，2001，1.

[133] 谭纵波. 从西方城市规划的二元结构看总体规划的职能 [C]//2004 年城市规划年会论文集. 2004.

[134] 谭纵波. 物权法语境下的城市规划 [J]. 国外城市规划，2007，12.

[135] 谭纵波 . 从中央集权走向地方分权——日本城市规划事权的演变与启示 [J]. 国外城市规划，2008，2.

[136] 唐子来，李京生 . 日本城市规划体系 [J]. 规划师，1999，4.

[137] 陶松龄，陈蔚镇 . 上海城市形态的演化与文化魅力的探究 [J]. 城市规划，2001，1.

[138] 陶学荣 . 中国行政体制改革研究 [M]. 北京：人民出版社，2006.

[139] 同济大学，天津大学，重庆大学，等 . 控制性详细规划 [M]. 北京：中国建筑工业出版社，2011.

[140] 万振 . 巍巍壮观的日本古城堡 [J]. 当代世界，2002（1）：47–48.

[141] 汪坚强 . 溯本逐源：控制性详细规划基本问题探讨——转型期控规改革的前提性思考 [J]. 城市规划学刊，2012（06）：58–65.

[142] 汪玉凯 . 中国行政体制改革 30 年回顾与展望 [M]. 北京：人民出版社，2008.

[143] 王晖 . 日本古代都城条坊制度的演变 [J]. 国际城市规划，2007，01.

[144] 王树义，周迪 . 论法国环境立法模式的新发展 [J]. 法制与社会，2015，02.

[145] 王维坤 . 隋唐长安城与日本平城京的比较研究——中日古代都城研究之一 [J]. 西北大学学报（哲学社会科学版），1990（1）：101–110.

[146] 王唯山 . "三规"关系与城市总体规划技术重点的转移 [J]. 城市规划，2009，5.

[147] 王亚男，1900—1949 年北京的城市规划与建设研究 [M]. 南京：东南大学出版社，2008.

[148] 王郁 . 日本城市规划中的公众参与 [J]. 人文地理，2006，4.

[149] 魏枢 . "大上海计划"启示录 [M]. 南京：东南大学出版社，2011.

[150] 文超祥，马武定 . 论城市总体规划实施的激励与约束机制 [J]. 城市规划，2013，1.

[151] 文政 . 中央与地方事权划分 [M]. 北京：中国经济出版社，2008.

[152] 吴良镛 . 人居环境科学导论 [M]. 北京：中国建筑工业出版社，2001.

[153] 吴志强，唐子来 . 论城市规划法系在市场经济条件下的演进 [J]. 城市规划，1998，3.

[154] 伍江 . 上海百年建筑史（1840—1949）[M]. 上海：同济大学出版社，1997.

[155] 武廷海 . 中国近代区域规划 [M]. 北京：清华大学出版社，2006.

[156] 奚文沁 . 巴黎历史城区保护的类型与方式 [J]. 国外城市规划，2004，5.

[157] 夏南凯，田宝江 . 控制性详细规划（第二版）[M]. 北京：中国建筑工业出版社，2011.

[158] 小林重敬 . 新时代的都市计画——分权社会的都市计画 [M]. 東京：ぎょうせい，1999.

[159] 小林重敬 . 地方分权时代のまちづくち条例 [M]. 京都：学芸出版社，1999.

[160] 谢英挺，王伟 . 从"多规合一"到空间规划体系重构 [J]. 城市规划学刊，2015（3）：15–21.

[161] 谢振民 . 中华民国立法史（上）[M]. 北京：中国政法大学出版社，2000.

[162] 辛传海 . 中国行政体制改革概论 [M]. 北京：中国商务出版社，2006.

[163] 熊月之.上海通史·第十五卷 [M].上海：上海人民出版社，1999.

[164] 徐登明，吴晓临.东西合璧的明珠——日本百年强国历程 [M].哈尔滨：黑龙江人民出版社，1998.

[165] 杨保军，陈鹏.制度情境下的总体规划演变 [J].城市规划学刊，2012，1.

[166] 杨保军，闵希莹.新版《城市规划编制办法》解析 [J].城市规划学刊，2006，4.

[167] 杨保军，陈鹏.新常态下城市规划的传承与变革 [J].城市规划.2015（11）：9–15.

[168] 杨保军，张菁，董珂.空间规划体系下城市总体规划作用的再认识 [J].城市规划.2016（3）：9–14.

[169] 杨景宇.我国的立法体制、法律体系和立法原则.十届全国人大常委会第一次法制讲座 [OL].http：//book.people.com.cn/gb/special/class000000038/1/hwz237780.htm[2003–7–8].

[170] 姚传德，于利民.日本第一部《都市计划法》及其配套法令评析 [J].国际城市规划，2017（2）：94–100.

[171] 伊藤雅春，小林郁雄，澤田雅浩，等.都市計画とまちづくりがわかる本 [J].2011.

[172] 伊藤滋.市民参加の都市計画 [M].東京：早稲田大学出版部，1996.

[173] 尹强.冲突与协调——基于政府事权的城市总体规划体制改革思路 [J].城市规划，2004，4.

[174] 尹强.转型规划推动城市转型 [J].规划师，2012，11.

[175] 尹强.以城市总体规划为枢纽，完善空间规划体系 [J].城市规划，2015（12）：91–100.

[176] 尹向东."两规"协调体系初探 [J].城市规划，2008，2.

[177] 俞滨洋，曹传新.新时期推进城乡规划改革创新的若干思考 [J].城市规划学刊，2016（4）：10–21.

[178] 于海漪.南通近代城市规划建设 [M].北京：中国建筑工业出版社，2005.

[179] 于怡鑫，吕华侨，申峥峥，等.再城市化趋势下巴黎的人口调控措施与利弊时效权衡 [J].上海城市管理，2016，25（1）：56–61.

[180] 袁锦富，徐海贤，卢雨田，等.城市总体规划中"四区"划定的思考 [J].城市规划，2008，10.

[181] 张兵.论城市规划实效评价的若干基本问题 [J].城市规划汇刊，1996，2.

[182] 张兵.城市规划实效论——城市规划实践的分析理论 [M].北京：中国人民大学出版社，1998.

[183] 张京祥.西方城市规划思想史纲 [M].南京：东南大学出版社，2007.

[184] 张京祥，陈浩.中国的"压缩"城市化环境与规划应对 [J].城市规划学刊，2010（6）：10–21.

[185] 张恺，周俭.法国城市规划编制体系对我国的启示：以巴黎为例 [J].城市规划，2001，8.

[186] 张立荣.中外行政制度比较 [M].北京：商务印书馆，2002.

[187] 张尚武.城镇化与规划体系转型——基于乡村视角的认识 [J].城市规划学刊，2013
（6）：9-14.

[188] 张庭伟.技术评价，实效评价，价值评价——关于城市规划成果的评价 [J].国际城市
规划，2009，6.

[189] 张庭伟.中国规划改革面临倒逼：城市发展制度创新的五个机制 [J].城市规划学刊，
2014（5）：7-14.

[190] 张晓芾.当前我国控规"修改"状况解析——以某省会城市为例 [D].北京：清华大学，
2014.

[191] 张研，孙燕京.民国史料丛刊 [Z].郑州：大象出版社，2009.

[192] 赵民.城市规划行政与法制建设问题的若干探讨 [J].城市规划，2000，7.

[193] 赵民.推进城乡规划建设管理的法治化——谈《城乡规划法》所确立的规划与建设管
理的羁束关系 [J].城市规划，2006，12.

[194] 赵民，雷诚.论城市规划的公共政策导向与依法行政 [J].城市规划，2007，6.

[195] 赵民，郝晋伟.城市总体规划实践中的悖论及对策探讨 [J].城市规划学刊，2012，1.

[196] 赵燕菁.从城市管理走向城市经营 [J].城市规划，2002，11.

[197] 赵燕菁.制度经济学视角下的城市规划（上、下）[J].城市规划，2005，6，7.

[198] 赵燕菁.土地财政：历史、逻辑与抉择 [J].城市发展研究，2014（1）：1-13.

[199] 郑国.评"向权力讲述真理"——兼论中国城市规划行业面临的三个主要问题 [J].规
划师，2008，8.

[200] 中国城市规划学会、全国市长培训中心.城市规划读本 [M].北京：中国建筑工业出版
社，2002.

[201] 中华民国临时政府中央行政各部及其权限 [N].临时政府公报第 2 号，1912-1-30.

[202] 全国人大常委会法制工作委员会经济法室，国务院法制办农业资源环保法制司，住房
和城乡建设部城乡规划司、政策法规司.中华人民共和国城乡规划法 [S].北京：知识
产权出版社，2008.

[203] 中华人民共和国建设部.关于《中华人民共和国城乡规划法》（修订送审稿）的说明 [S].
2003.

[204] 中华人民共和国住房和城乡建设部.城市规划编制办法 [S].2006.

[205] 中华人民共和国住房和城乡建设部.城市总体规划实施评估办法（试行）[S].2009.

[206] 中华人民共和国住房和城乡建设部.城市、镇控制性详细规划编制审批办法 [S].2010.

[207] 周建军.转型期中国城市规划管理职能研究 [D].上海：同济大学，2008.

[208] 周天勇.中国行政体制改革 30 年 [M].上海：上海人民出版社，2008.

[209] 周显坤，谭纵波，董珂.城市总体规划强制性内容编制技术方法研究 [J].城市与区域

规划研究，2014（12）：147–168.

[210] 周显坤，谭纵波，董珂.回归职能，明确事权——对城市总体规划强制性内容的辨析与思考 [J]. 规划师，2015（7）：36–41.

[211] 周显坤.转型期城市总体规划强制性内容编制方法研究 [D]. 北京：清华大学，2014.

[212] 朱才斌，冀光恒.从规划体系看城市总体规划与土地利用总体规划 [J]. 规划师，2000，6.

[213] 朱滢.汉口租界时期城市的规划法规与建设实施 [D]. 北京：清华大学，2014.

[214] 卓健，刘玉民.法国城市规划的地方分权：1919—2000 年法国城市规划体系发展演变综述 [J]. 国际城市规划，2009，10.

[215] 邹兵.探索城市总体规划的实施机制——深圳市城市总体规划检讨与对策 [J]. 城市规划学刊，2003，2.

[216] 邹兵.由"战略规划"到"近期建设规划"对总体规划变革趋势的判断 [J]. 城市规划学刊，2003，5.

[217] 邹兵.转型规划的实效 [J]. 规划师，2012，11.

[218] 邹兵.增量规划、存量规划与政策规划 [J]. 城市规划，2013（2）：35–39.

[219] 邹兵.由"增量扩张"转向"存量优化"深圳市城市总体规划转型的动因与路径 [J]. 规划师，2013，5.

[220] 邹德慈，等.新中国城市规划发展史研究——总报告及大事记 [R]. 北京：中国建筑工业出版社，2014.

[221] 佐藤滋，城下町都市研究体.图说城下町都市 [M]. 东京：鹿岛出版会，2002.

附录 1：法国城市规划术语对照

缩写	法语全文	参考译文
	Communauté intercommunale	市镇联合体
	Communauté des communes	市镇共同体
	Communauté des villes	城市共同体
	Communauté d'agglomération	城市密集区共同体
	Communauté urbaine	城市化共同体
	Direction générale des services technique	技术服务总局
	Direction générale du développement urbain	城市发展总局
DDE	Direction départementale de l'équipement	省装备局
DDAF	Direction départementale de l'agriculture et de la fôret	省农林局
DGUHC	Direction générale de l'urbanisme, du logement et de la construction	城市规划、住宅和建设总局
DIREN	Direction régionale de l'environnement	大区环境厅
DRAC	Direction régionale des affaires culturelles	大区文化事务厅
DRE	Direction régionale de l'équipement	大区装备厅
	District	分区
EPCI	Etablissement public de coopération intercommunale	市镇合作公共机构
MELTM	Ministère de l'équipement, du transport, du logement, du tourisme et de la mer	装备、住房、交通、旅游与海洋部
	Ministère de l'agriculture	农业部
	Ministère de la culture	文化部
	Ministère de l'écologie et du développement durable	生态与可持续发展部
	Ministère des affaires sociales, du travail et de la solidarité	社会事务、工作和团结部
SDAP	Service départemental de l'architecture et du patrimoine	省建筑与遗产局
	Service d'urbanisme	城市规划处
SIVU	Syndicat intercommunal à vocation unique	单一职能跨市镇联合会
SIVOM	Syndicat intercoomunal à vocation multiple	多职能跨市镇联合会
COS	Coefficiens d'occupation des sols	容积率
DTA	Directives territoriales d'aménagement	城市规划地域指令

续表

缩写	法语全文	参考译文
DPU	Droit de préemption urbain	城市化土地优先购买权
FEDER	Fonds européen de développement régional	欧洲地区发展基金
FEOGA	Fonds d'orientation et de garantie agricoles	农业保障及指导基金
PADD	Plan d'aménagement et de développement durale	地域规划与可持续发展计划
PAEE	Plan d'aménagement, d'embellissement et d'extension	城市美化与空间扩展规划
PAZ	Plan d'aménagement de zone	开发区详细规划
PLD	Plafond légal de densité	最大建筑面积密度
PLU	Plans locaux d'urbanisme	地方城市规划
POS	Plan d'occupation des sols	土地利用规划
PSMV	Plan de sauvegarde et de la mise en valeur	城市遗产保护和再利用规划
RNU	Règlement national d'urbanisme	城市规划国家条例
SCOT	Schéma de cohérence territoriale	地域协调发展纲要
SD	Schéma directeur	总体规划纲要
SDAU	Schéma directeur d'aménagement et d'urbanisme	城市规划整治指导纲要
SNADT	Schéma national d'aménagement et de développement du territoire	全国土地规划与发展纲要
SRADT	Schéma régional d'aménagement et de développement du territoire	大区国土规划纲要
SSC	Schémas de services collectifs	公共服务纲要
ZAC	Zone d'aménagement concerté	协议开发区
ZUP	Zone à urbaniser par priorité	优先城市化地区
CODER	Commission de développement économique régional	地区经济发展委员会
DATAR	Délégation à l'aménagement du territoire et à l'action régionale	国土规划与地区发展委员会
MRU	Ministère de la reconstruction et de l'urbanisme	战后重建与城市规划部
SIEP	Syndicat intercommunal d'étude et de programmation	市际规划研究委员会
ATR	Loi relative à l'administration territoriale de la République（1992）	共和国地域行政管理法
DDUHC	Loi portant diverses dipositions relatives à l'urbanisme, l'habitat et à la construction（2002）	城市规划、居住和建设管理文件法
LOADDT	La loi d'orientation pour l'amnagement et le développement durable du territoire（1999）	地域规划与可持续发展指导法
LOADT	La loi d'orientation sur l'aménagement et le développement du territoire（1995）	地域规划与发展指导法
LOF	Loi d'orientation foncière（1967）	土地指导法
SRU	La loi Solidarité et renouvellement urbain（2000）	社会团结与城市更新法
DIACT	Délégation interministérielle à l'aménagemment et à la compétitivité des territoires	国土整治与地方竞争力部际使团

附录 2：部分彩图

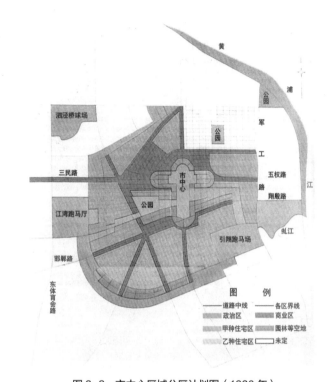

图 3-3　市中心区域分区计划图（1930 年）

资料来源：《上海城市规划志》编纂委员会. 上海城市规划志 [M]. 上海：上海社会科学院出版社，1999.

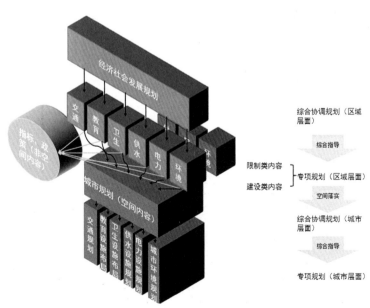

图 4-5　城市规划与专项规划衔接关系图

资料来源：作者自绘。

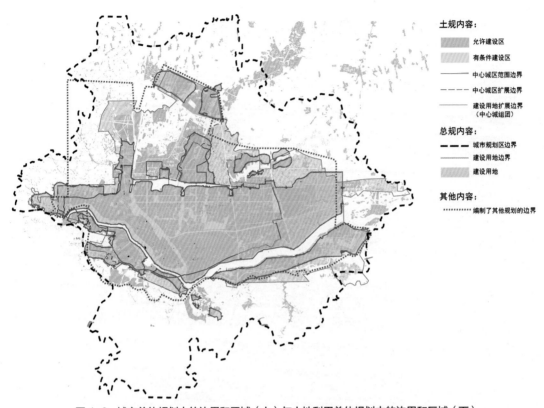

图4-6　城市总体规划中的边界和区域（上）与土地利用总体规划中的边界和区域（下）

资料来源：（上）作者自绘；（下）何春阳《基于GIS空间分析技术的城乡建设用地扩展边界规划方法研究》（2010）

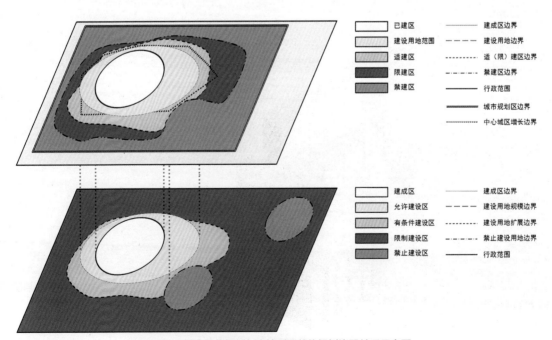

图4-7　城市总体规划与土地利用总体规划边界关系示意图

资料来源：作者根据信阳市城市总体规划与土地利用总体规划相关资料绘制。

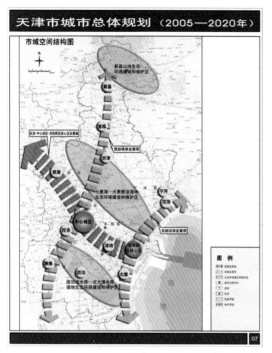

（a）天津市市域空间结构图

（b）天津市市域城镇体系规划图

图 4-8

资料来源：天津市城市总体规划（2005—2020）

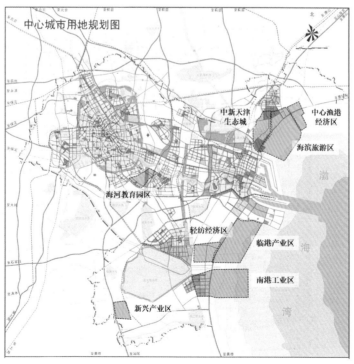

图 4-9　2006 年后部分新设立园区与总体规划布局关系示意图

资料来源：天津市规划院滨海分院

图 4-11　昆明市主城 55 个分区控制性详细规划合图

资料来源：http://www.kmghj.gov.cn/articledetails.aspx?id=2121

图 4-14　中关村西区修建性详细规划功能分区图

资料来源：尹稚. 21 世纪社区建设的典范——《中关村西区修建性详细规划》实施方案 [J]. 北京规划建设，2000.

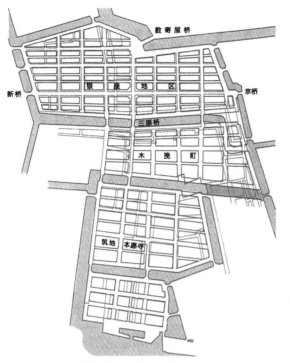

图 5-2　银座砖石街规划
资料来源：東京都都市計画局.
東京の都市計画百年 [M]. 1990：6.

图 5-3　官厅政府办公区集中规划
资料来源：東京都都市計画局.
東京の都市計画百年 [M]. 1990：11.

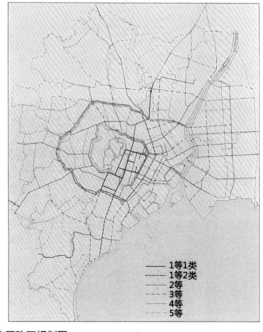

图 5-4　东京市区改正规划图
资料来源：東京都都市計画局.東京の都市計画百年 [M]. 1990：12.

图 5-5　东京都战灾复兴城市规划区部土地利用图

资料来源：東京都都市計画局．東京の都市計画百年 [M]. 1990：50.

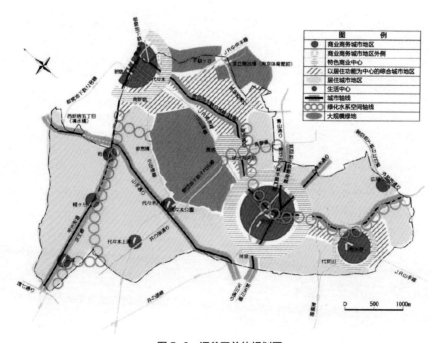

图 5-8　涩谷区总体规划图

资料来源：涩谷区政府网站 http://www.city.shibuya.tokyo.jp/kusei/plans/pdf/keikaku_mgaiyo.pdf

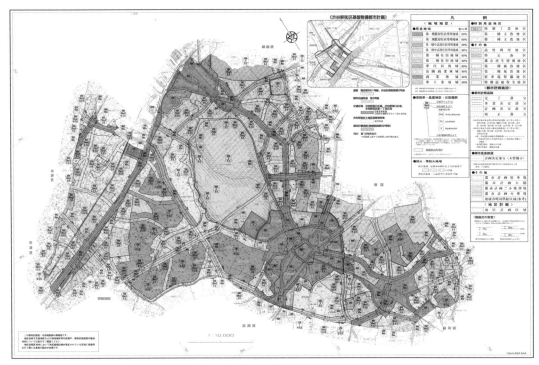

图5-9 东京都涩谷区地域地区图
资料来源：涩谷区政府网站 http：//www.city.shibuya.tokyo.jp/kurashi/machi/pdf/2014toshikeikakuzu.pdf

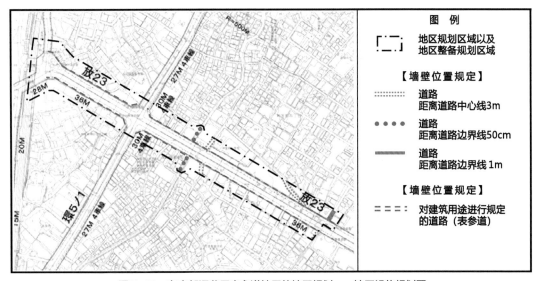

图5-10 东京都涩谷区表参道地区的地区规划——地区设施规划图
资料来源：涩谷区政府网站 https://www.city.shibuya.tokyo.jp/kurashi/machi/pdf/omotesando_tikukeikaku2.pdf

图 5-11　东京都涩谷区笹塚地区社区营造土地利用方针图

资料来源：https://www.city.shibuya.tokyo.jp/kurashi/machi/pdf/sasazuka123.pdf

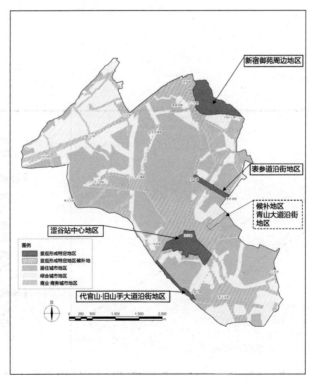

图 5-12　涩谷区景观风貌规划区域区分图

资料来源：涩谷区政府网站 https://www.city.shibuya.tokyo.jp/kurashi/machi/pdf/keikankeikaku04.pdf

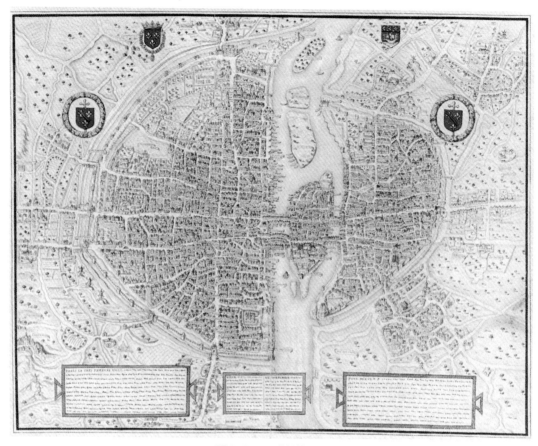

图 6-2　14 世纪的巴黎

资料来源：Antoine Picon，Jean-Paul Robert. Le Dessus des Cartes：Un Atlas Parisien.

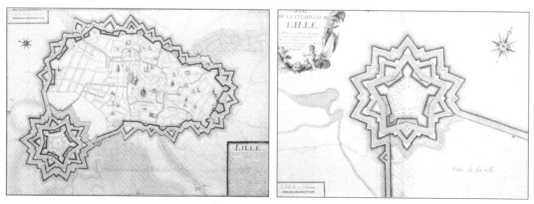

图 6-3　17 世纪的里尔

资料来源：ALVERGNE C，MUSSO P.L'Amenagement du Territoire en Images[M]. La documentation Francaise，2009.

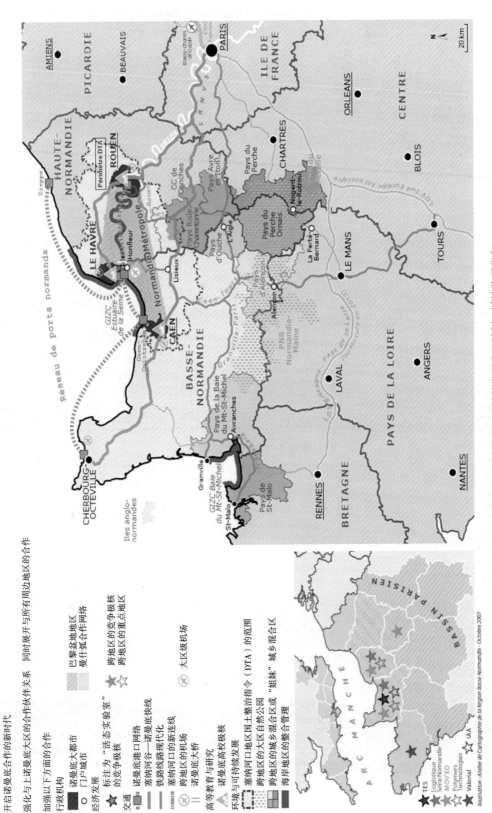

图6-7　下诺曼底大区国土整治与可持续发展大区计划：城镇体系分布

资料来源：http：//www.normandie.fr（下诺曼底大区官网）

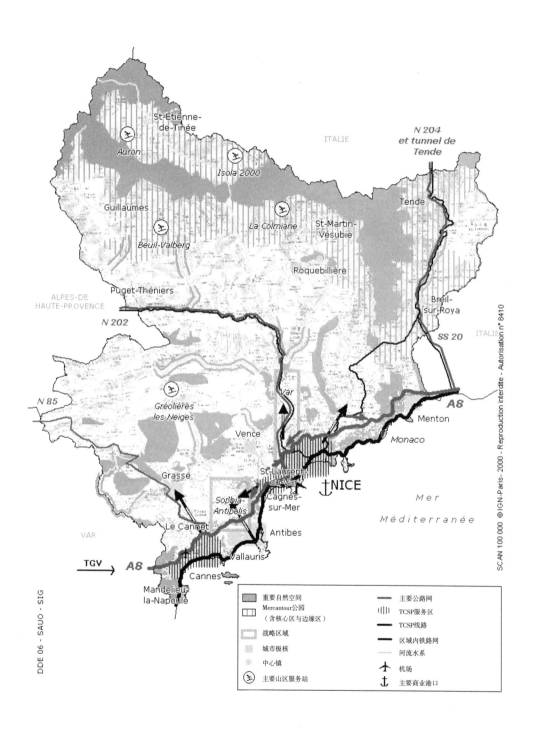

图6-8 《阿尔卑斯滨海地区国土整治地区指令》：关于总体发展目标的图纸表达

资料来源：Préfecture des Alpes-Maritimes. 2003

289

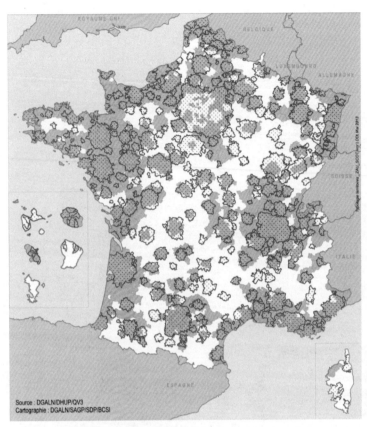

图 6-9　已完成的《国土协调纲要》
编制地区与统计上的城市密集区之
间的空间关系
资料来源：Fédération Nationale de SCoT.
Panorama des SCoT. 2013

图 6-10　里昂城市密集区共同体
范围（含三个市镇联合体）
资料来源：SCOT-Lyon 2010—2030

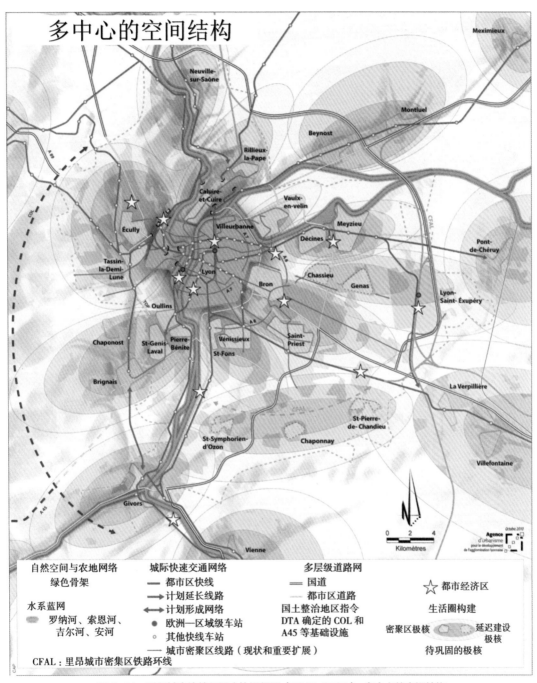

多中心的空间结构

自然空间与农地网络
绿色骨架

水系蓝网
罗纳河、索恩河、
吉尔河、安河

CFAL：里昂城市密集区铁路环线

城际快速交通网络
—— 都市区快线
→ 计划延长线路
←→ 计划形成网络
● 欧洲—区域级车站
○ 其他快线车站
—— 城市密聚区线路（现状和重要扩展）

多层级道路网
══ 国道
— 都市区道路
国土整治地区指令
DTA确定的COL和
A45等基础设施

☆ 都市经济区

生活圈构建

密聚区极核 · 延迟建设极核

待巩固的极核

图6-11　里昂城市连绵区国土协调纲要（2010-2030）：多中心的空间结构

资料来源：https://www.scot-agglolyon.fr/wp-content/uploads/2017/10/Doo_03_10_2017_VERSION_
DEFINITIVE_PAGINE_pour_WEB.pdf

图 6-13 《里尔地方城市规划》文件中的部分成果示意：布斯贝克（Bousbecque）地区分片图
资料来源：http://siteslm.lillemetropole.fr/urba/PLU/index.htm（里尔市规划局官网）

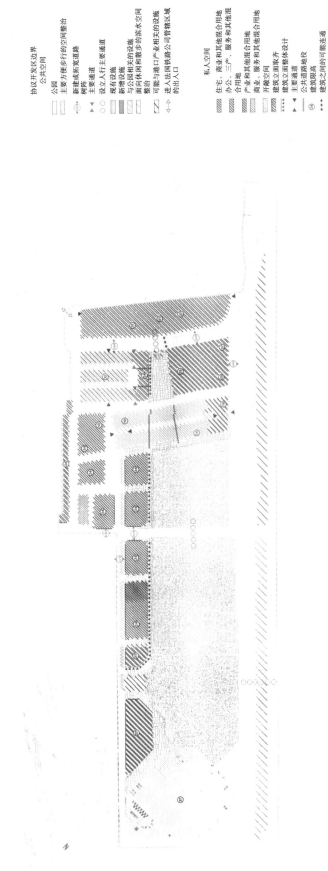

图 6-15 贝西（Bercy）协议开发规划中的总图

资料来源：刘健. 注重整体协调的城市更新改造：法国协议开发区制度在巴黎的实践 [J]. 国际城市规划，2013，28（6）.

图例（从上至下）：

协议开发区边界
公共空间
　公园
　主要方便步行的空间整治
　新建或拓宽道路
　树阵
　主要通道
　设立人行主要通道
　现有设施
　新增设施
　与公园相关的设施
　面向休闲和散步的滨水空间整治
　可能与港口产业相关区域整治
　进入法国铁路公司管辖区域的出入口

私人空间
　住宅、商业和其他混合用地
　办公、三产、服务和其他混合用地
　产业和其他混合用地
　商业、服务和其他混合用地
　开敞空间
　建筑立面取齐
　主要通道
　公共道路地役
　建筑立面整体设计
　建筑之间的可能连通
　建筑道路限高

293

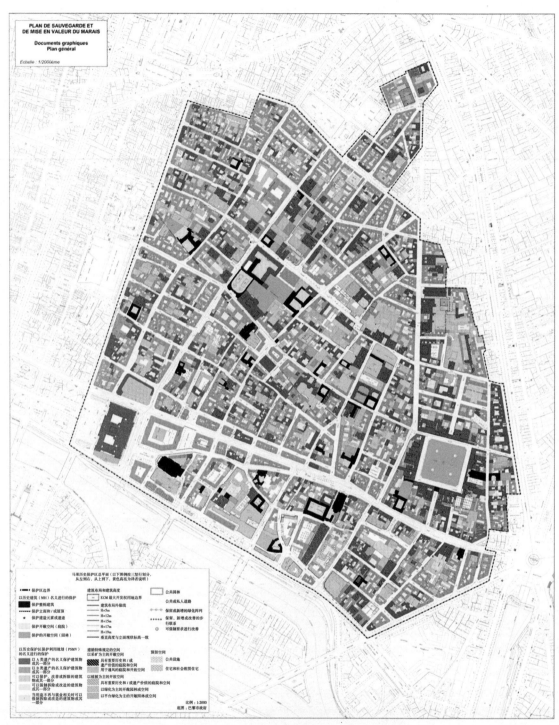

图 6-16　巴黎马雷历史保护区规划

资料来源：https://cdn.paris.fr/paris/2020/02/26/c630c9427519c336847edd275b251c35.pdf